普通高等学校"十三五"规划教材

高等数学

下册

(第 2 版)

主　编　冯　艳　卢立才　丁　巍
副主编　耿　莹　杨淑辉

中国铁道出版社有限公司
CHINA RAILWAY PUBLISHING HOUSE CO., LTD.

内容简介

《高等数学》分上、下两册，本册为下册，包括空间解析几何、多元函数微分法、重积分、曲线积分与曲面积分和无穷级数五个方面的内容。各章配有习题和自测题，书后附有习题及自测题参考答案。本书内容安排由浅入深，循序渐进，既有基本理论和方法的论述，又力求与实际应用相结合。教材编写中进行了一些新的尝试，内容涵盖面广，富有启发性、应用性和趣味性，为完善理科学生的知识结构和提升数学学习兴趣做出努力。

本书适合普通高等学校对数学要求比较高的非数学理工科专业大学生使用。

图书在版编目(CIP)数据

高等数学.下册/冯艳，卢立才，丁巍主编.—2版.—北京：中国铁道出版社，2017.1 (2020.1重印)
普通高等学校"十三五"规划教材
ISBN 978-7-113-22681-7

Ⅰ.①高… Ⅱ.①冯… ②卢… ③丁… Ⅲ.①高等数学—高等学校—教材 Ⅳ.①O13

中国版本图书馆 CIP 数据核字(2016)第 316698 号

书　　名： 普通高等学校"十三五"规划教材
　　　　　高等数学·下册(第2版)
作　　者： 冯　艳　卢立才　丁　巍　主编

策　　划： 李小军　　　　**读者热线：** (010)63550836
责任编辑： 张文静　徐盼欣
封面设计： 付　巍
封面制作： 白　雪
责任校对： 汤淑梅
责任印制： 郭向伟

出版发行： 中国铁道出版社有限公司(100054，北京市西城区右安门西街8号)
网　　址： http://www.tdpress.com/51eds/
印　　刷： 三河市兴达印务有限公司
版　　次： 2013年8月第1版　2017年1月第2版　2020年1月第3次印刷
开　　本： 710 mm×1 000 mm　1/16　**印张：** 13.25　**字数：** 255千
书　　号： ISBN 978-7-113-22681-7
定　　价： 29.00元

第2版前言

本书在第1版的基础上吸收了国内外同类教材的精华，引入对微积分的基本思想与基本方法的介绍，尽力做到简洁、明了，对一些概念、方法尽可能结合几何与物理学的知识加以解释和应用，在为其他学科奠定良好的数学基础的同时，使学生的数学素养与能力得到提高。本书沿用了第1版的编写体例结构，即教学内容、本章小结、习题和自测题，可以更好地帮助学生复习和有针对性地练习巩固所学内容。在例题和习题的设计上，更注重知识的递进关系及与实际应用相结合。

本书主要内容包括：空间解析几何、多元函数微分法、重积分、曲线积分与曲面积分、无穷级数等。每章都有习题和自测题并配有答案，各章末都有小结。

本书由冯艳、卢立才、丁巍担任主编，由耿莹、杨淑辉担任副主编。其中，第7章由杨淑辉编写；第8章由冯艳编写；第9章由卢立才编写；第10章由丁巍编写；第11章由耿莹编写。全书由冯艳主持编写工作并统稿。感谢罗敏娜教授对书稿提出修改意见。

由于编者水平有限，书中难免会出现疏漏和不足之处，恳请各位专家、同行和读者批评指正，以使本书不断完善。

编　者

2016年10月

第1版前言

为适应21世纪高等院校学生对数学的要求，多年来我校在数学教学改革方面进行了不懈的探索。编者根据多年的教学实践经验，结合理工、管理等专业对高等数学课程的基本要求，再参照教育部最新颁布的研究生入学考试的数学考试大纲，我校组织编写了《高等数学》上、下册，《线性代数》系列教材。本册为《高等数学》下册。本书在编写过程中，着重介绍高等数学的基本概念、基本理论和基本方法。且尽量体现以下特点：

1. 对基本概念、基本理论和重要定理注重其实际意义的解释说明，力保知识的系统性和连贯性，注重对解题方法的归纳，注重定理的实际应用。

2. 书中的例题和习题尽量体现专业特色，由浅入深，循序渐进。对一些有代表性的典型例题进行着重分析，归纳出该类习题的解题方法和技巧，使学生在以后的练习中“有法可依”。

3. 结构清晰，每章均配有本章小结，将本章的主要知识点、教学重点和难点进行简明扼要的总结和归纳，并附有知识体系图，以便更好地帮助学生复习巩固整章的内容。

4. 每章配有习题，体现了教学的基本要求，供学生平时练习和巩固；每章配有自测题，供学生进行一章的复习与检验。书末给出了各章习题与自测题的参考答案，供学生参考。

本书内容包括空间解析几何、多元函数微分学、重积分、曲线积分与曲面积分、无穷级数。

本书由沈阳师范大学丁巍、冯艳、卢立才担任主编，由耿玉霞、耿莹担任副主编。由丁巍统稿并对全书进行了认真仔细的修改、校订。本书在编写过程中，参考了众多的国内外教材，在此表示衷心的感谢。

由于编者水平有限，加之时间仓促，书中难免存在错误和不妥之处，恳请同行与广大读者不吝赐教。

编　者

2013年6月

目　录

第7章　空间解析几何

用代数的方法研究空间几何图形，又利用空间几何图形的直观解决代数问题，这就是空间解析几何，它是平面解析几何的推广. 本章将介绍空间解析几何的有关知识，它是多元函数微积分的基础.

7.1　向量及其线性运算

向量在物理、力学以及其他应用学科中用途很广泛，向量代数是研究空间解析几何的工具.

7.1.1　向量的概念

在物理学以及其他应用学科中，常会遇到这样一类量：它们既有大小又有方向，如力、力矩、位移、速度、加速度等，这类量叫做**向量**或**矢量**.

向量常用有向线段来表示. 以 A 为起点、B 为终点的向量记作$\overrightarrow{AB}$，也可用上加箭头的小写字母或粗体字母表示，如 $\vec{a}$ 或 $\boldsymbol{a}$ ，$\boldsymbol{b}$ ，$\boldsymbol{F}$ 等，如图 7-1 所示.

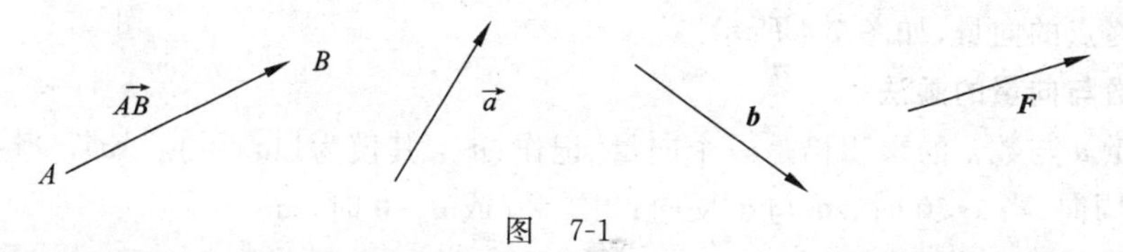

图　7-1

向量的大小叫做向量的**模**. 向量$\overrightarrow{AB}$的模记作$|\overrightarrow{AB}|$；向量 $\boldsymbol{a}$ 的模记作$|\vec{a}|$或$|\boldsymbol{a}|$；模为 0 的向量记作 $\vec{0}$ 或 $\boldsymbol{0}$，$\boldsymbol{0}$ 向量无确定方向；模等于 1 的向量叫做**单位向量**.

在实际问题中，有些向量与其起点有关，有些向量与其起点无关，我们只研究与起点无关的向量，即一个向量在保持其大小和方向不变的前提下可以自由平移，这种向量称为**自由向量**(简称**向量**).

如果向量 $\vec{a}$ 与 $\vec{b}$ 的模相等，方向相同，就称 $\vec{a}$ 与 $\vec{b}$ 相等，记作 $\vec{a}=\vec{b}$；如果向量 $\vec{a}$ 与 $\vec{b}$ 的模相等、方向相反，则称向量 $\vec{a}$ 与 $\vec{b}$ 互为负向量，记作 $\vec{a}=-\vec{b}$ 或 $\vec{b}=-\vec{a}$.

7.1.2 向量的线性运算

1. 向量的加法

将向量 $\boldsymbol{a}$ 与 $\boldsymbol{b}$ 的起点放在一起,并以 $\boldsymbol{a}$ 和 $\boldsymbol{b}$ 为邻边作平行四边形,则从起点到对角顶点的向量称为向量 $\boldsymbol{a}$ 与 $\boldsymbol{b}$ 的**和向量**,记作 $\boldsymbol{a}+\boldsymbol{b}$,如图 7-2 所示.这种求向量和的方法称为向量加法的**平行四边形法则**.

由于向量可以平移,所以,若把向量 $\boldsymbol{b}$ 的起点放到向量 $\boldsymbol{a}$ 的终点上,则自 $\boldsymbol{a}$ 的起点到 $\boldsymbol{b}$ 的终点的向量即为 $\boldsymbol{a}+\boldsymbol{b}$ 向量,如图 7-3 所示,这种求向量和的方法称为向量加法的**三角形法则**.

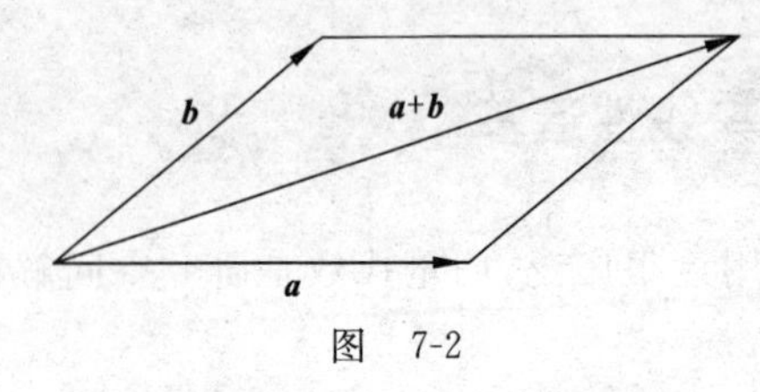

图 7-2

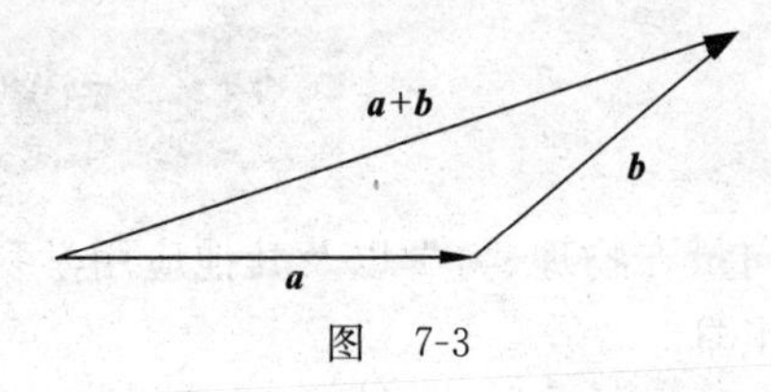

图 7-3

向量加法满足:

交换律:$\boldsymbol{a}+\boldsymbol{b}=\boldsymbol{b}+\boldsymbol{a}$;

结合律:$(\boldsymbol{a}+\boldsymbol{b})+\boldsymbol{c}=\boldsymbol{a}+(\boldsymbol{b}+\boldsymbol{c})$.

向量的减法可视为 $\boldsymbol{a}-\boldsymbol{b}=\boldsymbol{a}+(-\boldsymbol{b})$.

向量的减法也可按三角形法则进行,只要把 $\boldsymbol{a}$ 与 $\boldsymbol{b}$ 的起点放在一起,$\boldsymbol{a}-\boldsymbol{b}$ 即是以 $\boldsymbol{b}$ 的终点为起点,以 $\boldsymbol{a}$ 的终点为终点的向量,如图 7-4 所示.

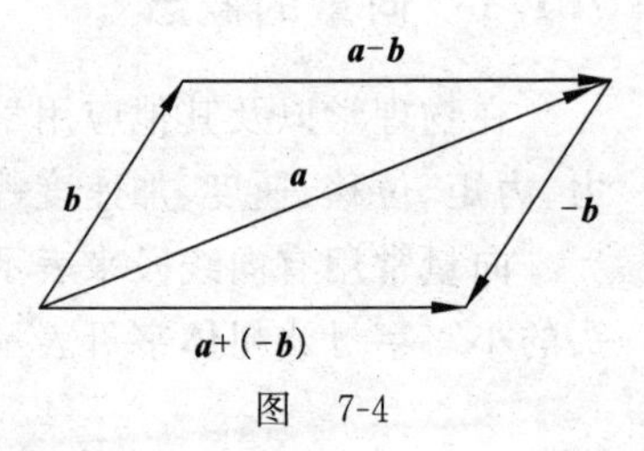

图 7-4

2. 数与向量的乘法

向量 $\boldsymbol{a}$ 与数 λ 的乘积仍是一个向量,记作 $\lambda\boldsymbol{a}$,其模为 $|\lambda\boldsymbol{a}|=|\lambda||\boldsymbol{a}|$. 当 $\lambda>0$ 时,$\lambda\boldsymbol{a}$ 与 $\boldsymbol{a}$ 同向;当 $\lambda<0$ 时,$\lambda\boldsymbol{a}$ 与 $\boldsymbol{a}$ 反向;当 $\lambda=0$ 或 $\boldsymbol{a}=\boldsymbol{0}$ 时,$\lambda\boldsymbol{a}=\boldsymbol{0}$.

数与向量的乘积满足:

结合律:$\lambda(\mu\boldsymbol{a})=(\lambda\mu)\boldsymbol{a}=\mu(\lambda\boldsymbol{a})$ (λ,μ 为数);

分配律:$(\lambda+\mu)\boldsymbol{a}=\lambda\boldsymbol{a}+\mu\boldsymbol{a}$;$\lambda(\boldsymbol{a}+\boldsymbol{b})=\lambda\boldsymbol{a}+\lambda\boldsymbol{b}$.

向量的加法运算及数与向量的乘法统称为向量的**线性运算**.

设 $\boldsymbol{a}$ 是一个非零向量,常把与 $\boldsymbol{a}$ 同向的单位向量记为 $\boldsymbol{a}^0$,那么

$$\boldsymbol{a}^0=\frac{\boldsymbol{a}}{|\boldsymbol{a}|}.$$

例 7.1.1 证明三角形两边中点连线平行于第三边,且等于第三边的一半.

证 如图 7-5 所示,已知 D,E 分别是$\triangle ABC$ 的边 AB 和 AC 的中点.

设$\overrightarrow{AB}=\boldsymbol{a}$,$\overrightarrow{AC}=\boldsymbol{b}$,则$\overrightarrow{BC}=\boldsymbol{b}-\boldsymbol{a}$. 又

$$\overrightarrow{AD}=\frac{1}{2}\overrightarrow{AB}=\frac{1}{2}\boldsymbol{a},\overrightarrow{AE}=\frac{1}{2}\overrightarrow{AC}=\frac{1}{2}\boldsymbol{b},$$

$$\overrightarrow{DE}=\overrightarrow{AE}-\overrightarrow{AD}=\frac{1}{2}\boldsymbol{b}-\frac{1}{2}\boldsymbol{a}=\frac{1}{2}(\boldsymbol{b}-\boldsymbol{a}),$$

所以
$$\overrightarrow{DE}=\frac{1}{2}\overrightarrow{BC},$$

故
$$\overrightarrow{DE}//\overrightarrow{BC},\text{且}|\overrightarrow{DE}|=\frac{1}{2}|\overrightarrow{BC}|.$$

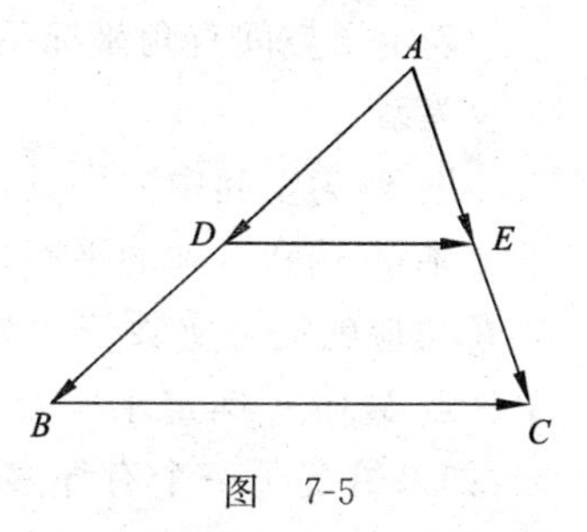

图 7-5

7.1.3 空间直角坐标系

1. 空间直角坐标系

为了确定空间任意一点的位置，需要建立空间直角坐标系. 过空间一定点 O，作三条互相垂直的数轴，它们都是以 O 为原点，且一般具有相同的长度单位. 这三条坐标轴分别称为 x **轴**（**横轴**）、y **轴**（**纵轴**）、z **轴**（**竖轴**），统称为**坐标轴**. 通常把 x 轴和 y 轴配置在水平面上，z 轴则是铅直线；这样的配置要符合**右手定则**，即以右手握住 z 轴，当右手的四个手指从 x 轴正向以 $\frac{\pi}{2}$ 的角度转向 y 轴正向时，大拇指的指向就是 z 轴的正向，如图 7-6 所示. 这样的三条坐标轴就组成了一个**空间直角坐标系**，点 O 称为**坐标原点**.

空间直角坐标系中任意两条坐标轴都可以确定一个平面，称为**坐标平面**，由 x 轴和 y 轴所确定的平面称为 xOy 平面；由 y 轴和 z 轴所确定的平面称为 yOz 平面；由 x 轴和 z 轴所确定的平面称为 xOz 平面. 三个坐标平面把整个空间分成八个部分，依次称为Ⅰ、Ⅱ、Ⅲ、Ⅳ、Ⅴ、Ⅵ、Ⅶ、Ⅷ卦限，如图 7-7 所示，坐标平面不属于任何卦限.

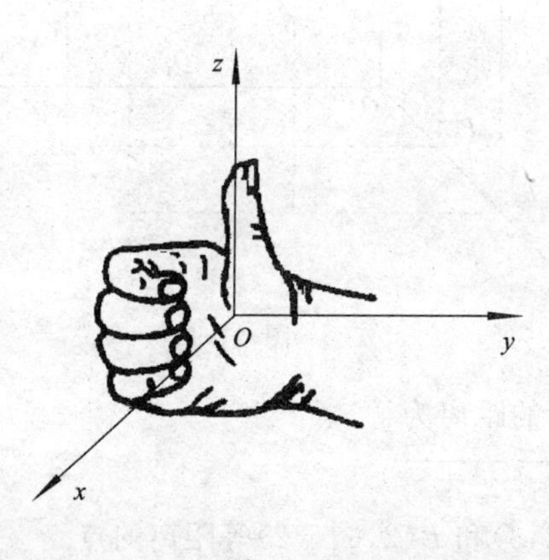

图 7-6

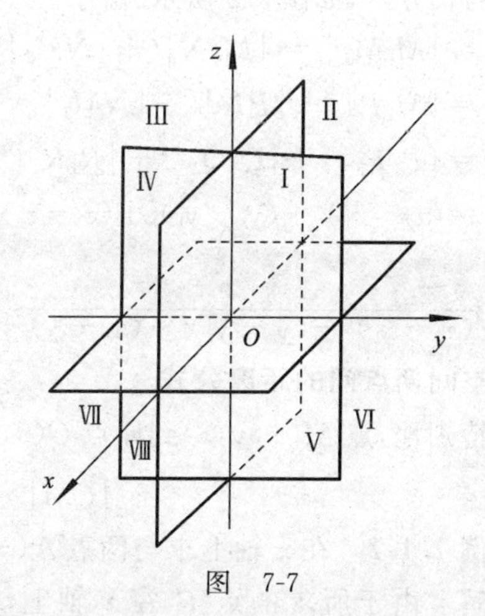

图 7-7

确定了空间直角坐标系后，就可以建立起空间的点与有序实数组(x,y,z)之间的对应关系.

设M为空间中的一点，过点M分别作一个垂直于x轴、y轴和z轴的平面，它们与坐标轴的交点P，Q,R对应的三个实数依次为x，y，z，如图 7-8 所示，于是点M唯一确定了一个有序实数组(x,y,z). 反之，如果给定了一个有序实数组(x,y,z)，依次在x轴、y轴、z轴上取与x，y，z相应的点P，Q，R，然后过点P，Q，R分别作垂直于x轴、y轴和z轴的三个平面，这三个平面交于空间一点M. 因此，有序实数组(x,y,z)与空间点M一一对应. 并依次称x，y，z为点M的横坐标、纵坐标和竖坐标. 坐标为(x,y,z)的点M，记为$M(x,y,z)$.

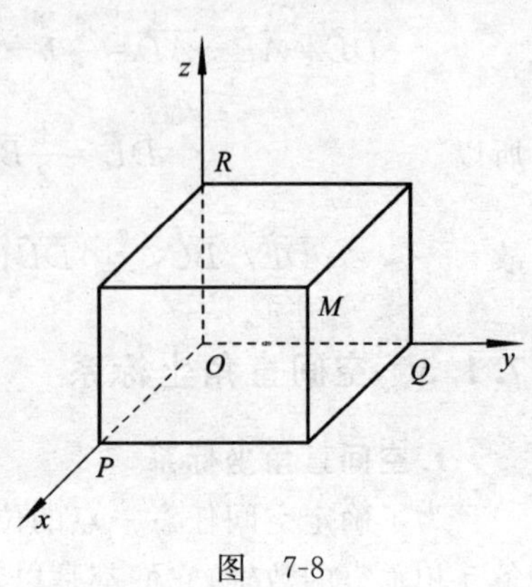

图 7-8

显然，原点的坐标为$O(0,0,0)$；x轴、y轴和z轴上点的坐标分别为$(x,0,0)$，$(0,y,0)$，$(0,0,z)$；xOy，yOz，xOz坐标平面上的点的坐标分别为$(x,y,0)$，$(0,y,z)$，$(x,0,z)$.

2. 空间两点间的距离

设$M_1(x_1,y_1,z_1)$，$M_2(x_2,y_2,z_2)$为空间两点，可以用这两个点的坐标来表示它们之间的距离d. 过M_1，M_2各作三个平面分别垂直于三个坐标轴，这六个平面围成一个以线段M_1M_2为对角线的长方体，如图 7-9 所示. 由于

$$\begin{aligned} d^2 &= |M_1M_2|^2 = |M_1N|^2 + |NM_2|^2 \\ &= |M_1P|^2 + |PN|^2 + |NM_2|^2 \\ &= |P_1P_2|^2 + |Q_1Q_2|^2 + |R_1R_2|^2 \\ &= (x_2-x_1)^2 + (y_2-y_1)^2 + (z_2-z_1)^2, \end{aligned}$$

所以

$$d = \sqrt{(x_2-x_1)^2 + (y_2-y_1)^2 + (z_2-z_1)^2},$$

即为**空间两点间的距离公式**.

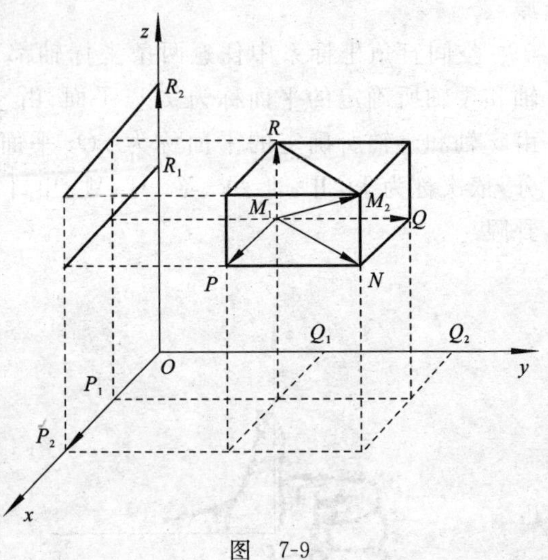

图 7-9

特别地，点$M(x,y,z)$到原点$O(0,0,0)$的距离为

$$|OM| = \sqrt{x^2+y^2+z^2}.$$

例 7.1.2 在z轴上求与两点$A(-1,2,3)$和$B(2,6,-2)$等距离的点.

解 由于所求的点P在z轴上，设该点的坐标为$(0,0,z)$，依题意有$|PA|=$

$|PB|$，由两点间的距离公式，得

$$\sqrt{(0+1)^2+(0-2)^2+(z-3)^2}=\sqrt{(0-2)^2+(0-6)^2+(z+2)^2},$$

解得 $z=-3$. 所以，所求的点为 $P(0,0,-3)$.

7.1.4　向量的坐标

在给定的空间直角坐标系中，沿 x 轴、y 轴和 z 轴的正方向各取一单位向量，分别记为 $\boldsymbol{i}$，$\boldsymbol{j}$，$\boldsymbol{k}$，称它们为**基本单位向量**.

设点 $M(x,y,z)$，过点 M 分别作 x 轴、y 轴和 z 轴的垂面，交 x 轴、y 轴、z 轴于 A，B，C，如图 7-10 所示. 显然，$\overrightarrow{OA}=x\boldsymbol{i}$，$\overrightarrow{OB}=y\boldsymbol{j}$，$\overrightarrow{OC}=z\boldsymbol{k}$. 于是

$$\begin{aligned}\overrightarrow{OM}&=\overrightarrow{OM'}+\overrightarrow{M'M}=\overrightarrow{OA}+\overrightarrow{OB}+\overrightarrow{OC}\\&=x\boldsymbol{i}+y\boldsymbol{j}+z\boldsymbol{k}.\end{aligned}$$

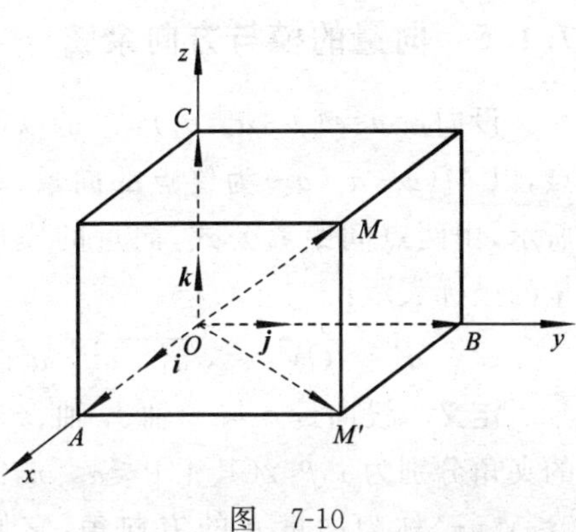

图　7-10

上式表明，任一以原点为起点，以点 $M(x,y,z)$ 为终点的向量 $\overrightarrow{OM}$ 都可表示为坐标与所对应的基本单位向量乘积之和. 这个表达式叫做向量 $\overrightarrow{OM}$ 的坐标表达式，简记为

$$\overrightarrow{OM}=(x,y,z).$$

利用向量的坐标，可得向量的加法及向量与数量乘积的运算法则：

设 $\boldsymbol{a}=(a_1,a_2,a_3)$，$\boldsymbol{b}=(b_1,b_2,b_3)$，则

(1) $\boldsymbol{a}\pm\boldsymbol{b}=(a_1\pm b_1,a_2\pm b_2,a_3\pm b_3)$；

(2) $\lambda\boldsymbol{a}=(\lambda a_1,\lambda a_2,\lambda a_3)$，$\lambda\in\mathbf{R}$.

例 7.1.3　设 $M_1(1,-1,2)$，$M_2(0,1,3)$，$M_3(3,0,-2)$ 为空间三点，求：(1) $3\overrightarrow{M_1M_2}+2\overrightarrow{M_2M_3}$；(2) $\overrightarrow{M_3M_1}-4\overrightarrow{M_2M_3}$.

解

$$\overrightarrow{M_1M_2}=(0-1,1+1,3-2)=(-1,2,1),$$
$$\overrightarrow{M_2M_3}=(3-0,0-1,-2-3)=(3,-1,-5),$$
$$\overrightarrow{M_3M_1}=(1-3,-1-0,2+2)=(-2,-1,4),$$

因此

(1) $3\overrightarrow{M_1M_2}+2\overrightarrow{M_2M_3}=(-3,6,3)+(6,-2,-10)=(3,4,-7)$.

(2) $\overrightarrow{M_3M_1}-4\overrightarrow{M_2M_3}=(-2,-1,4)-(12,-4,-20)$

$$=(-14,3,24).$$

例 7.1.4　设向量 $\boldsymbol{a}=(a_1,a_2,a_3)$，$\boldsymbol{b}=(b_1,b_2,b_3)$，且 b_1，b_2，b_3 不等于零. 试证：如果 $\boldsymbol{a}/\!/\boldsymbol{b}$，则 $\dfrac{a_1}{b_1}=\dfrac{a_2}{b_2}=\dfrac{a_3}{b_3}$；反之，结论也成立.

证 由 $\boldsymbol{a}/\!/\boldsymbol{b}$,得 $\boldsymbol{a}=\lambda\boldsymbol{b}$,即$(a_1,a_2,a_3)=\lambda(b_1,b_2,b_3)$,则由运算法则(2)得 $a_1=\lambda b_1$,$a_2=\lambda b_2$,$a_3=\lambda b_3$,于是有$\dfrac{a_1}{b_1}=\dfrac{a_2}{b_2}=\dfrac{a_3}{b_3}$.

反之,令$\dfrac{a_1}{b_1}=\dfrac{a_2}{b_2}=\dfrac{a_3}{b_3}=\lambda$,则 $a_1=\lambda b_1$,$a_2=\lambda b_2$,$a_3=\lambda b_3$,所以

$$(a_1,a_2,a_3)=(\lambda b_1,\lambda b_2,\lambda b_3)=\lambda(b_1,b_2,b_3).$$

即 $\boldsymbol{a}=\lambda\boldsymbol{b}$,于是 $\boldsymbol{a}/\!/\boldsymbol{b}$.

7.1.5 向量的模与方向余弦

设向量 $\boldsymbol{a}=(a_x,a_y,a_z)$,它是以原点为起点,以 $M(a_x,a_y,a_z)$为终点的向量,如图 7-11所示,由两点间距离公式,向量的模可以用向量的坐标表示:

$$|\boldsymbol{a}|=|\overrightarrow{OM}|=\sqrt{a_x^2+a_y^2+a_z^2}.$$

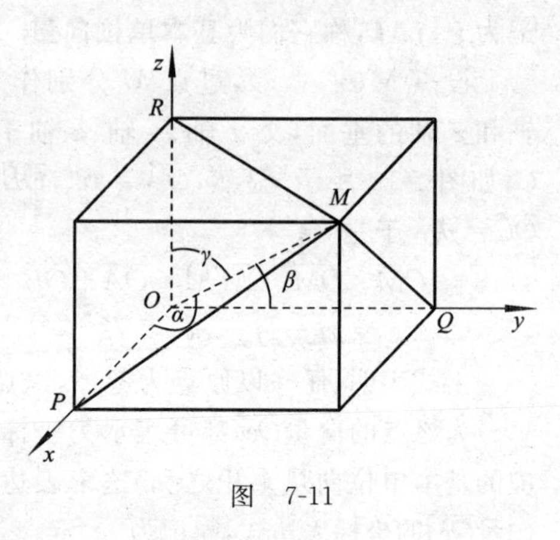

图 7-11

定义 设向量 $\boldsymbol{a}$ 与 x 轴、y 轴、z 轴的正向的夹角分别为α,β,γ(其中 $0\leqslant\alpha\leqslant\pi$,$0\leqslant\beta\leqslant\pi$,$0\leqslant\gamma\leqslant\pi$)称为向量 $\boldsymbol{a}$ 的**方向角**,它们的余弦 $\cos\alpha,\cos\beta,\cos\gamma$ 称为向量 $\boldsymbol{a}$ 的**方向余弦**.

当一个向量 $\boldsymbol{a}$ 的三个方向角确定时,它的方向也就确定了. 当$|a|\neq0$ 时,

$$\cos\alpha=\frac{a_x}{|a|}=\frac{a_x}{\sqrt{a_x^2+a_y^2+a_z^2}},$$

$$\cos\beta=\frac{a_y}{|a|}=\frac{a_y}{\sqrt{a_x^2+a_y^2+a_z^2}},$$

$$\cos\gamma=\frac{a_z}{|a|}=\frac{a_z}{\sqrt{a_x^2+a_y^2+a_z^2}},$$

$$\cos^2\alpha+\cos^2\beta+\cos^2\gamma=1,$$

显然
$$\boldsymbol{a}^0=(\cos\alpha,\cos\beta,\cos\gamma).$$

例 7.1.5 已知 $M_1(1,2,-1)$,$M_2(0,4,-3)$两点,求向量$\overrightarrow{M_1M_2}$的模和方向余弦及方向角.

解
$$\overrightarrow{M_1M_2}=(0-1,4-2,-3+1)=(-1,2,-2),$$

所以
$$|\overrightarrow{M_1M_2}|=\sqrt{(-1)^2+2^2+(-2)^2}=3.$$

$$\cos\alpha=-\frac{1}{3},\quad\cos\beta=\frac{2}{3},\quad\cos\gamma=-\frac{2}{3}.$$

方向角为 $\alpha\approx109°28'$,$\beta\approx48°11'$,$\gamma\approx131°49'$.

7.2　向量的数量积和向量积

7.2.1　向量的数量积

1. 向量的数量积的概念

设一物体在常力 $\boldsymbol{F}$ 的作用下，沿直线从点 M_1 移动到点 M_2，如图 7-12 所示，则由物理学可知，力 $\boldsymbol{F}$ 所做的功为 $W=|\boldsymbol{F}||\overrightarrow{M_1M_2}|\cos\theta$，其中 θ 为 $\boldsymbol{F}$ 与 $\overrightarrow{M_1M_2}$ 的夹角.

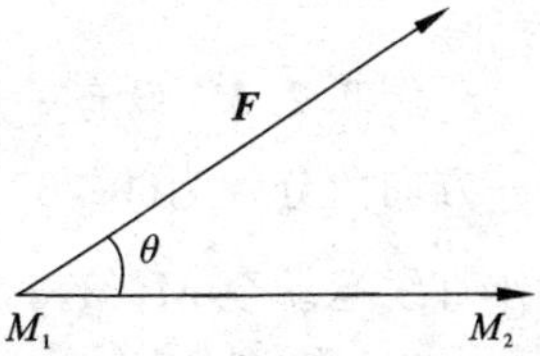

图　7-12

现实生活中，还会遇到许多由两个向量的模及其夹角的余弦之积构成的算式，为此，引入向量数量积的概念.

定义 7.2.1　设向量 $\boldsymbol{a}$ 与 $\boldsymbol{b}$ 的夹角为 $\theta(0\leqslant\theta\leqslant\pi)$，则称

$$|\boldsymbol{a}||\boldsymbol{b}|\cos\theta$$

为向量 $\boldsymbol{a}$ 与 $\boldsymbol{b}$ 的**数量积**(**或点积**)，记作 $\boldsymbol{a}\cdot\boldsymbol{b}$，即

$$\boldsymbol{a}\cdot\boldsymbol{b}=|\boldsymbol{a}||\boldsymbol{b}|\cos\theta.$$

2. 数量积的运算律

由数量积的定义不难发现，数量积满足下列运算规律：

交换律：$\boldsymbol{a}\cdot\boldsymbol{b}=\boldsymbol{b}\cdot\boldsymbol{a}$；

分配律：$\boldsymbol{a}\cdot(\boldsymbol{b}+\boldsymbol{c})=\boldsymbol{a}\cdot\boldsymbol{b}+\boldsymbol{a}\cdot\boldsymbol{c}$；

结合律：$\lambda(\boldsymbol{a}\cdot\boldsymbol{b})=(\lambda\boldsymbol{a})\cdot\boldsymbol{b}=\boldsymbol{a}\cdot(\lambda\boldsymbol{b})$　　(λ 是常数).

3. 数量积的坐标表示

因为 $\boldsymbol{i}$，$\boldsymbol{j}$，$\boldsymbol{k}$ 三个基本单位向量互相垂直，所以

$$\boldsymbol{i}\cdot\boldsymbol{j}=\boldsymbol{j}\cdot\boldsymbol{k}=\boldsymbol{k}\cdot\boldsymbol{i}=0,\boldsymbol{i}\cdot\boldsymbol{i}=\boldsymbol{j}\cdot\boldsymbol{j}=\boldsymbol{k}\cdot\boldsymbol{k}=1.$$

设向量 $\boldsymbol{a}=(a_x,a_y,a_z)$，$\boldsymbol{b}=(b_x,b_y,b_z)$，则

$$\begin{aligned}\boldsymbol{a}\cdot\boldsymbol{b}&=(a_x\boldsymbol{i}+a_y\boldsymbol{j}+a_z\boldsymbol{k})\cdot(b_x\boldsymbol{i}+b_y\boldsymbol{j}+b_z\boldsymbol{k})\\&=a_xb_x\boldsymbol{i}\cdot\boldsymbol{i}+a_xb_y\boldsymbol{i}\cdot\boldsymbol{j}+a_xb_z\boldsymbol{i}\cdot\boldsymbol{k}+a_yb_x\boldsymbol{j}\cdot\boldsymbol{i}+a_yb_y\boldsymbol{j}\cdot\boldsymbol{j}+a_yb_z\boldsymbol{j}\cdot\boldsymbol{k}+\\&\quad a_zb_x\boldsymbol{k}\cdot\boldsymbol{i}+a_zb_y\boldsymbol{k}\cdot\boldsymbol{j}+a_zb_z\boldsymbol{k}\cdot\boldsymbol{k}\\&=a_xb_x+a_yb_y+a_zb_z.\end{aligned}$$

即两个向量的数量积等于其对应坐标乘积之和，

$$\boldsymbol{a}\cdot\boldsymbol{b}=(a_x,a_y,a_z)\cdot(b_x,b_y,b_z)=a_xb_x+a_yb_y+a_zb_z.$$

由定义 7.2.1 知，若两向量 $\boldsymbol{a}$ 与 $\boldsymbol{b}$ 互相垂直时，夹角 $\theta=\frac{\pi}{2}$，则有

$$\boldsymbol{a}\cdot\boldsymbol{b}=|\boldsymbol{a}||\boldsymbol{b}|\cos\frac{\pi}{2}=0.$$

反之，若非零向量 $\boldsymbol{a}$，$\boldsymbol{b}$ 的数量积 $\boldsymbol{a}\cdot\boldsymbol{b}=0$，则 $\theta=\frac{\pi}{2}$，即 $\boldsymbol{a}$ 与 $\boldsymbol{b}$ 互相垂直. 因此有

结论：

$$a \perp b \Leftrightarrow a \cdot b = 0, \text{即 } a_x b_x + a_y b_y + a_z b_z = 0.$$

例 7.2.1 求使向量 $\boldsymbol{a} = 2\boldsymbol{i} - 3\boldsymbol{j} + 5\boldsymbol{k}$，$\boldsymbol{b} = 3\boldsymbol{i} + m\boldsymbol{j} - 2\boldsymbol{k}$ 互相垂直的 m 的值.

解 因为
$$\boldsymbol{a} \perp \boldsymbol{b},$$
所以
$$\boldsymbol{a} \cdot \boldsymbol{b} = 2 \times 3 - 3 \times m + 5 \times (-2) = 0,$$
解得
$$m = -\frac{4}{3}.$$

例 7.2.2 设有一质点开始位于点 $M_1(1,2,-1)$ 处(坐标的长度单位为 m)，现有一方向角分别为60°，60°，45°，大小为 100 N 的力 $\boldsymbol{F}$ 作用于该质点，求该质点从点 M_1 作直线运动至 $M_2(2,5,-1+3\sqrt{2})$ 时力 $\boldsymbol{F}$ 所做的功.

解 因为力 $\boldsymbol{F}$ 的方向角分别为60°，60°，45°，所以，与力 $\boldsymbol{F}$ 同向的单位向量为

$$\boldsymbol{F}^0 = \cos 60° \boldsymbol{i} + \cos 60° \boldsymbol{j} + \cos 45° \boldsymbol{k} = \frac{1}{2}\boldsymbol{i} + \frac{1}{2}\boldsymbol{j} + \frac{\sqrt{2}}{2}\boldsymbol{k}.$$

又因为

$$\boldsymbol{F} = |\boldsymbol{F}|\boldsymbol{F}^0 = 100\left(\frac{1}{2}\boldsymbol{i} + \frac{1}{2}\boldsymbol{j} + \frac{\sqrt{2}}{2}\boldsymbol{k}\right) = 50\boldsymbol{i} + 50\boldsymbol{j} + 50\sqrt{2}\boldsymbol{k},$$

质点从点 $M_1(1,2,-1)$ 移动到点 $M_2(2,5,-1+3\sqrt{2})$，其位移矢量为

$$\overrightarrow{M_1M_2} = (2-1)\boldsymbol{i} + (5-2)\boldsymbol{j} + (-1+3\sqrt{2}+1)\boldsymbol{k} = \boldsymbol{i} + 3\boldsymbol{j} + 3\sqrt{2}\boldsymbol{k},$$

力 $\boldsymbol{F}$ 所做的功为

$$W = \boldsymbol{F} \cdot \overrightarrow{M_1M_2} = (50,50,50\sqrt{2}) \cdot (1,3,3\sqrt{2}) = 50 + 150 + 300 = 500(\text{J}).$$

7.2.2 向量的向量积

1. 向量积的概念

引例 设 O 为杠杆 L 的支点，有一个力 $\boldsymbol{F}$ 作用于杠杆上 P 点处，$\boldsymbol{F}$ 与 $\overrightarrow{OP}$ 的夹角为 θ，如图 7-13 所示，求力 $\boldsymbol{F}$ 对支点 O 的力矩.

由力学知识知道，力 $\boldsymbol{F}$ 对支点 O 的力矩是一个向量 $\boldsymbol{M}$，其大小为

$$|\boldsymbol{M}| = |\boldsymbol{F}||\overrightarrow{OP}|\sin\theta.$$

力矩 $\boldsymbol{M}$ 的方向规定：$\boldsymbol{M}$ 的方向垂直 $\overrightarrow{OP}$ 与 $\boldsymbol{F}$ 所在平面，其正方向按右手法则确定，如图 7-14 所示，即当右手四指从 $\overrightarrow{OP}$ 以小于 π 的角度到 $\boldsymbol{F}$ 方向握拳时，大拇指伸直所指的方向就是 $\boldsymbol{M}$ 的方向.

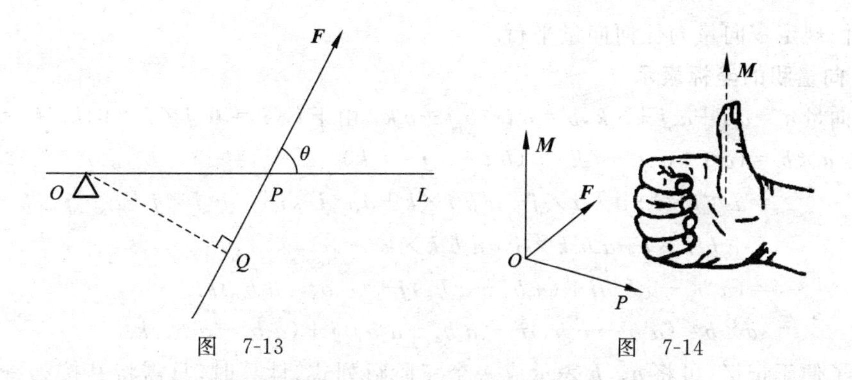

图　7-13　　　图　7-14

在工程技术领域,有许多向量具有上述特征,为此,引入向量的向量积的概念.

定义 7.2.2　设有两个向量 $\boldsymbol{a},\boldsymbol{b}$,其夹角为 θ,若向量 $\boldsymbol{c}$ 满足:

(1) $|\boldsymbol{c}|=|\boldsymbol{a}||\boldsymbol{b}|\sin\theta$.

(2) $\boldsymbol{c}$ 垂直于由向量 $\boldsymbol{a},\boldsymbol{b}$ 所确定的平面,它的正方向由右手法则确定. 则称向量 $\boldsymbol{c}$ 为向量 $\boldsymbol{a}$ 与 $\boldsymbol{b}$ 的**向量积**(或**叉积**),记作 $\boldsymbol{a}\times\boldsymbol{b}$,即

$$\boldsymbol{c}=\boldsymbol{a}\times\boldsymbol{b}.$$

由上述定义,作用在点 P 的力 $\boldsymbol{F}$ 对杠杆上支点 O 的力矩 $\boldsymbol{M}$ 可表示为

$$\boldsymbol{M}=\overrightarrow{OP}\times\boldsymbol{F}.$$

若把向量 $\boldsymbol{a},\boldsymbol{b}$ 的起点放在一起,并以 $\boldsymbol{a},\boldsymbol{b}$ 为邻边作一平行四边形,则向量 $\boldsymbol{a}$ 与 $\boldsymbol{b}$ 的向量积的模 $|\boldsymbol{a}\times\boldsymbol{b}|=|\boldsymbol{a}||\boldsymbol{b}|\sin\theta$,即为该平行四边形的面积,如图 7-15 所示.

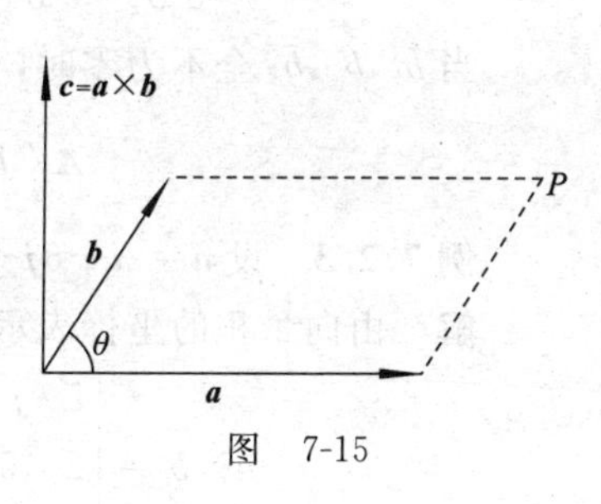

图　7-15

2. 向量积的运算律

由向量积的定义可得,向量积满足运算规律:

反交换律:$\boldsymbol{a}\times\boldsymbol{b}=-\boldsymbol{b}\times\boldsymbol{a}$;

分配律:$\boldsymbol{a}\times(\boldsymbol{b}+\boldsymbol{c})=\boldsymbol{a}\times\boldsymbol{b}+\boldsymbol{a}\times\boldsymbol{c}$;

$(\boldsymbol{b}+\boldsymbol{c})\times\boldsymbol{a}=\boldsymbol{b}\times\boldsymbol{a}+\boldsymbol{c}\times\boldsymbol{a}$;

结合律:$\lambda(\boldsymbol{a}\times\boldsymbol{b})=(\lambda\boldsymbol{a})\times\boldsymbol{b}=\boldsymbol{a}\times(\lambda\boldsymbol{b})$　(λ 是常数).

注意:向量的向量积一般不满足交换律,即

$$\boldsymbol{a}\times\boldsymbol{b}\neq\boldsymbol{b}\times\boldsymbol{a}\ (\text{除非 } \boldsymbol{a}\times\boldsymbol{b}=\boldsymbol{0}).$$

由向量积的定义可知:

(1) $\boldsymbol{i}\times\boldsymbol{j}=\boldsymbol{k},\ \boldsymbol{j}\times\boldsymbol{k}=\boldsymbol{i},\ \boldsymbol{k}\times\boldsymbol{i}=\boldsymbol{j}$;

(2) 两个非零向量 $\boldsymbol{a},\boldsymbol{b}$ 相互平行的充分必要条件是 $\boldsymbol{a}\times\boldsymbol{b}=\boldsymbol{0}$.

特别地,$\boldsymbol{a}\times\boldsymbol{a}=\boldsymbol{0}$.

我们规定零向量与任何向量平行.

3. 向量积的坐标表示

设向量 $\boldsymbol{a}=a_x\boldsymbol{i}+a_y\boldsymbol{j}+a_z\boldsymbol{k}$, $\boldsymbol{b}=b_x\boldsymbol{i}+b_y\boldsymbol{j}+b_z\boldsymbol{k}$,由于 $\boldsymbol{i}\times\boldsymbol{i}=\boldsymbol{0}$, $\boldsymbol{j}\times\boldsymbol{j}=\boldsymbol{0}$, $\boldsymbol{k}\times\boldsymbol{k}=\boldsymbol{0}$. 则

$$
\begin{aligned}
\boldsymbol{a}\times\boldsymbol{b}&=(a_x\boldsymbol{i}+a_y\boldsymbol{j}+a_z\boldsymbol{k})\times(b_x\boldsymbol{i}+b_y\boldsymbol{j}+b_z\boldsymbol{k})\\
&=a_xb_x\boldsymbol{i}\times\boldsymbol{i}+a_xb_y\boldsymbol{i}\times\boldsymbol{j}+a_xb_z\boldsymbol{i}\times\boldsymbol{k}+a_yb_x\boldsymbol{j}\times\boldsymbol{i}+a_yb_y\boldsymbol{j}\times\boldsymbol{j}+a_yb_z\boldsymbol{j}\times\boldsymbol{k}+\\
&\quad a_zb_x\boldsymbol{k}\times\boldsymbol{i}+a_zb_y\boldsymbol{k}\times\boldsymbol{j}+a_zb_z\boldsymbol{k}\times\boldsymbol{k}\\
&=(a_yb_z-a_zb_y)\boldsymbol{i}+(a_zb_x-a_xb_z)\boldsymbol{j}+(a_xb_y-a_yb_x)\boldsymbol{k}.
\end{aligned}
$$

即
$$\boldsymbol{a}\times\boldsymbol{b}=(a_yb_z-a_zb_y)\boldsymbol{i}+(a_zb_x-a_xb_z)\boldsymbol{j}+(a_xb_y-a_yb_x)\boldsymbol{k}.$$

为了便于记忆,可将 $\boldsymbol{a}\times\boldsymbol{b}$ 表示成一个三阶行列式,计算时,只需将其按第一行展开即可. 即

$$\boldsymbol{a}\times\boldsymbol{b}=\begin{vmatrix}\boldsymbol{i}&\boldsymbol{j}&\boldsymbol{k}\\a_x&a_y&a_z\\b_x&b_y&b_z\end{vmatrix}.$$

由于两个非零向量 $\boldsymbol{a}$, $\boldsymbol{b}$ 平行的充分必要条件是 $\boldsymbol{a}\times\boldsymbol{b}=\boldsymbol{0}$, 可表示为

$$a_yb_z-a_zb_y=0, a_zb_x-a_xb_z=0, a_xb_y-a_yb_x=0.$$

当 b_x, b_y, b_z 全不为零时,有

$$\boldsymbol{A}/\!/\boldsymbol{b}\Leftrightarrow\boldsymbol{a}\times\boldsymbol{b}=\boldsymbol{0}, 即\frac{a_x}{b_x}=\frac{a_y}{b_y}=\frac{a_z}{b_z}.$$

例 7.2.3 设 $\boldsymbol{a}=2\boldsymbol{i}+5\boldsymbol{j}+7\boldsymbol{k}$, $\boldsymbol{b}=\boldsymbol{i}+2\boldsymbol{j}+4\boldsymbol{k}$, 求 $\boldsymbol{a}\times\boldsymbol{b}$ 及 $|\boldsymbol{a}\times\boldsymbol{b}|$.

解 由向量积的坐标表示式得

$$
\begin{aligned}
\boldsymbol{a}\times\boldsymbol{b}&=\begin{vmatrix}\boldsymbol{i}&\boldsymbol{j}&\boldsymbol{k}\\2&5&7\\1&2&4\end{vmatrix}\\
&=(5\times4-7\times2)\boldsymbol{i}+(7\times1-2\times4)\boldsymbol{j}+(2\times2-5\times1)\boldsymbol{k}\\
&=(6,-1,-1),
\end{aligned}
$$

$$|\boldsymbol{a}\times\boldsymbol{b}|=\sqrt{6^2+(-1)^2+(-1)^2}=\sqrt{38}.$$

例 7.2.4 求以 $A(2,-2,1)$, $B(-2,0,1)$, $C(1,2,2)$ 为顶点的 $\triangle ABC$ 的面积.

解 由向量积的定义可知 $\triangle ABC$ 的面积为

$$S=\frac{1}{2}|\overrightarrow{AB}||\overrightarrow{AC}|\sin\theta=\frac{1}{2}|\overrightarrow{AB}\times\overrightarrow{AC}|.$$

角 θ 为向量 $\overrightarrow{AB}$ 与 $\overrightarrow{AC}$ 的夹角 .

因为

$$\overrightarrow{AB}=(-4,2,0), \quad \overrightarrow{AC}=(-1,4,1),$$

所以$\overrightarrow{AB}\times\overrightarrow{AC}=\begin{vmatrix} \boldsymbol{i} & \boldsymbol{j} & \boldsymbol{k} \\ -4 & 2 & 0 \\ -1 & 4 & 1 \end{vmatrix}$

$$=(2\times1-0\times4)\boldsymbol{i}+[-1\times0-1\times(-4)]\boldsymbol{j}+[-4\times4-2\times(-1)]\boldsymbol{k}$$

$$=2\boldsymbol{i}+4\boldsymbol{j}-14\boldsymbol{k},$$

故△ABC 的面积

$$S=\frac{1}{2}|\overrightarrow{AB}\times\overrightarrow{AC}|=\frac{1}{2}\sqrt{2^2+4^2+(-14)^2}=3\sqrt{6}.$$

例 7.2.5　求与向量 $\boldsymbol{a}=(2,4,3)$ 和 $\boldsymbol{b}=(1,0,1)$ 都垂直的单位向量 $\boldsymbol{c}^0$.

解　由向量积的定义可知，若 $\boldsymbol{a}\times\boldsymbol{b}=\boldsymbol{c}$，则 $\boldsymbol{c}$ 同时垂直于 $\boldsymbol{a}$ 和 $\boldsymbol{b}$，且

$$\boldsymbol{c}=\boldsymbol{a}\times\boldsymbol{b}=\begin{vmatrix} \boldsymbol{i} & \boldsymbol{j} & \boldsymbol{k} \\ 2 & 4 & 3 \\ 1 & 0 & 1 \end{vmatrix}=4\boldsymbol{i}+\boldsymbol{j}-4\boldsymbol{k},$$

因此，与 $\boldsymbol{c}=\boldsymbol{a}\times\boldsymbol{b}$ 平行的单位向量应有两个：

$$\boldsymbol{c}^0=\frac{\boldsymbol{c}}{|\boldsymbol{c}|}=\frac{\boldsymbol{a}\times\boldsymbol{b}}{|\boldsymbol{a}\times\boldsymbol{b}|}=\frac{4\boldsymbol{i}+\boldsymbol{j}-4\boldsymbol{k}}{\sqrt{4^2+1^2+(-4)^2}}=\frac{\sqrt{33}}{33}(4\boldsymbol{i}+\boldsymbol{j}-4\boldsymbol{k}),$$

和
$$-\boldsymbol{c}^0=\frac{\sqrt{33}}{33}(-4\boldsymbol{i}-\boldsymbol{j}+4\boldsymbol{k}).$$

7.3　平面及其方程

平面是最简单的空间曲面，下面以向量为工具来讨论空间平面的有关内容.

7.3.1　平面的点法式方程

垂直于平面的任一非零向量称为该**平面的法向量**. 显然平面内任一向量都与其法向量垂直.

设在空间直角坐标系中，一平面 Π 经过点 $M_0(x_0, y_0, z_0)$ 且有法向量 $\boldsymbol{n}=(A,B,C)$，如图 7-16 所示. 下面推导平面 Π 的方程.

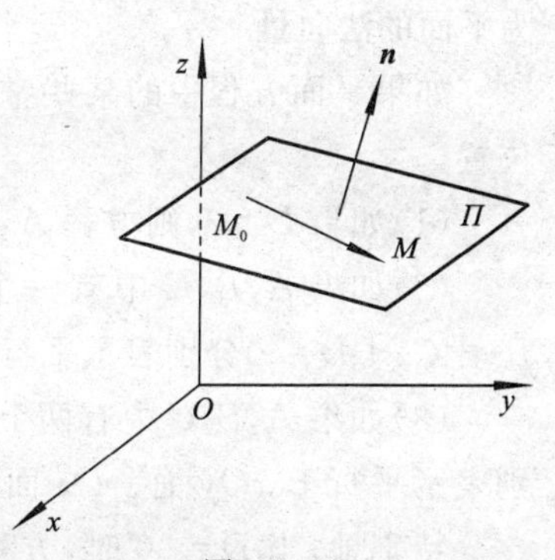

图　7-16

在平面 Π 上任取一点 $M(x,y,z)$，作向量$\overrightarrow{M_0M}$，则向量$\overrightarrow{M_0M}$在平面 Π 内. 因为向量 $\boldsymbol{n}$ 垂直于平面 Π，因此

$$\boldsymbol{n}\perp\overrightarrow{M_0M}.$$

于是
$$\boldsymbol{n}\cdot\overrightarrow{M_0M}=0.$$

又 $$\boldsymbol{n}=(A,B,C),\overrightarrow{M_0M}=(x-x_0,y-y_0,z-z_0),$$

所以 $$A(x-x_0)+B(y-y_0)+C(z-z_0)=0.$$

这就是平面 Π 的方程.由于这种形式的方程是由平面上一个点和平面的法向量确定的,因此称之为**平面的点法式方程**.

例 7.3.1 求过点$(2,-3,0)$,且有法向量 $\boldsymbol{n}=(1,-2,3)$的平面方程.

解 根据平面的点法式方程,所求平面方程为

$$1(x-2)-2(y+3)+3(z-0)=0,$$

即 $$x-2y+3z-8=0.$$

例 7.3.2 求过三点 $A(2,-1,4)$,$B(-1,3,-2)$和 $C(0,2,3)$的平面方程.

解 由于过三个已知点的平面法向量 $\boldsymbol{n}$ 与向量$\overrightarrow{AB}$,$\overrightarrow{AC}$都垂直,而

$$\overrightarrow{AB}=(-3,4,-6),\quad \overrightarrow{AC}=(-2,3,-1),$$

所以可取

$$\boldsymbol{n}=\overrightarrow{AB}\times\overrightarrow{AC}=(14,9,-1)=14\boldsymbol{i}+9\boldsymbol{j}-\boldsymbol{k}.$$

根据平面的点法式方程,得所求平面方程为

$$14(x-2)+9(y+1)-(z-4)=0,$$

即 $$14x+9y-z-15=0.$$

7.3.2 平面的一般式方程

过点 $M_0(x_0,y_0,z_0)$,且以 $\boldsymbol{n}=(A,B,C)$为法向量的点法式平面方程为

$$A(x-x_0)+B(y-y_0)+C(z-z_0)=0,$$

将此式展开整理得

$$Ax+By+Cz+(-Ax_0-By_0-Cz_0)=0.$$

令 $D=-Ax_0-By_0-Cz_0$,则点法式平面方程可化为

$$Ax+By+Cz+D=0.$$

该方程称为**平面的一般式方程**,其中 A,B,C 是不全为零的常数,向量 $\boldsymbol{n}=(A,B,C)$为平面的法向量.

如果平面方程中的某些常数为零,则相应的平面在空间直角坐标系中就有特殊位置:

(1)如果 $D=0$,则方程 $Ax+By+Cz=0$ 表示通过原点的平面方程;

(2)如果 A,B,C 中有一个为零,则方程 $Ax+By+D=0$,$Ax+Cz+D=0$ 和 $By+Cz+D=0$分别表示平行于 z 轴、y 轴和 x 轴的平面方程;

(3)如果 A,B,C 中有两个为零,则方程 $Cz+D=0$,$Ax+D=0$ 和 $By+D=0$ 分别表示平行于 xOy 面、yOz 面和 xOz 面的平面方程;

特别地,当 $D=0$ 时,方程 $z=0$,$x=0$ 和 $y=0$ 分别表示 xOy 面、yOz 面和

zOx 面的平面方程.

一般地,用三角形或平行四边形表示平面的图形.

例 7.3.3　指出下列平面方程所代表的平面.

(1)$2x-y+z=0$；　(2)$x+z=1$；　(3)$2x-y=0$；　(4)$z-2=0$.

解　(1)方程 $D=0$,表示过原点的平面,如图 7-17(a)所示；

(2)方程 $B=0$,表示平行于轴 y 的平面,如图 7-17(b)所示；

(3)方程 $C=D=0$,表示过 z 轴的平面,如图 7-17(c)所示；

(4)方程 $A=B=0$,表示平行于 xOy 面的平面,如图 7-17(d)所示.

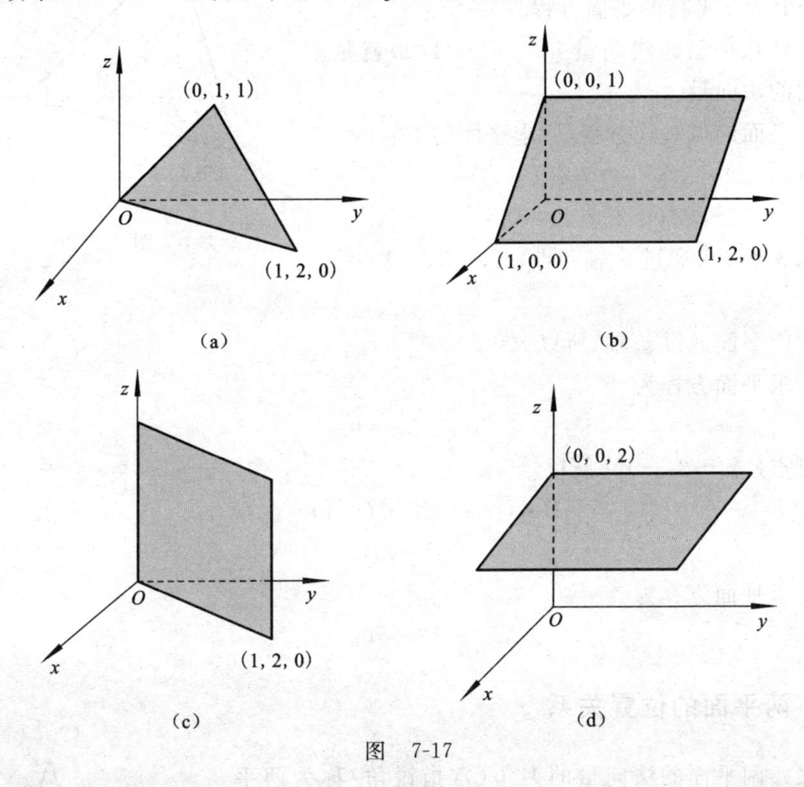

图　7-17

例 7.3.4　求与三个坐标轴分别交于$(a,0,0)$,$(0,b,0)$和$(0,0,c)$三个点的平面方程,其中 a,b,c 都不为零.

解　设所求的平面方程为

$$Ax+By+Cz+D=0.$$

因为$(a,0,0)$,$(0,b,0)$,$(0,0,c)$三点在该平面上,所以

$$\begin{cases}Aa+D=0\\Bb+D=0\\Cc+D=0\end{cases},$$

解得
$$A=-\frac{D}{a},B=-\frac{D}{b},C=-\frac{D}{c},$$
代入所设方程并除以 $D(D\neq0)$,则所求的平面方程为
$$\frac{x}{a}+\frac{y}{b}+\frac{z}{c}=1.$$

此方程称为平面的**截距式方程**,a,b,c 依次称为在 x,y,z 三轴上的截距,如图 7-18 所示.

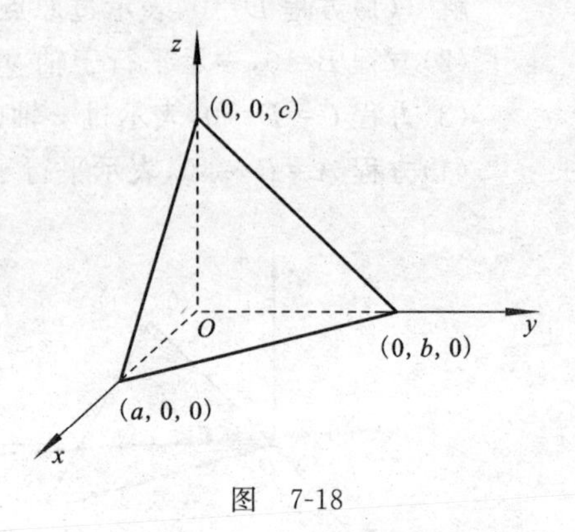

图 7-18

例 7.3.5 求过点 $M_0(2,3,5)$ 且与平面 $5x-3y+2z-10=0$ 平行的平面方程.

解 已知平面的法向量 $\boldsymbol{n}=(5,-3,2)$ 就是所求平面的法向量.

根据平面的点法式方程,所求平面的方程为
$$5(x-2)-3(y-3)+2(z-5)=0,$$
即
$$5x-3y+2z-11=0.$$

例 7.3.6 求通过 x 轴和点$(4,-3,-1)$的平面方程.

解 因平面通过 x 轴,所以 $A=D=0$.

设所求平面方程为
$$By+Cz=0.$$
又平面过点$(4,-3,-1)$,所以
$$B\cdot(-3)+C\cdot(-1)=0,$$
即
$$C=-3B,$$
化简得所求平面方程为
$$y-3z=0.$$

7.3.3 两平面的位置关系

定义 两平面的法向量的夹角(常指锐角)称为**两平面的夹角**,如图 7-19 所示.

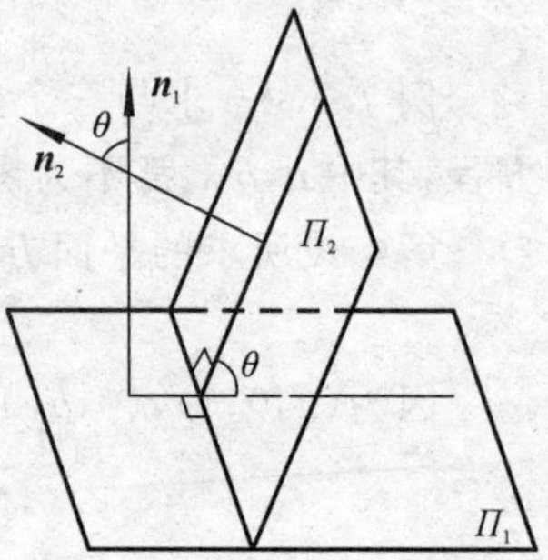

设平面 Π_1 和平面 Π_2 的方程分别为

$\Pi_1:A_1x+B_1y+C_1z+D_1=0$,

$\Pi_2:A_2x+B_2y+C_2z+D_2=0$.

由于平面 Π_1 有法向量 $\boldsymbol{n}_1=(A_1,B_1,C_1)$,平面 Π_2 有法向量 $\boldsymbol{n}_2=(A_2,B_2,C_2)$,由两向量的夹角的余弦公式,$\boldsymbol{n}_1\cdot\boldsymbol{n}_2=|\boldsymbol{n}_1||\boldsymbol{n}_2|\cos\theta$,平面 Π_1 与 Π_2 的夹角 θ 可由公式

图 7-19

$$\cos\theta=\frac{|A_1A_2+B_1B_2+C_1C_2|}{\sqrt{A_1^2+B_1^2+C_1^2}\sqrt{A_2^2+B_2^2+C_2^2}}$$

来确定.

从两向量垂直、平行的条件可以推出以下结论：

平面 Π_1 与 Π_2 相互垂直的充分必要条件为

$$\Pi_1\perp\Pi_2\Leftrightarrow A_1A_2+B_1B_2+C_1C_2=0.$$

平面 Π_1 与 Π_2 相互平行的充分必要条件为

$$\Pi_1 /\!/ \Pi_2\Leftrightarrow\frac{A_1}{A_2}=\frac{B_1}{B_2}=\frac{C_1}{C_2}.$$

点 $M_0(x_0,y_0,z_0)$ 到平面 $\Pi:Ax+By+Cz+D=0$ 的距离为 d，则

$$d=\frac{|Ax_0+By_0+Cz_0+D|}{\sqrt{A^2+B^2+C^2}}.$$

例 7.3.7　已知平面 Π 过点 $M_0(1,3,2)$ 且垂直于平面 $\Pi_1:x+2z=0$ 和 $\Pi_2:x+y+z=0$，求平面 Π 的方程.

解　因为平面 Π_1 和 Π_2 的法向量为

$$\boldsymbol{n}_1=(1,0,2),\quad \boldsymbol{n}_2=(1,1,1).$$

取所求平面的法向量

$$\boldsymbol{n}=\boldsymbol{n}_1\times\boldsymbol{n}_2=(-2,1,1),$$

则所求平面 Π 的方程为

$$-2(x-1)+1(y-3)+1(z-2)=0,$$

即

$$2x-y-z+3=0.$$

7.4　空间直线及其方程

直线是最简单的空间图形，下面以向量为工具来讨论空间直线的有关内容.

7.4.1　空间直线的方程

1. 一般式方程

空间直线 l 可以看作两个平面 Π_1,Π_2 的交线，如图 7-20所示.

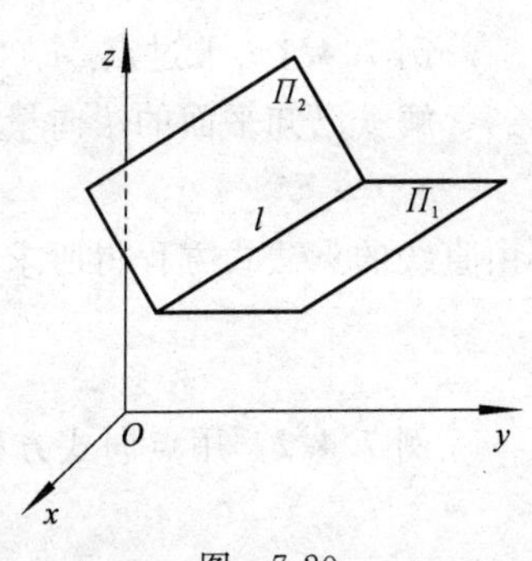

图　7-20

直线 l 上任一点的坐标应同时满足这两个平面的方程，即

$$\begin{cases}A_1x+B_1y+C_1z+D_1=0\\A_2x+B_2y+C_2z+D_2=0\end{cases},$$

叫做空间直线的**一般式方程**.

2. 参数方程

设非零向量 s 平行于直线 l,则称 s 为直线 l 的方向向量.设直线 l 过点 $M_0(x_0,y_0,z_0)$,其方向向量 $s=(m,n,p)$,现推导直线 l 的方程.

设点 $M(x,y,z)$ 为直线 l 上任意一点,由于 $\overrightarrow{M_0M}$ 在直线 l 上,所以 $\overrightarrow{M_0M}/\!/ s$,即

$$\overrightarrow{M_0M}=ts \quad (t\text{ 为实数}),$$

因为

$$\overrightarrow{M_0M}=(x-x_0,y-y_0,z-z_0),$$

所以,有

$$\begin{cases}x-x_0=mt\\ y-y_0=nt\\ z-z_0=pt\end{cases},$$

即

$$\begin{cases}x=x_0+mt\\ y=y_0+nt\\ z=z_0+pt\end{cases}.$$

称此方程为直线 l 的**参数方程**,其中 t 为参数.

3. 点向式方程

设直线 l 过点 $M_0(x_0,y_0,z_0)$,其方向向量 $s=(m,n,p)$,则把直线 l 的参数方程消去参数 t,l 的方程可变形为

$$\frac{x-x_0}{m}=\frac{y-y_0}{n}=\frac{z-z_0}{p}.$$

此式称为直线 l 的**点向式方程**.

若分母 m,n,p 某些值为零时,其分子也理解为零.如,$m=n=0,p\neq0$,则直线方程为

$$\begin{cases}x=x_0\\ y=y_0\end{cases}.$$

例 7.4.1 求过点 $M_0(2,-3,1)$ 且垂直于平面 $5x+2y-3z+8=0$ 的直线方程.

解 已知平面的法向量可作为所求直线的方向向量,即

$$s=n=\{5,2,-3\},$$

由直线的点法式方程得所求直线方程为

$$\frac{x-2}{5}=\frac{y+3}{2}=\frac{z-1}{-3}.$$

例 7.4.2 用点向式方程及参数方程表示直线 l:

$$\begin{cases}x+y+z+1=0\\ 2x-y+3z+4=0\end{cases}.$$

解 先求直线 l 上的一点 $M_0(x_0,y_0,z_0)$,例如,可以取 $x_0=1$,代入原方程组,得

$$\begin{cases} y+z=-2 \\ y-3z=6 \end{cases},$$

解得 $y_0=0,z_0=-2$,即 $M_0(1,0,-2)$是直线 l 上一点.

下面找出直线 l 的一个方向向量 $\boldsymbol{s}$,由于两个平面的交线 l 与这两个平面的法向量

$$\boldsymbol{n}_1=(1,1,1),\quad \boldsymbol{n}_2=(2,-1,3)$$

都垂直,所以可取 $\boldsymbol{s}=\boldsymbol{n}_1\times\boldsymbol{n}_2=(4,-1,-3)$. 所以,已知直线 l 的点向式方程为

$$\frac{x-1}{4}=\frac{y}{-1}=\frac{z+2}{-3}.$$

令$\frac{x-1}{4}=\frac{y}{-1}=\frac{z+2}{-3}=t$,得已知直线 l 的参数方程为

$$\begin{cases} x=1+4t \\ y=-t \\ z=-2-3t \end{cases}.$$

7.4.2 两直线间的位置关系

定义 7.4.1 两条直线 l_1和 l_2的方向向量的夹角 φ(常指锐角)称为**两条直线的夹角**.

设直线 l_1和 l_2的方程分别为

$$l_1:\frac{x-x_1}{m_1}=\frac{y-y_1}{n_1}=\frac{z-z_1}{p_1}\text{和 } l_2:\frac{x-x_2}{m_2}=\frac{y-y_2}{n_2}=\frac{z-z_2}{p_2},$$

它们的方向向量

$$\boldsymbol{s}_1=(m_1,n_1,p_1),\quad \boldsymbol{s}_2=(m_2,n_2,p_2),$$

由两向量的夹角的余弦公式

$$\boldsymbol{s}_1\cdot\boldsymbol{s}_2=|\boldsymbol{s}_1||\boldsymbol{s}_2|\cos\varphi,$$

直线 l_1和 l_2的夹角 φ 可由公式

$$\cos\varphi=\frac{|m_1m_2+n_1n_2+p_1p_2|}{\sqrt{m_1^2+n_1^2+p_1^2}\sqrt{m_2^2+n_2^2+p_2^2}}$$

来确定.

特别地,有如下结论:

直线 l_1与 l_2相互垂直的充分必要条件为

$$l_1\perp l_2\Leftrightarrow\boldsymbol{s}_1\perp\boldsymbol{s}_2,\quad \text{即 } m_1m_2+n_1n_2+p_1p_2=0.$$

直线 l_1与 l_2相互平行的充分必要条件为

$$l_1/\!/l_2\Leftrightarrow\boldsymbol{s}_1/\!/\boldsymbol{s}_2,\quad \text{即}\frac{m_1}{m_2}=\frac{n_1}{n_2}=\frac{p_1}{p_2}.$$

例 7.4.3 求过点 $M_0(3,-2,5)$ 且与两平面 $x-4z-3=0$ 和 $2x-y-5z-1=0$ 的交线平行的直线方程.

解 由于所求直线与两平面的交线平行,所以可取两平面交线的方向向量为所求直线的方向向量,即

$$\boldsymbol{s}=(1,0,-4)\times(2,-1,-5)=(-4,-3,-1),$$

由直线的点法式方程得直线 l 方程为

$$\frac{x-3}{4}=\frac{y+2}{3}=\frac{z-5}{1}.$$

7.4.3 直线与平面间的位置关系

定义 7.4.2 当直线 l 与平面 Π 不垂直时,直线和它在平面上的投影直线所夹锐角 φ 称为**直线 l 与平面 Π 间的夹角**,如图 7-21 所示.

设直线 l 的方向向量为 $\boldsymbol{s}=(m,n,p)$,平面 Π 的法向量为 $\boldsymbol{n}=(A,B,C)$,向量 $\boldsymbol{s}$ 与 $\boldsymbol{n}$ 间的夹角为 θ,则 $\varphi=\frac{\pi}{2}-\theta$。所以,直线 l 与平面 Π 的夹角 φ 满足

$$\sin\varphi=|\cos\theta|=\frac{|\boldsymbol{s}\cdot\boldsymbol{n}|}{|\boldsymbol{s}|\,|\boldsymbol{n}|}=\frac{|Am+Bn+Cp|}{\sqrt{m^2+n^2+p^2}\sqrt{A^2+B^2+C^2}}.$$

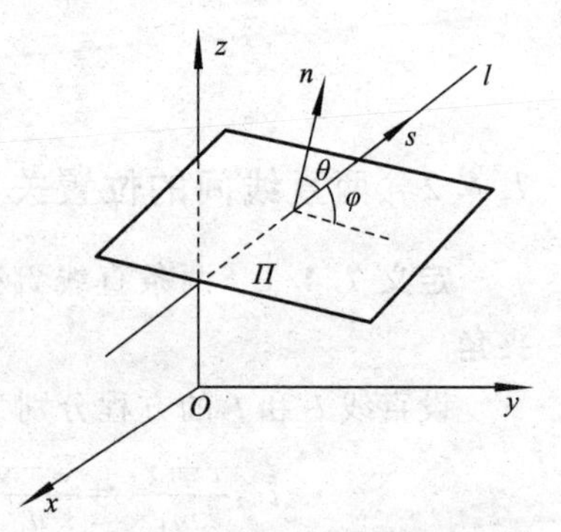

图 7-21

特别地,有如下结论:

直线 l 与平面 Π 相互垂直的充分必要条件为

$$l\perp\Pi\Leftrightarrow\boldsymbol{s}/\!/\boldsymbol{n},\text{即 }\boldsymbol{s}\times\boldsymbol{n}=0,\text{亦即}\frac{A}{m}=\frac{B}{n}=\frac{C}{p}.$$

直线 l 与平面 Π 相互平行的充分必要条件为

$$l/\!/\Pi\Leftrightarrow\boldsymbol{s}\perp\boldsymbol{n},\text{即 }\boldsymbol{s}\cdot\boldsymbol{n}=0,\text{亦即 }mA+nB+pC=0.$$

例 7.4.4 求过点 $M_0(5,-2,3)$,垂直于直线 $l_1:\frac{x}{4}=\frac{y}{5}=\frac{z}{6}$ 且平行于平面 Π:$7x+8y+9z-1=0$ 的直线 l 的方程.

解 设直线 l 的方向向量为 $\boldsymbol{s}=(m,n,p)$,已知直线 l_1 的方向向量为 $\boldsymbol{s}_1=(4,5,6)$,平面 Π 的法向量为 $\boldsymbol{n}=(7,8,9)$,依题意有

$$\boldsymbol{s}=\boldsymbol{s}_1\times\boldsymbol{n}=\begin{vmatrix}\boldsymbol{i}&\boldsymbol{j}&\boldsymbol{k}\\4&5&6\\7&8&9\end{vmatrix}=(-3,6,-3).$$

由直线的点法式方程得直线 l 的方程为

$$\frac{x-5}{-3}=\frac{y+2}{6}=\frac{z-3}{-3},$$

即

$$\frac{x-5}{1}=\frac{y+2}{-2}=\frac{z-3}{1}.$$

7.5　空间曲面和曲线

在实践中常常会遇到各种曲面，例如，汽车车灯的镜面、圆柱体的外表面以及锥面等，下面来讨论常见的空间曲面及曲线.

7.5.1　曲面方程的概念

在平面解析几何中已经知道，平面上的一条曲线 l，是满足一定几何条件的平面上的轨迹. 类似地，在空间解析几何中，把曲面 S 当作动点 M 按照一定规律运动而产生的轨迹. 由于动点 M 可以用坐标 (x,y,z) 来表示，所以 M 所满足的规律通常可用含有三个变量 x,y,z 的方程 $F(x,y,z)=0$ 来表示，于是有以下定义：

定义 7.5.1　如果空间曲面 S 上任意一点的坐标都满足 $F(x,y,z)=0$，而不在曲面 S 上的点的坐标都不满足 $F(x,y,z)=0$，则称方程 $F(x,y,z)=0$ 为曲面 S 的**方程**，而曲面 S 称为方程 $F(x,y,z)=0$ 对应的**曲面**(或**图形**)，如图 7-22 所示.

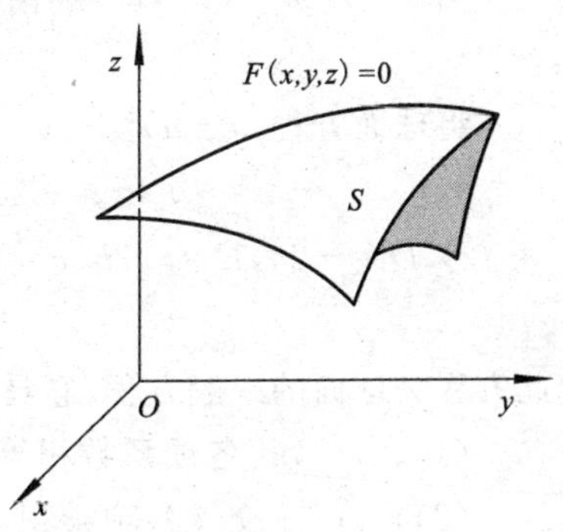

图　7-22

7.5.2　常见的曲面方程及其图形

1. 平面

平面是曲面中最简单的一种，在本章第 3 节已经进行了讨论.

例 7.5.1　一平面垂直平分两点 $A(1,2,3)$ 和 $B(2,-1,4)$ 连线的线段，求此平面的方程.

解　设此平面上任意一点为 $M(x,y,z)$，则由题意知，所求平面就是与 A 点和 B 点等距离的点的轨迹，所以

$$|MA|=|MB|,$$

即

$$\sqrt{(x-1)^2+(y-2)^2+(z-3)^2}=\sqrt{(x-2)^2+(y+1)^2+(z-4)^2},$$

化简，得所求平面方程为

$$2x-6y+2z-7=0.$$

2. 球面

定义 7.5.2 一动点到一定点的距离保持常数,此动点的轨迹即为**球面**.定点叫做**球心**,常数叫做球的**半径**.

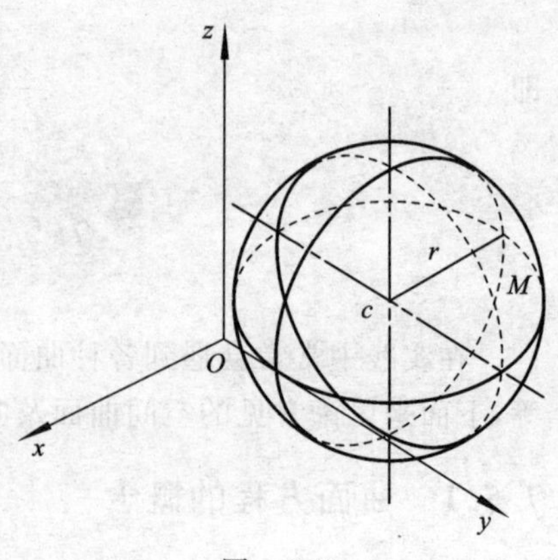

图 7-23

设球心在点 $C(a,b,c)$,半径为 r,在球面上任取一点 $M(x,y,z)$,则有

$$|MC|=r,$$

即 $$\sqrt{(x-a)^2+(y-b)^2+(z-c)^2}=r,$$

整理,得

$$(x-a)^2+(y-b)^2+(z-c)^2=r^2.$$

此方程即为所求的球面方程,其图形如图 7-23 所示.

当 $a=b=c=0$ 时,即球心在原点,半径为 r 的球面方程为

$$x^2+y^2+z^2=r^2.$$

将球面方程 $(x-a)^2+(y-b)^2+(z-c)^2=r^2$ 展开得

$$x^2+y^2+z^2-2ax-2by-2cz+(a^2+b^2+c^2-r^2)=0.$$

令 $D=-2a,E=-2b,F=-2c,G=a^2+b^2+c^2-r^2$,得

$$x^2+y^2+z^2+Dx+Ey+Fz+G=0.$$

此方程为球面的一般方程.它具有以下性质:

(1)x^2,y^2,z^2 各项系数相等;

(2)x ,y ,z 交叉各项乘积系数为零.

例 7.5.2 求 $x^2+y^2+z^2+2x-4y+6z-2=0$ 表示的曲面.

解 对所给的方程配方,即得

$$(x+1)^2+(y-2)^2+(z+3)^2=16.$$

所以,所给方程表示以 $P(-1,2,-3)$ 为球心,半径为 4 的球面.

3. 柱面

定义 7.5.3 平行定直线 l 并沿定曲线 C 移动的直线 l 形成的轨迹叫做**柱面**.直线 l 叫做该柱面的**母线**,定曲线 C 叫做该柱面的**准线**.

下面只讨论准线在坐标平面上,而母线垂直于该坐标平面的柱面.

先来建立母线平行于 z 轴的柱面方程.设柱面的准线 C 是 xOy 面上的曲线,其方程为

$$F(x,y)=0.$$

设 $M(x,y,z)$ 为柱面上任意一点,过 M 作柱面的母线 MM',该母线上全部点在 xOy 面上的投影都是准线 C 的点 M',如图 7-24 所示.所以,柱面上点的竖坐标是任意

的，而 x ，y 坐标满足准线方程 $F(x,y)=0$，从而点 M 的坐标 x,y,z 也满足准线方程 $F(x,y)=0$.

综上所述，以 xOy 面上的曲线 $F(x,y)=0$ 为准线，母线平行于 z 轴的柱面方程，就是不含变量 z 的准线方程 $F(x,y)=0$.

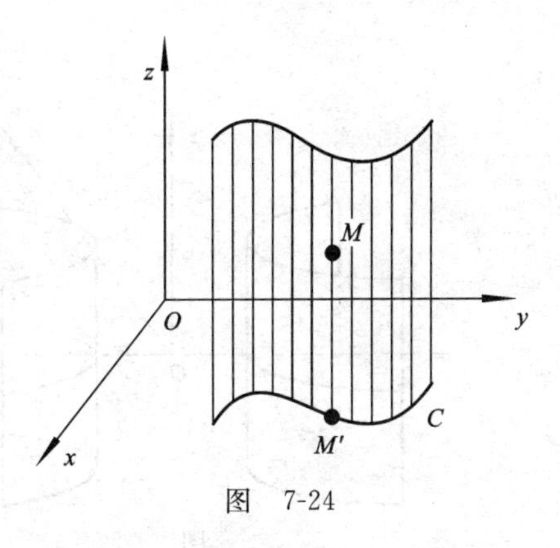

图　7-24

同理，在空间直角坐标系中，缺 y(或缺 x)的方程 $G(x,z)=0$(或 $H(y,z)=0$)表示母线平行于 y 轴(或 x 轴)的柱面.

常见的几个母线平行于 z 轴的柱面方程：

圆柱面方程：$x^2+y^2=a^2$.

椭圆柱面方程：$\frac{x^2}{a^2}+\frac{y^2}{b^2}=1$，如图 7-25 所示.

抛物柱面方程：$y^2=2px(p>0)$，如图 7-26 所示.

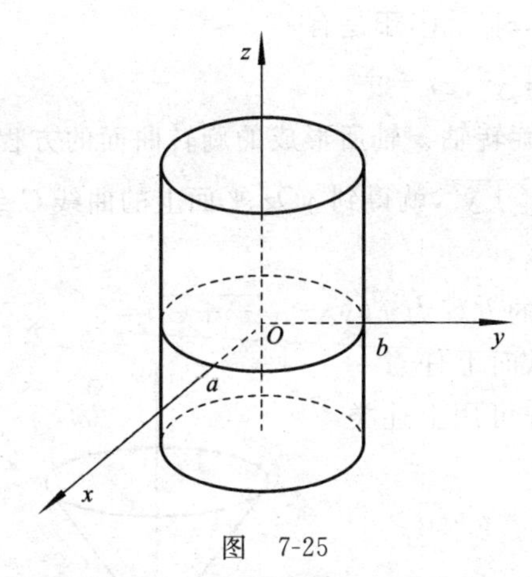

图　7-25

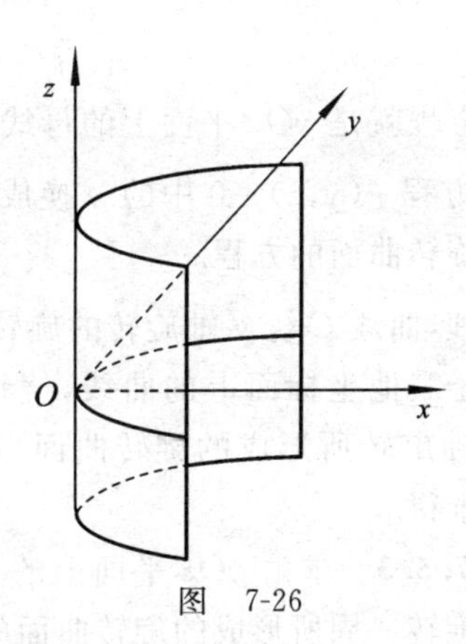

图　7-26

双曲柱面方程：$\frac{x^2}{a^2}-\frac{y^2}{b^2}=1$，如图 7-27 所示.

4. 旋转曲面

定义 7.5.4　一条平面曲线 C 绕其平面上一条定直线 l 旋转一周所形成的曲面叫做**旋转曲面**. 曲线 C 称为旋转曲面的**母线**，定直线 l 称为旋转曲面的**旋转轴**.

下面只讨论母线在某个坐标面上绕某个坐标轴旋转所形成的旋转曲面.

设在 yOz 平面上的曲线 C：$f(y,z)=0$，绕 z 轴旋转一周，现在建立这个旋转面的方程，如图 7-28 所示.

在旋转曲面上任取一点 $M(x,y,z)$，设 M 可由母线 C 上的点 $M_1(0,y_1,z_1)$ 绕 z 轴旋转而得到，由图 7-28 可知，点 M 和 M_1 与 z 轴距离相等(同在一个圆周上)，即

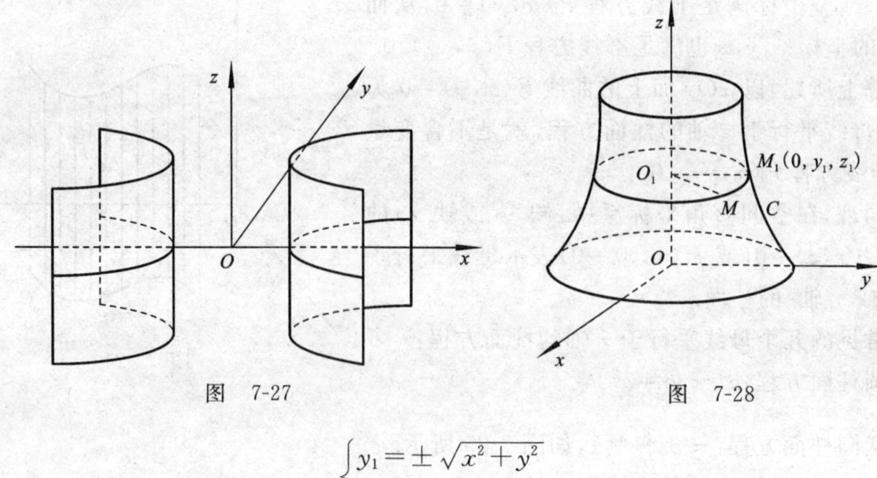

图 7-27　　　　图 7-28

$$\begin{cases} y_1 = \pm\sqrt{x^2+y^2} \\ z_1 = z \end{cases}.$$

又因为点 M_1 在母线 C 上,所以 $f(y_1,z_1)=0$,于是有

$$f(\pm\sqrt{x^2+y^2},z)=0.$$

此方程就是 yOz 平面上的母线 C 绕旋转轴 z 轴所形成的旋转曲面的方程.把母线 C 的方程 $f(y,z)=0$ 中的 y 换成 $\pm\sqrt{x^2+y^2}$,就得到 yOz 平面上的曲线 C 绕 z 轴旋转的旋转曲面的方程.

同理,曲线 C 绕 y 轴旋转的旋转曲面的方程为 $f(y,\pm\sqrt{x^2+z^2})=0$.

对于其他坐标面上的曲线,绕该坐标面上任意一条坐标轴旋转所形成的旋转曲面,其方程可用上述类似方法求得.

例 7.5.3 求由 yOz 平面上的直线 $z=ay(a>0)$ 绕 z 轴旋转一周所形成的旋转曲面的方程.

解 在方程 $z=ay$ 中,把 y 换成 $\pm\sqrt{x^2+y^2}$,便得到以 z 轴为旋转轴的曲面方程

$$z=\pm a\sqrt{x^2+y^2},$$

即

$$z^2-a^2(x^2+y^2)=0.$$

此曲面是顶点在原点,对称轴为 z 轴的圆锥面,如图 7-29所示.

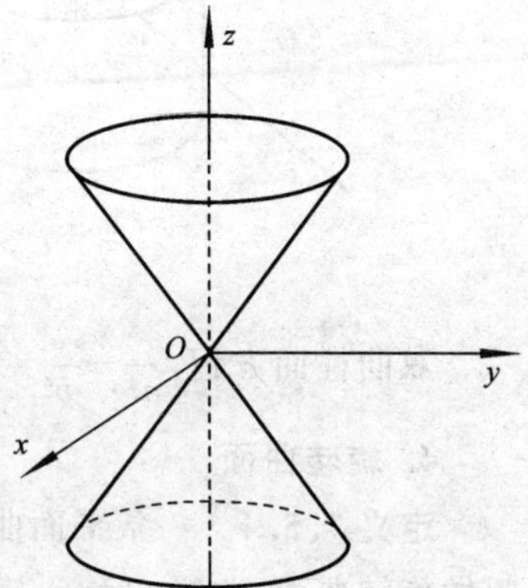

图 7-29

在空间解析几何中,如果曲面方程 $F(x,y,z)=0$ 的 x,y,z 都是一次的,则它对应的曲面就是一个平面,平面也称**一次曲面**.如果它的方程是二次的,则它所对应的曲面称为**二次曲面**.

5. 常见的二次曲面

(1)椭球面

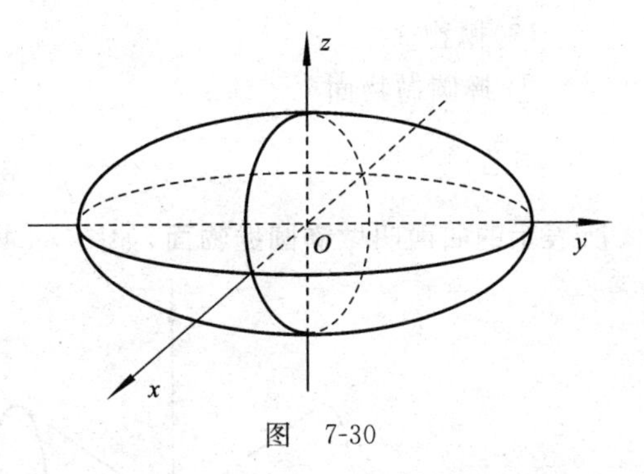

图　7-30

方程　$\dfrac{x^2}{a^2}+\dfrac{y^2}{b^2}+\dfrac{z^2}{c^2}=1$

所表示的曲面称为**椭球面**,a,b,c 称为椭球面的半轴,如图 7-30 所示.其中

$$|x|\leqslant a,|y|\leqslant b,|z|\leqslant c.$$

当 a,b,c 中有两个相等时,称为**旋转椭球面**.例如,当 $a=b$ 时,原方程化为

$$\frac{x^2+y^2}{a^2}+\frac{z^2}{c^2}=1,$$

它是一个 xOz 平面上的椭圆$\dfrac{x^2}{a^2}+\dfrac{z^2}{c^2}=1$ 绕 z 轴旋转所形成的旋转椭球面.

特别地,当 $a=b=c$ 时,原椭球面方程化为

$$x^2+y^2+z^2=a^2,$$

它是一个球心在坐标原点,球半径为 a 的球面.

(2)双曲面

方程　$$\frac{x^2}{a^2}+\frac{y^2}{b^2}-\frac{z^2}{c^2}=1$$

所表示的曲面称为**单叶双曲面**,如图 7-31 所示.

方程　$$\frac{x^2}{a^2}-\frac{y^2}{b^2}+\frac{z^2}{c^2}=-1$$

所表示的曲面称为**双叶双曲面**,如图 7-32 所示.

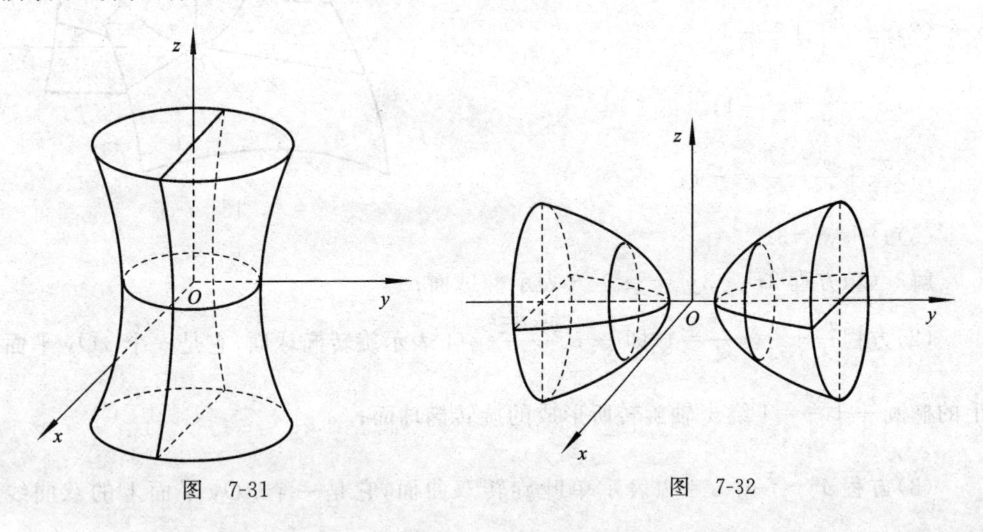

图　7-31　　　　图　7-32

特别地，$x^2-y^2+z^2=0$ 所表示的曲面称为**圆锥面**，如图 7-33 所示.

(3)抛物面

① 椭圆抛物面

方程
$$z=\frac{x^2}{2p}+\frac{y^2}{2q}\quad (p,q>0)$$
所表示的曲面叫做**椭圆抛物面**，如图 7-34 所示.

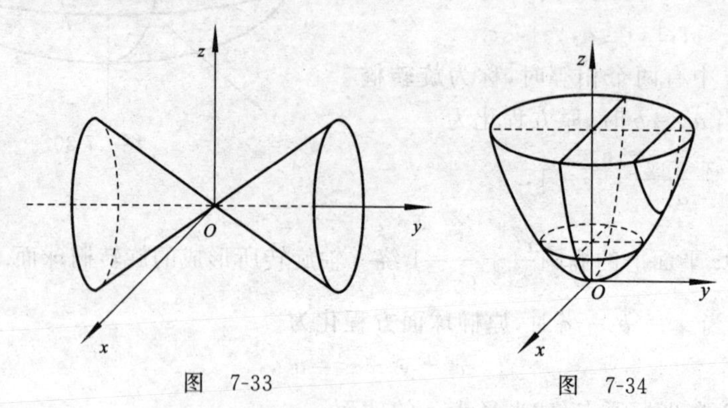

图 7-33　　　　图 7-34

② 双曲抛物面

方程
$$z=-\frac{x^2}{2p}+\frac{y^2}{2q}\quad (p,q>0)$$
所表示的曲面叫做**双曲抛物面**或**鞍形曲面**，如图 7-35 所示.

例 7.5.4 指出下列方程所表示的曲面，并指出哪些是旋转曲面，说明它们是如何产生的？

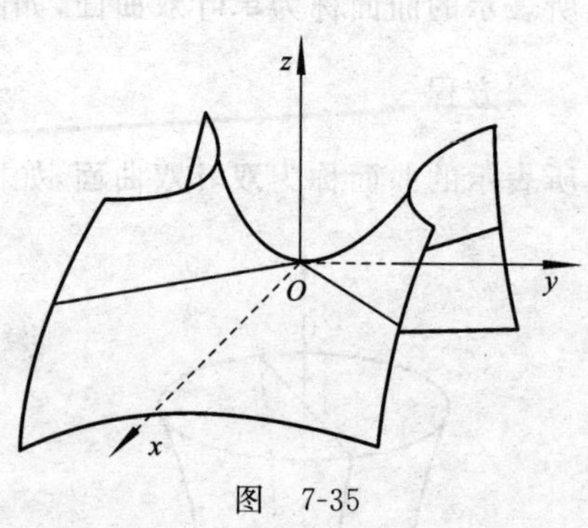

图 7-35

(1)$2x^2+3y^2+5z^2=6$；

(2)$\frac{x^2}{3}+\frac{y^2}{4}+\frac{z^2}{4}=1$；

(3)$x^2-\frac{y^2}{9}+z^2=1$；

(4)$\frac{x^2}{16}+\frac{y^2}{16}-\frac{z^2}{9}=-1$；

(5)$x^2+y^2=6z$.

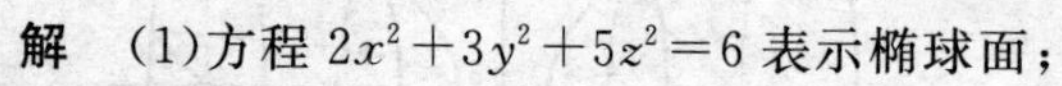

解 (1)方程 $2x^2+3y^2+5z^2=6$ 表示椭球面；

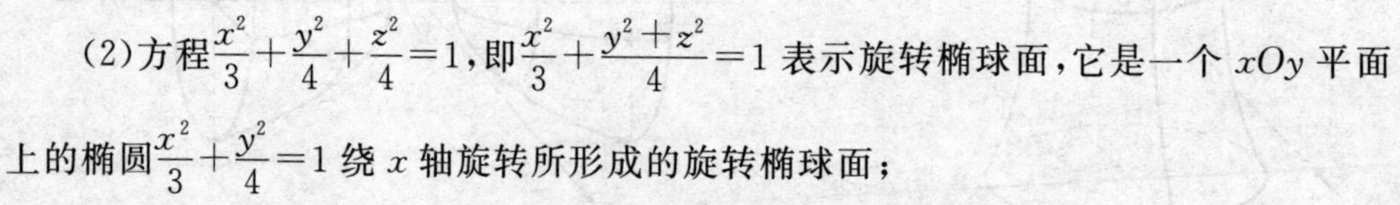

(2)方程$\frac{x^2}{3}+\frac{y^2}{4}+\frac{z^2}{4}=1$，即$\frac{x^2}{3}+\frac{y^2+z^2}{4}=1$ 表示旋转椭球面，它是一个 xOy 平面上的椭圆$\frac{x^2}{3}+\frac{y^2}{4}=1$ 绕 x 轴旋转所形成的旋转椭球面；

(3)方程 $x^2-\frac{y^2}{9}+z^2=1$ 表示单叶旋转双曲面，它是一个 xOy 平面上的双曲线

$x^2-\frac{y^2}{9}=1$ 绕 y 轴旋转所形成的旋转双曲面；

(4)方程$\frac{x^2}{16}+\frac{y^2}{16}-\frac{z^2}{9}=-1$ 表示双叶旋转双曲面，它是一个 xOz 平面上的双曲线 $\frac{x^2}{16}-\frac{z^2}{9}=-1$ 绕 z 轴旋转所形成的旋转双曲面；

(5)方程 $x^2+y^2=6z$ 表示旋转抛物面，它是一个 xOz 平面上的抛物线 $x^2=6z$ 绕 z 轴旋转所形成的旋转抛物面.

7.5.3　空间曲线

空间直线可看作两个平面的交线，那么，空间曲线可看作两个曲面的交线. 设两个相交曲面 S_1 和 S_2 的方程分别为 $F(x,y,z)=0$ 和 $G(x,y,z)=0$，它们的交线为 C，如图 7-36 所示，则曲线 C 由方程组

$$\begin{cases}F(x,y,z)=0\\G(x,y,z)=0\end{cases}$$

所确定，此即为空间曲线 C 的**一般方程**.

例 7.5.5　指出方程组$\begin{cases}z=\sqrt{a^2-x^2-y^2}\\\left(x-\frac{a}{2}\right)^2+y^2=\left(\frac{a}{2}\right)^2\end{cases}$表示什么曲线.

解　方程组中的第一个方程表示球心在原点 O、半径为 a 的上半球面，第二个方程表示母线平行于 z 轴的圆柱面，它的准线为 xOy 平面上以点$\left(\frac{a}{2},0\right)$为圆心、半径为$\frac{a}{2}$的圆. 所以，方程组表示的曲线就是半球面与圆柱面的交线，如图 7-37 所示.

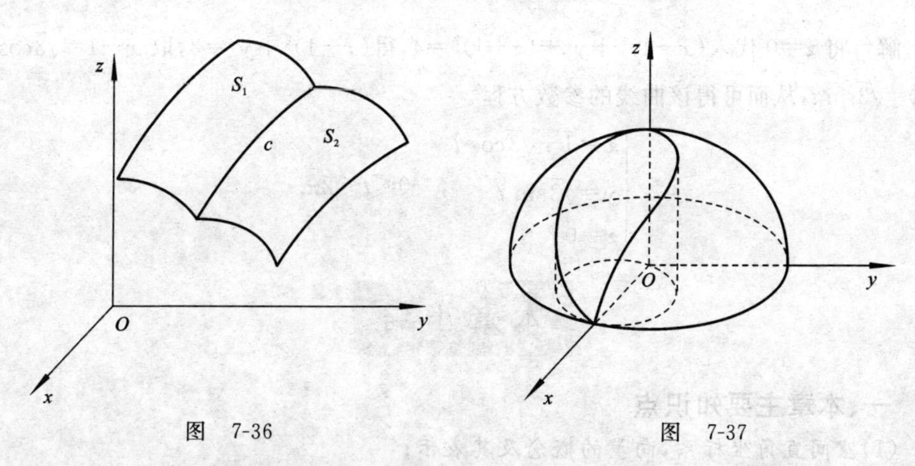

图　7-36　　　　图　7-37

例 7.5.6　指出下列方程组所表示的曲线.

(1) $\begin{cases} x^2+4y^2+9z^2=36 \\ y=1 \end{cases}$；　　(2) $\begin{cases} y^2+z^2-4x+8=0 \\ y=4 \end{cases}$；

(3) $\begin{cases} (x-1)^2+(y+4)^2+z^2=25 \\ y+1=0 \end{cases}$；　　(4) $\begin{cases} x^2-4y^2=4z \\ y=-2 \end{cases}$.

解　(1)方程组 $\begin{cases} x^2+4y^2+9z^2=36 \\ y=1 \end{cases}$ 是中心在(0,1,0),对称轴平行于 x 轴、z 轴,半轴为 $\sqrt{32}$ 和 $\dfrac{\sqrt{32}}{3}$ 的椭圆.

(2)方程组 $\begin{cases} y^2+z^2-4x+8=0 \\ y=4 \end{cases}$ 是顶点在(6,4,0),对称轴平行于 x 轴的抛物线.

(3)方程组 $\begin{cases} (x-1)^2+(y+4)^2+z^2=25 \\ y+1=0 \end{cases}$ 是中心在(1,−1,0),平行于 xOz 平面的圆.

(4)方程组 $\begin{cases} x^2-4y^2=4z \\ y=-2 \end{cases}$ 是顶点在(0,−2,−4),对称轴平行于 z 轴的抛物线.

把曲线看成一个质点 P 在空间中运动的轨迹,在时间 $t\in[a,b]$ 时,设质点 P 的坐标是 (x,y,z). 显然 x,y 和 z 都是 t 的函数,即有

$$\begin{cases} x=x(t) \\ y=y(t), \quad a\leqslant t\leqslant b. \\ z=z(t) \end{cases}$$

上式方程称为曲线的**参数方程**,t 称为**参数**.

例 7.5.7　将曲线 $\begin{cases} (x-1)^2+y^2+(z+1)^2=4 \\ z=0 \end{cases}$ 的一般方程化为参数方程.

解　将 $z=0$ 代入 $(x-1)^2+y^2+(z+1)^2=4$,得 $(x-1)^2+y^2=3$,取 $x-1=\sqrt{3}\cos t$,则 $y=\sqrt{3}\sin t$,从而可得该曲线的参数方程

$$\begin{cases} x=1+\sqrt{3}\cos t \\ y=\sqrt{3}\sin t \\ z=0 \end{cases}, \quad 0\leqslant t\leqslant 2\pi.$$

本章小结

一、本章主要知识点

(1)空间直角坐标系,向量的概念及其表示；

(2)向量的运算(线性运算、数量积、向量积)；

(3)平面方程和直线方程及其求法；
(4)曲面方程和空间曲线方程的概念；
(5)常用二次曲面的方程及其图形.

二、本章教学重点

(1)平面的点法式方程及一般式方程；
(2)空间直线的点向式方程，直线与直线及平面的位置关系；
(3)常用二次曲面的方程及其图形.

三、本章教学难点

建立平面方程和直线方程.

四、本章知识体系图

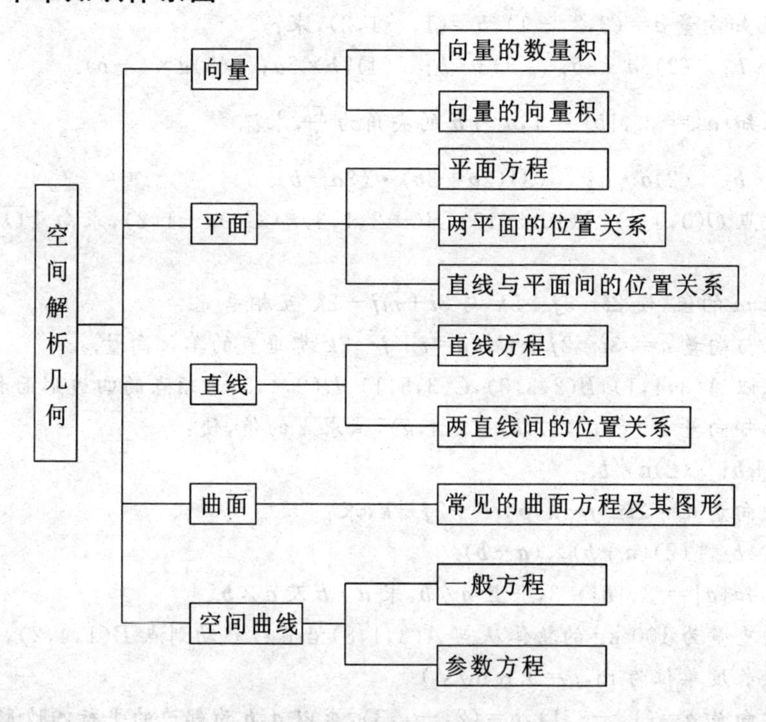

习 题 7

1. 在空间直角坐标系内作出下列各点，并说明它们所在的卦限或坐标轴、坐标面：

(1)$A(3,2,-1)$；　(2)$B(5,0,0)$；　(3)$C(0,-3,0)$；

(4)$D(-4,1,-3)$；　(5)$E(3,-2,6)$　(6)$F(-5,0,3)$.

2. 求点 $A(4,-3,5)$ 到坐标原点以及各坐标轴间的距离.

3. 在 y 轴上求一点使之与 $A(-3,2,7)$ 和 $B(3,1,-7)$ 等距离.

4. 求证:以 $A(4,1,9)$,$B(10,-1,6)$,$C(2,4,3)$ 三点为顶点的三角形是一个等腰直角三角形.

5. 设 $A(1,2,-1)$,$B(2,-1,3)$,$C(5,-3,-6)$,试求向量 $\overrightarrow{AB}$,$\overrightarrow{BC}$,$\overrightarrow{CA}$,并验证 $\overrightarrow{AB}+\overrightarrow{BC}+\overrightarrow{CA}=\mathbf{0}$.

6. 已知向量 $\boldsymbol{a}=(3,-1,2)$,$\boldsymbol{b}=(2,0,3)$,$\boldsymbol{c}=(4,2,-1)$,求:

(1)$3\boldsymbol{a}+2\boldsymbol{b}-3\boldsymbol{c}$; (2)$m\boldsymbol{a}+n\boldsymbol{b}-\boldsymbol{c}$.

7. 设向量 $\boldsymbol{a}=3\boldsymbol{i}-2\boldsymbol{j}+5\boldsymbol{k}$,起点为 $A(1,3,-2)$,求向量终点的坐标.

8. 求向量 $\boldsymbol{a}=(1,\sqrt{2},-1)$ 的方向余弦及方向角.

9. 试用向量证明:三角形两腰中点的连线平行于底边且等于底边的一半.

10. 已知向量 $\boldsymbol{a}=(3,2,-1)$,$\boldsymbol{b}=(1,-1,2)$,求:

(1)$\boldsymbol{a}\cdot\boldsymbol{b}$; (2)$5\boldsymbol{a}\cdot 3\boldsymbol{b}$; (3)$\boldsymbol{a}\times\boldsymbol{b}$; (4)$7\boldsymbol{b}\times 2\boldsymbol{a}$; (5)$\boldsymbol{a}\times(-\boldsymbol{b})$.

11. 已知 $|\boldsymbol{a}|=2$,$|\boldsymbol{b}|=1$,$\boldsymbol{a}$ 与 $\boldsymbol{b}$ 的夹角为 $\dfrac{\pi}{3}$,求:

(1)$\boldsymbol{a}\cdot\boldsymbol{b}$; (2)$\boldsymbol{a}\cdot\boldsymbol{a}$; (3)$(2\boldsymbol{a}+3\boldsymbol{b})\cdot(3\boldsymbol{a}-\boldsymbol{b})$.

12. 设点 $O(0,0,0)$,$A(10,5,10)$,$B(-2,1,3)$ 和 $C(0,-1,2)$,求向量 $\overrightarrow{OA}$ 与 $\overrightarrow{BC}$ 的夹角 θ.

13. 求 m 的值,使 $2\boldsymbol{i}-3\boldsymbol{j}+5\boldsymbol{k}$ 与 $3\boldsymbol{i}+m\boldsymbol{j}-2\boldsymbol{k}$ 互相垂直.

14. 求与向量 $\boldsymbol{a}=3\boldsymbol{i}-2\boldsymbol{j}+4\boldsymbol{k}$,$\boldsymbol{b}=\boldsymbol{i}+\boldsymbol{j}-2\boldsymbol{k}$ 都垂直的单位向量.

15. 求以 $A(3,4,1)$,$B(2,3,0)$,$C(3,5,1)$,$D(2,4,0)$ 为顶点的四边形面积.

16. 已知向量 $\boldsymbol{a}=(1,2,3)$,$\boldsymbol{b}=(2,4,k)$,试求 k 的值,使:

(1)$\boldsymbol{a}\perp\boldsymbol{b}$; (2)$\boldsymbol{a}/\!/\boldsymbol{b}$.

17. 设向量 $\boldsymbol{a}=2\boldsymbol{i}-\boldsymbol{j}+\boldsymbol{k}$,$\boldsymbol{b}=\boldsymbol{i}+2\boldsymbol{j}-\boldsymbol{k}$,求:

(1)$\boldsymbol{a}\times\boldsymbol{b}$; (2)$(\boldsymbol{a}+\boldsymbol{b})\times(\boldsymbol{a}-\boldsymbol{b})$.

18. 已知 $|\boldsymbol{a}|=2$,$|\boldsymbol{b}|=3$,并且 $\boldsymbol{a}/\!/\boldsymbol{b}$,求 $\boldsymbol{a}\cdot\boldsymbol{b}$ 及 $\boldsymbol{a}\times\boldsymbol{b}$.

19. 设重量为 100 kg 的物体从点 $A(3,1,8)$ 沿直线移动到点 $B(1,4,2)$,计算重力所做的功(长度单位为 m,$g=9.8\ \mathrm{m/s^2}$).

20. 设向量 $\boldsymbol{a}=(1,-3,1)$,$\boldsymbol{b}=(2,-1,3)$,求以 $\boldsymbol{a}$,$\boldsymbol{b}$ 为邻边的平行四边形的面积.

21. 指出下列平面的位置特点:

(1)$y+z=0$; (2)$2y-9=0$; (3)$3x-2y+2z-5=0$;

(4)$2x-3y+5=0$; (5)$3x-2z=0$; (6)$3x-2y-z=0$.

22. 求下列平面在各坐标轴上的截距,并写出它们的法向量:

(1)$2x-3y-z+12=0$; (2)$x+y+z-3=0$.

23. 求下列平面的方程:

(1)过点 $M_0(7,2,-1)$,且法向量 $\boldsymbol{n}=(2,-4,3)$;

(2)过 $A(3,-1,2)$,$B(4,-1,-1)$,$C(2,0,2)$三点;

(3)平行于 xOz 平面,且过点 $P_0(2,-5,3)$;

(4)过 z 轴和点 $M_0(-3,1,-2)$;

(5)平行于 x 轴,且过两点 $A(5,1,7)$和 $B(4,0,-2)$;

(6)过点 $A(1,-1,1)$,且垂直于平面 $2x+y+z+1=0$ 和 $x-y+z=0$.

24. 求点 $M(1,0,-3)$到平面 $x-2\sqrt{2}y+4z+1=0$ 的距离.

25. 求两平面 $\Pi_1:x-y+2z-10=0$ 和 $\Pi_2:2x+y+z+2=0$ 的夹角 θ.

26. 已知平面 Π 过两点 $A(2,2,2)$和 $B(1,1,1)$且与平面 $\Pi_1:x+y-z=0$ 垂直,求平面 Π 的方程.

27. 求过点 $M(4,-1,3)$且平行于直线 $\frac{x-3}{2}=y=\frac{z-1}{5}$ 的直线方程.

28. 求过两点 $M_1(1,0,-1)$和 $M_2(2,1,-2)$的直线方程.

29. 用点向式方程和参数方程表示直线 $\begin{cases}3y+z+2=0\\-x+y+z+7=0\end{cases}$.

30. 求过点 $A(2,-3,4)$且与平面 $\Pi:3x-y+2z-4=0$ 垂直的直线方程.

31. 求过点 $M(0,2,4)$且与两平面 $\Pi_1:x+2z=1$ 和 $\Pi_2:y-3z=2$ 平行的直线方程.

32. 证明直线 $l_1:\begin{cases}x+2y-z=7\\-2x+y+z=7\end{cases}$ 与直线 $l_2:\begin{cases}3x+6y-3z=8\\2x-y-z=0\end{cases}$ 互相平行.

33. 试判断下列直线与平面的位置关系:

(1)$l:\frac{x-2}{3}=\frac{y+2}{1}=\frac{z-3}{-4}$,$\Pi:x+y+z-3=0$;

(2)$l:\frac{x+3}{-2}=\frac{y+4}{-7}=\frac{z}{2}$,$\Pi:4x-2y-3z+2=0$;

(3)$l:\frac{x}{3}=\frac{y}{-2}=\frac{z}{7}$,$\Pi:6x-4y+14z-1=0$;

(4)$l:\frac{x-1}{2}=\frac{y+2}{-3}=\frac{z-4}{1}$,$\Pi:2x-3y+z-4=0$.

34. 求直线 $l_1:\begin{cases}5x-3y+3z-9=0\\3x-2y+z-1=0\end{cases}$ 与直线 $l_2:\begin{cases}2x+2y-z+23=0\\3x+8y+z-18=0\end{cases}$ 的夹角的余弦.

35. 试判断下列各组直线的位置关系:

(1)$l_1:\begin{cases}x+2y-1=0\\2y-z-1=0\end{cases}$ 与 $l_2:\begin{cases}x-y-1=0\\x-2z-3=0\end{cases}$;

(2)$l_1:\begin{cases}x+2y-z-7=0\\-2x+y+z-7=0\end{cases}$ 与 $l_2:\begin{cases}3x+6y-3z-8=0\\2x-y-z=0\end{cases}$;

(3) $l_1:\begin{cases}2x-y+2z-4=0\\x-y+2z-3=0\end{cases}$ 与 $l_2:\begin{cases}3x+y-z+1=0\\x+3y+z+3=0\end{cases}$.

36. 设直线 l 的方程为 $\frac{x-1}{1}=\frac{y-3}{-2}=\frac{z+4}{n}$,问 n 为何值时,直线 l 与平面 Π:$2x-y-z+5=0$ 平行?

37. 判断下列四点 $A(3,4,-4)$,$B(-3,2,4)$,$C(-1,-4,4)$和 $D(2,3,-3)$中,哪些点在曲线 $\begin{cases}(x-1)^2+y^2+z^2=36\\y+z=0\end{cases}$ 上.

38. 求以 $P(3,-2,5)$为球心,半径为 $r=4$ 的球面方程.

39. 方程 $x^2+y^2+z^2-2x-4y+4z-16=0$ 是否为球面方程?若是,求出其球心坐标和半径.

40. 求下列旋转曲面的方程:

(1) zOx 平面上的直线 $x=\frac{1}{3}z$ 分别绕 x 轴和 z 轴旋转一周所形成的旋转曲面;

(2) yOz 平面上的抛物线 $z^2=4y$ 绕 y 轴旋转一周所形成的旋转曲面;

(3) yOz 平面上的圆 $y^2+z^2=16$ 绕 z 轴旋转一周所形成的旋转曲面;

(4) xOy 平面上的椭圆 $9x^2+4y^2=36$ 绕 x 轴旋转一周所形成的旋转曲面.

41. 指出下列方程所表示的曲面是哪一种曲面,并画出它们的草图:

(1) $x^2+\frac{y^2}{4}+\frac{z^2}{9}=1$;　　(2) $x^2+y^2-\frac{z^2}{16}=1$;

(3) $\left(x-\frac{1}{2}\right)^2+y^2=\frac{1}{4}$;　　(4) $z=4-y^2$;

(5) $x^2+y^2+z^2-4y-9=0$;　　(6) $z=2\sqrt{x^2+y^2}$;

(7) $z=\sqrt{9-x^2-y^2}$;　　(8) $9x^2+4y^2+4z^2=36$;

(9) $x^2-y^2-z^2=1$;　　(10) $x^2-y^2=6z$.

42. 指出下列方程组表示的曲线:

(1) $\begin{cases}x^2+y^2+z^2=25\\z=4\end{cases}$;　　(2) $\begin{cases}x^2+y^2+z^2=9\\x+y=1\end{cases}$;

(3) $\begin{cases}y=\sqrt{x^2+z^2}\\x-y+1=0\end{cases}$;　　(4) $\begin{cases}z^2=4(x^2+y^2)\\x=3\end{cases}$.

43. 求通过曲面 $x^2+y^2+4z^2=1$ 和 $x^2=y^2+z^2$ 的交线,而母线平行于 z 轴的柱面方程.

44. 求内切于平面 $x+y+z=1$ 与三个坐标面所构成四面体的球面方程.

45. 已知直线 l:$\frac{x-1}{0}=\frac{y}{1}=\frac{z}{1}$绕 z 轴旋转一周,求此旋转曲面的方程.

自测题 7

（满分 100 分，测试时间 100 分钟）

一、填空题（本题共 10 个小题，每小题 2 分，共计 20 分）

1. 点 $M_0(2,-1,3)$ 关于 xOy 平面的对称点是________，关于 y 轴的对称点是________.

2. 已知向量 $\boldsymbol{a}=(3,0,-1)$，$\boldsymbol{b}=(2,-3,2)$，则 $\boldsymbol{a}\times\boldsymbol{b}=$________.

3. 若向量 $\boldsymbol{a}=-\boldsymbol{i}+2\boldsymbol{j}-3\boldsymbol{k}$，$\boldsymbol{b}=2\boldsymbol{i}-\boldsymbol{j}+\boldsymbol{k}$，则 $|2\boldsymbol{a}+3\boldsymbol{b}|=$________.

4. 方程 $x^2-z=0$ 表示的是以________为准线，以________轴为母线的________柱面.

5. 方程 $\begin{cases}\dfrac{y^2}{9}-\dfrac{z^2}{4}=1\\ x=2\end{cases}$ 表示平面________上的一条________线.

6. 已知点 $M_1(5,-7,4)$ 和 $M_2(2,-1,2)$，则线段 M_1M_2 的垂直平分面的方程为________.

7. 旋转曲面 $4x^2+9y^2+4z^2=36$ 可以看作曲线 $\begin{cases}4x^2+9y^2=36\\ z=0\end{cases}$ 绕 y 轴旋转一周所形成的，也可以看作曲线________绕 y 轴旋转一周所形成的.

8. 已知直线 $\dfrac{x-1}{8}=\dfrac{y+3}{m}=\dfrac{z-5}{-1}$ 与平面 $x-2y+3z-1=0$ 平行，则 $m=$________.

9. 过点 $P_0(3,2,-4)$ 且在 x 轴和 y 轴上的截距分别为 -2 和 -3 的平面方程为________.

10. 已知向量 $\boldsymbol{a}=(4,-2,4)$，$\boldsymbol{b}=(6,-3,2)$，则 $(3\boldsymbol{a}-2\boldsymbol{b})\cdot(\boldsymbol{a}+2\boldsymbol{b})=$________.

二、选择题（本题共 10 个小题，每小题 2 分，共计 20 分）

1. 设点 $M(x,y,z)$ 在第七卦限，则正确的结论是（　　）.

A. $x<0,y>0,z<0$　　B. $x<0,y<0,z<0$

C. $x>0,y<0,z<0$　　D. $x>0,y>0,z<0$

2. 方程 $x^2+y^2-z^2=0$ 表示的二次曲面是（　　）.

A. 球面　　B. 旋转椭球面　　C. 柱面　　D. 锥面

3. 若向量 $\boldsymbol{a}=(1,-1,k)$ 与向量 $\boldsymbol{b}=(2,4,2)$ 垂直，则 $k=$（　　）.

A. 1　　B. -1　　C. 2　　D. -2

4. 设有单位向量 $\boldsymbol{a}^0$，它同时与向量 $\boldsymbol{b}=(3,1,4)$，$\boldsymbol{c}=(0,1,1)$ 垂直，则 $\boldsymbol{a}^0=$（　　）.

A. $\left(\frac{1}{\sqrt{3}},\frac{1}{\sqrt{3}},-\frac{1}{\sqrt{3}}\right)$　　B. $(1,1,-1)$

C. $\left(\frac{1}{\sqrt{3}},-\frac{1}{\sqrt{3}},\frac{1}{\sqrt{3}}\right)$　　D. $(1,-1,1)$

5. 平面$\Pi_1:x+2y-3z+1=0$与$\Pi_2:2x+4y-6z+1=0$的位置关系是(　　).

A. 相交且垂直　　B. 重合

C. 平行但不重合　　D. 相交但不重合

6. 直线$l:\frac{x-1}{3}=\frac{y+1}{-1}=\frac{z-2}{1}$与平面$\Pi:x+2y-z+3=0$的位置关系是(　　).

A. 平行但不在平面上　　B. 互相垂直

C. 既不平行也不垂直　　D. 直线在平面上

7. 直线$\begin{cases}2y+z-1=0\\x+y+z=0\end{cases}$的方向向量为(　　).

A. $\begin{vmatrix}\boldsymbol{i} & \boldsymbol{j} & \boldsymbol{k}\\1 & 1 & 1\\2 & 1 & -1\end{vmatrix}$　　B. $\begin{vmatrix}\boldsymbol{i} & \boldsymbol{j} & \boldsymbol{k}\\2 & 1 & -1\\1 & 1 & 1\end{vmatrix}$

C. $\begin{vmatrix}\boldsymbol{i} & \boldsymbol{j} & \boldsymbol{k}\\1 & 1 & 1\\0 & 2 & 1\end{vmatrix}$　　D. $\begin{vmatrix}\boldsymbol{i} & \boldsymbol{j} & \boldsymbol{k}\\2 & 1 & 0\\1 & 1 & 1\end{vmatrix}$

8. 平面$\Pi_1:x-y+2z+2=0$与$\Pi_2:2x+y+z-5=0$的夹角是(　　).

A. $\frac{\pi}{6}$　　B. $\frac{\pi}{3}$　　C. $\arccos\frac{1}{6}$　　D. $\frac{\pi}{4}$

9. $\begin{cases}y=x\\z=0\end{cases}$绕$y$轴旋转一周所形成的曲面方程为(　　).

A. $x^2-y^2+z^2=0$　　B. $x^2-y^2-z^2=0$

C. $x=\sqrt{y^2+z^2}$　　D. $y=\sqrt{x^2+z^2}$

10. 下列等式正确的是(　　).

A. $\boldsymbol{i}\cdot\boldsymbol{i}=\boldsymbol{i}\times\boldsymbol{i}$　　B. $\boldsymbol{i}\cdot\boldsymbol{j}=\boldsymbol{k}$

C. $\boldsymbol{i}+\boldsymbol{j}=\boldsymbol{k}\cdot\boldsymbol{j}$　　D. $\boldsymbol{i}\cdot\boldsymbol{i}=\boldsymbol{j}\cdot\boldsymbol{j}$

三、计算题(本题共6个小题,每小题10分,共计60分)

1. 在什么条件下方程$x^2+y^2+z^2+2ax+2by+2cz+d=0$表示一个球面?求出球心坐标及半径.

2. 若向量$\boldsymbol{d}$垂直于向量$\boldsymbol{a}=(1,-2,3)$与$\boldsymbol{b}=(2,3,-1)$,且与向量$\boldsymbol{c}=(2,-1,1)$的数量积等于-6,求向量$\boldsymbol{d}$.

3. 直线l过点$M_0(1,-2,3)$,且与z轴相交,如果直线l与直线$\frac{x}{4}=\frac{y-3}{3}=\frac{z-2}{-2}$

垂直，求直线 l 的方程.

4. 若平面 Π 过点 $M_0(2,1,-5)$，且与直线 l: $\frac{x+1}{3}=\frac{y-1}{2}=\frac{z}{-1}$ 垂直，求平面 Π 的方程.

5. 求通过两平面 Π_1: $2x+y-4=0$ 与 Π_2: $y+2z=0$ 的交线及点 $M_0(2,-1,-1)$ 的平面方程.

6. 求由曲线 $\begin{cases} z^2=5x \\ y=0 \end{cases}$ 绕 x 轴旋转一周所形成的曲面方程.

第8章　多元函数微分学

上册的内容涉及的函数都只有一个自变量，即一元函数. 而在实际问题中，所遇到的多是一个变量(因变量)的变化受到另外多个变量(自变量)的影响，由此引入多元函数的概念及多元函数的微积分. 多元函数微积分是一元函数微积分的推广，它们之间有密切的联系，同时又有较大的区别. 本章主要讨论二元函数的微积分，并将它们推广到二元以上的多元函数.

8.1　多元函数的概念

8.1.1　点集知识简介

讨论一元函数时，自变量的取值或取值范围都是一维空间中的点集，包括两点间的距离、区间和邻域等概念. 为了将一元函数的微积分推广到多元的情形，需要将上述概念推广到二维空间，然后再推广到 n 维空间.

1. 平面点集

在平面上引入直角坐标系后，平面上的点 P 与二元有序数组 (x,y) 之间建立了一一对应关系，这样就将平面上的点与有序数组视作等同关系. 将建立了坐标系的平面称为**坐标平面**. 二元有序实数组的全体，即 $\mathbf{R}^2=\mathbf{R}\times\mathbf{R}=\{(x,y)\mid x,y\in\mathbf{R}\}$ 表示坐标平面.

坐标平面上具有某种共同特征的点的集合称为**平面点集**. 例如，平面上以原点为中心，r 为半径的圆内所有点的集合记为 $C=\{(x,y)\mid x^2+y^2<r^2\}$，如果以点 P 表示 (x,y)，$|OP|$ 表示点 P 到原点 O 的距离，那么集合 C 也可以表示成

$$C=\{P\mid |OP|<r\}.$$

现在来引入 $\mathbf{R}^2$ 中邻域的概念.

设 $P_0(x_0,y_0)$ 是 xOy 平面上的一个点，δ 是某一正数，与点 $P_0(x_0,y_0)$ 距离小于 δ 的点 $P(x,y)$ 的全体称为点 P_0 的 δ **邻域**，记为 $U(P_0,\delta)$，即

$$U(P_0,\delta)=\{P\mid |PP_0|<\delta\}.$$

在几何上，$U(P_0,\delta)$ 就是 xOy 平面上以点 $P_0(x_0,y_0)$ 为中心、$\delta>0$ 为半径的圆的内部的点 $P(x,y)$ 的全体，如图 8-1 所示.

该邻域去掉中心 $P_0(x_0,y_0)$后，称为 P_0 的**去心邻域**，记为 $\mathring{U}(P_0,\delta)$，即 $\mathring{U}(P_0,\delta)=\{P\mid 0<|PP_0|<\delta\}$.

若不需要特别强调邻域半径，则用 $U(P_0)$来表示点 P_0 的某个邻域，点 P_0 的去心邻域记为 $\mathring{U}(P_0)$.

内点：设 E 是平面上的一个点集，P 是平面上的一个点，如果存在点 P 的某一邻域 $U(P)$，使 $U(P)\subset E$，则称 P 为 E 的**内点**. 图 8-2 中的点 P_1 是 E 的内点.

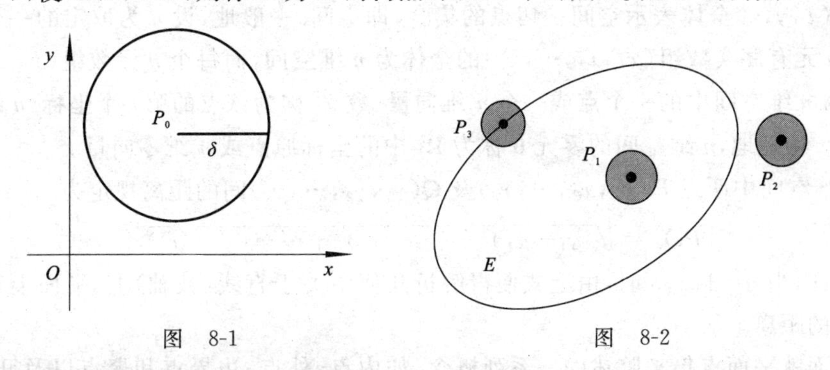

图　8-1　　　　图　8-2

外点：如果存在点 P 的某个邻域 $U(P)$，使得 $U(P)\cap E=\varnothing$，则称 P 为 E 的**外点**. 图 8-2 中的点 P_2 是 E 的**外点**.

边界点：如果点 P 的任一邻域内既有属于 E 的点，也有不属于 E 的点，则称 P 为 E 的**边界点**. 图 8-2 中的点 P_3 是 E 的**边界点**.

若对任意给定的 $\delta>0$，点 P 的去心邻域 $\mathring{U}(P,\delta)$内总有 E 中的点，则称 P 是 E 的**聚点**. 聚点可以属于 E，也可以不属于 E.

显然，E 的内点都属于 E，E 的外点都不属于 E；E 的边界点可能属于 E，也可能不属于 E.

如果 E 的点都是内点，则称 E 为**开集**. 例如，点集 $E_1=\{(x,y)\mid 1<x^2+y^2<4\}$中每个点都是 E_1 的内点，因此 E_1 为开集.

E 的边界点的全体称为 E 的**边界**. 例如上例中，E_1 的边界是圆周 $x^2+y^2=1$ 和 $x^2+y^2=4$.

设 E 是开集. 如果对于 E 内任何两点，都可用折线连接起来，且该折线上的点都属于 E，则称开集 E 是**连通**的.

连通的开集称为**区域**或**开区域**. 例如，$\{(x,y)\mid x+y>0\}$及$\{(x,y)\mid 1<x^2+y^2<4\}$都是区域.

开区域连同它的边界一起构成的点集称为**闭区域**. 例如$\{(x,y)\mid x+y\geqslant 0\}$及$\{(x,y)\mid 1\leqslant x^2+y^2\leqslant 4\}$都是闭区域.

对于平面点集 E，如果存在一个正数 r，使得 $E\subseteq U(O,r)$，其中 O 是坐标原点，则

称 E 为**有界集**,否则称为**无界集**.

2. n 维空间

我们知道,数轴上的点与实数有一一对应关系,从而实数的全体表示数轴上一切点的集合,即直线.在平面上引入直角坐标系后,平面上的点与二元有序实数组(x,y)一一对应,从而二元有序实数组(x,y)的全体表示平面上一切点的集合,即平面.在空间引入直角坐标系后,空间的点与三元有序实数组(x,y,z)一一对应,从而三元有序实数组(x,y,z)全体表示空间一切点的集合,即空间.一般地,设 n 为取定的一个自然数,称 n 元有序实数组$(x_1,x_2,\cdots,x_n)$的全体为 n 维**空间**,而每个 n 元数组$(x_1,x_2,\cdots,x_n)$称为 n 维空间中的一个**点**或一个 n 维**向量**,数 x_i 称为该点的第 i 个**坐标**. n 维空间记为 $\mathbf{R}^n$.特别地,n 维空间的零元 $\mathbf{0}$ 称为 $\mathbf{R}^n$ 中的坐标原点或 n 维零向量.

n 维空间中两点 $P(x_1,x_2,\cdots,x_n)$及 $Q(y_1,y_2,\cdots,y_n)$间的距离规定为

$$|PQ|=\sqrt{(y_1-x_1)^2+(y_2-x_2)^2+\cdots+(y_n-x_n)^2}.$$

容易验证,当 $n=1,2,3$ 时,由上式便得解析几何中关于直线(数轴)上、平面上和空间内两点的距离.

前面就平面点集来陈述的一系列概念,如内点、外点、边界点和聚点以及开集、闭集和区域等,都可推广到 n 维空间中去.

8.1.2 多元函数概念

在实际问题中,经常遇到一个量的变化受多种因素的影响,从而导致一个变量与多个变量之间的依赖关系,举例如下:

例 8.1.1 圆柱体的体积 V 和它的底半径 r、高 h 之间具有关系

$$V=\pi r^2 h.$$

这里,当 r,h 在集合$\{(r,h)\mid r>0,h>0\}$内取定一对值(r,h)时,V 的对应值就随之确定.

例 8.1.2 直流电功率与电压和电流之间的关系

$$P=UI.$$

式中,P 是功率,是表示电流做功快慢的物理量,一个用电器功率的大小数值上等于导体两端电压 U 与通过导体电流 I 的乘积,它的国际单位为瓦[特].

上面两个例子的具体意义虽各不相同,但它们却有共同的特点,即一个量的变化受到多个变量的影响,抽象出这些共性就可得出以下二元函数的定义.

定义 8.1.1 设 D 是平面上的一个点集.如果对于每个点 $P(x,y)\in D$,变量 z 按照一定法则总有确定的值和它对应,则称 z 是变量 x,y 的**二元函数**(或点 P 的**函数**),记为

$$z=f(x,y)\quad(\text{或 } z=f(P)).$$

x,y 称为**自变量**，z 称为**因变量**，点集 D 称为该函数的**定义域**，数集 $\{z \mid z=f(x,y),(x,y)\in D\}$ 称为该函数的**值域**.

z 是 x,y 的函数也可记为 $z=z(x,y)$，$z=\varphi(x,y)$ 等.

类似地，可以定义三元函数 $u=f(x,y,z)$ 以及三元以上的函数. 一般地，把定义 8.1.1 中的平面点集 D 换成 n 维空间内的点集 D，则可类似地定义 n 元函数 $u=f(x_1,x_2,\cdots,x_n)$. n 元函数也可简记为 $u=f(P)$，这里点 $P(x_1,x_2,\cdots,x_n)\in D$. 当 $n=1$ 时，n 元函数就是一元函数. 当 $n\geqslant 2$ 时，n 元函数统称为**多元函数**.

关于多元函数定义域，与一元函数类似，即在一般地讨论用算式表达的多元函数 $u=f(P)$ 时，就以使这个算式有意义的自变量所确定的点集为这个函数的定义域.

例 8.1.3　求下列函数的定义域并画出定义域的图形.

(1) $z=\ln(y-x^2)+\sqrt{1-y-x^2}$，　　(2) $z=\dfrac{\sqrt{4x-y^2}}{\sqrt{x-\sqrt{y}}}$.

解　(1) 要使函数有意义，需满足条件

$$\begin{cases} y-x^2>0 \\ 1-y-x^2\geqslant 0 \end{cases},$$

解此不等式组，得函数的定义域为

$$\{(x,y) \mid x^2<y\leqslant 1-x^2\}.$$

其图形为 $y=x^2$ 与 $y=1-x^2$ 所围成的部分，包括曲线 $y=1-x^2$.（见图 8-3）

(2) 要使函数有意义，需满足条件

$$\begin{cases} 4x-y^2\geqslant 0 \\ x-\sqrt{y}>0 \\ y\geqslant 0 \end{cases},$$

解此不等式组，得函数的定义域为

$$D=\{(x,y) \mid y^2\leqslant 4x, 0\leqslant y<x^2\}$$

图 8-4 中阴影部分即为此函数定义域.

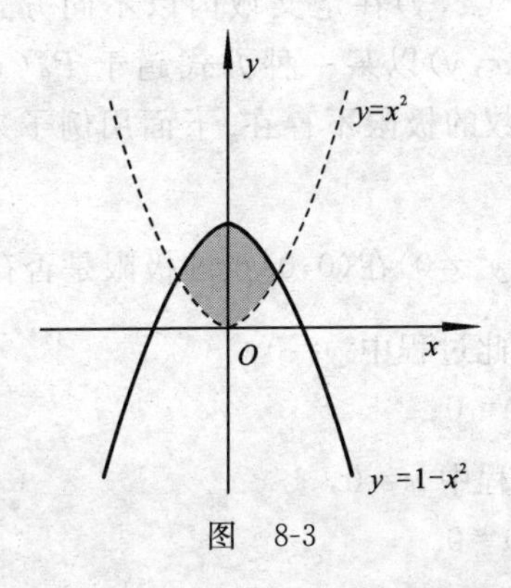

图　8-3

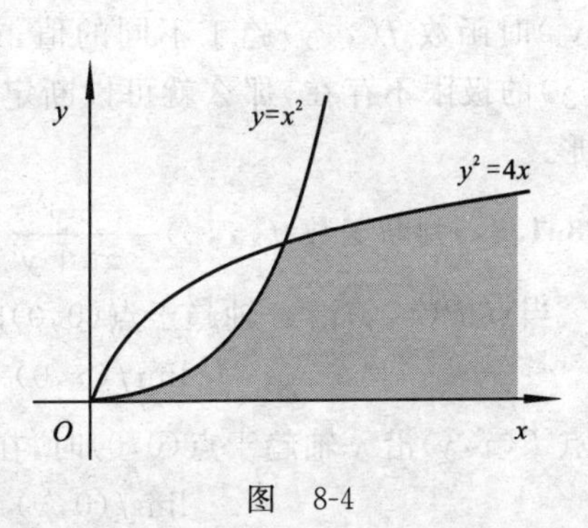

图　8-4

设函数 $z=f(x,y)$ 的定义域为 D. 对于任意取定的点 $P(x,y)\in D$,都有确定的函数值 $z=f(x,y)$ 与它对应. 这样,以 x 为横坐标、y 为纵坐标、$z=f(x,y)$ 为竖坐标,在空间就确定一点 $M(x,y,z)$. 当 (x,y) 取遍 D 上的一切点时,得到一个空间点集

$$\{(x,y,z)\mid z=f(x,y),(x,y)\in D\},$$

这个点集称为**二元函数**.

$z=f(x,y)$ 的图形一般是三维空间中的一张曲面,图 8-5 所示.

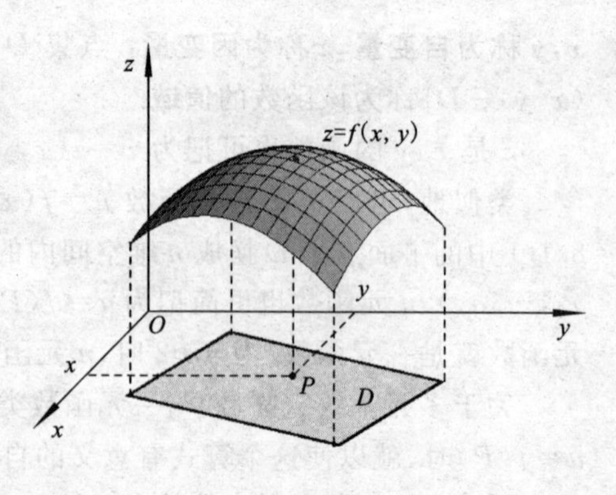

图 8-5

例如,$z=\sqrt{1-x^2-y^2}$ 表示以原点为球心,以 1 为半径的上半球面,它的定义域是 xOy 平面上以原点为圆心的单位圆.

8.1.3 多元函数的极限

下面先讨论二元函数 $z=f(x,y)$ 当 $x\to x_0,y\to y_0$,即 $P(x,y)\to P_0(x_0,y_0)$ 时的极限.

与一元函数的极限概念类似,下面给出二元函数极限的定义.

定义 8.1.2 设函数 $f(x,y)$ 的定义域是平面区域 D,$P_0(x_0,y_0)$ 是 D 的聚点,若存在常数 A,对任意正数 ε,总存在正数 δ,对一切 $P\in D\cap \mathring{U}(P_0,\delta)$,都有 $|f(P)-A|<\varepsilon$,则称 A 为函数 $f(x,y)$ 当 $(x,y)\to(x_0,y_0)$ 时的**极限值**. 记作

$$\lim_{(x,y)\to(x_0,y_0)} f(x,y)=A,$$

或 $f(x,y)\to A(\rho\to 0)$,这里 $\rho=|PP_0|$.

为了区别于一元函数的极限,把二元函数的极限叫做**二重极限**.

必须注意,所谓二重极限存在,是指 $P(x,y)$ 以任何方式趋于 $P_0(x_0,y_0)$ 时,函数 $f(x,y)$ 的都无限接近于常数 A. 因此,如果 $P(x,y)$ 在定义域内以不同方式趋于 $P_0(x_0,y_0)$ 时函数 $f(x,y)$ 趋于不同的值,或 $P(x,y)$ 以某一种方式趋于 $P_0(x_0,y_0)$ 时 $f(x,y)$ 的极限不存在,那么就可以断定这函数的极限不存在. 下面用例子来说明这种情形.

例 8.1.4 判断函数 $f(x,y)=\dfrac{xy^2}{x^2+y^4}(x^2+y^2\neq 0)$ 在 $(0,0)$ 点的极限是否存在.

解 当点 $P(x,y)$ 沿 x 轴趋于点 $(0,0)$ 时,在此过程中 $y=0$,

$$\lim_{x\to 0} f(x,0)=\lim_{x\to 0} 0=0;$$

当点 $P(x,y)$ 沿 y 轴趋于点 $(0,0)$ 时,在此过程中 $x=0$,

$$\lim_{y\to 0} f(0,y)=\lim_{y\to 0} 0=0.$$

虽然点 $P(x,y)$ 以上述两种特殊方式(沿 x 轴或沿 y 轴)趋于原点时函数的极限存在并且相等,但是 $\lim\limits_{(x,y)\to(0,0)} f(x,y)$ 并不存在．这是因为当点 $P(x,y)$ 沿着曲线 $x=y^2$ 趋于点(0,0)时,有

$$\lim_{\substack{y\to 0\\ x=y^2}}\frac{xy^2}{x^2+y^4}=\lim_{y\to 0}\frac{y^4}{y^4+y^4}=\frac{1}{2},$$

显然该函数在(0,0)点的极限不存在．

以上关于二元函数的极限概念,可相应地推广到 n 元函数 $u=f(P)$.

对于 n 元函数 $f(P)$,当 $P\to P_0$ 时,若 $f(P)$ 与常数 A 无限接近,则称 A 为 n 元函数 $f(P)$ 在 $P\to P_0$ 时的极限,也称 n **重极限**,记为

$$\lim_{P\to P_0} f(P)=A.$$

多元函数极限的定义与一元函数极限的定义有着完全相同的形式,因而有关一元函数极限的运算法则和计算方法都可以使用到多元函数求极限上来(洛必达法则除外).

例 8.1.5　求 $\lim\limits_{(x,y)\to(0,2)}\dfrac{\sin(xy)}{x}$.

解
$$\lim_{(x,y)\to(0,2)}\frac{\sin(xy)}{x}=\lim_{(x,y)\to(0,2)}\frac{\sin(xy)}{xy}y$$
$$=\lim_{xy\to 0}\frac{\sin(xy)}{xy}\cdot\lim_{y\to 2}y=1\cdot 2=2.$$

例 8.1.6　计算 $\lim\limits_{(x,y)\to(0,0)}\dfrac{\sqrt{xy+1}-1}{xy}$.

解
$$\lim_{(x,y)\to(0,0)}\frac{\sqrt{xy+1}-1}{xy}=\lim_{(x,y)\to(0,0)}\frac{xy+1-1}{xy(\sqrt{xy+1}+1)}$$
$$=\lim_{(x,y)\to(0,0)}\frac{1}{\sqrt{xy+1}+1}=\frac{1}{2}.$$

例 8.1.7　计算 $\lim\limits_{(x,y)\to(0,0)}\dfrac{\sqrt{x^2+y^2}-\sin\sqrt{x^2+y^2}}{(x^2+y^2)^{\frac{3}{2}}}$.

解　令 $\sqrt{x^2+y^2}=\rho$,原式转化为

$$\lim_{\rho\to 0}\frac{\rho-\sin\rho}{\rho^3}=\lim_{\rho\to 0}\frac{1-\cos\rho}{3\rho^2}$$
$$=\lim_{\rho\to 0}\frac{\sin\rho}{6\rho}=\frac{1}{6}.$$

8.1.4　多元函数的连续性

有了多元函数极限的概念,下面来定义多元函数的连续性.

定义 8.1.3 设函数 $f(x,y)$ 在开区域(闭区域) D 内有定义,聚点 $P_0(x_0,y_0)\in D$,如果

$$\lim_{(x,y)\to(x_0,y_0)} f(x,y)=f(x_0,y_0),$$

则称函数 $f(x,y)$ 在点 $P_0(x_0,y_0)$ **连续**.

如果函数 $f(x,y)$ 在开区域(或闭区域) D 内的每一点都连续,那么就称函数 $f(x,y)$ 在 D 内**连续**,或者称 $f(x,y)$ 是 D 内的**连续函数**.

以上关于二元函数连续性的概念,可相应地推广到 n 元函数 $f(P)$ 中.

若函数 $f(x,y)$ 在点 $P_0(x_0,y_0)$ 不连续,则称 P_0 为函数 $f(x,y)$ 的**间断点**. 另外,$f(x,y)$ 不但可以有间断点,有时间断点还可以形成一条曲线,称之为**间断线**.

例如,$(0,0)$ 是 $f(x,y)=\dfrac{1}{x^2+y^2}$ 间断点,$x^2+y^2=1$ 是二元函数 $z=\sin\dfrac{1}{x^2+y^2-1}$ 的间断线.

与一元函数类似,利用多元函数极限的运算法则可以证明:多元连续函数的和、差、积、商(在分母不为零处)仍是连续函数,多元连续函数的复合函数也是连续函数.

一切多元初等函数(能用一个算式表示的多元函数,这个算式由常量及具有不同自变量的一元基本初等函数经过有限次的四则运算和复合而得到)在其定义区域内是连续的. 所谓定义区域,是指包含在定义域内的区域或闭区域.

例 8.1.8 讨论函数 $f(x,y)=\begin{cases}\dfrac{x-y^2}{x} &,(x,y)\neq(0,0)\\ 0 &,(x,y)=(0,0)\end{cases}$ 在点 $(0,0)$ 的连续性.

解 沿着两条不同的路径 $y=x$ 及 $y^2=x$,计算极限

$$\lim_{\substack{x\to 0\\ y=x}}\frac{x-x^2}{x}=1,$$

$$\lim_{\substack{y\to 0\\ x=y^2}}\frac{y^2-y^2}{y^2}=0.$$

显然,二者极限不相等,故 $f(x,y)$ 在 $(0,0)$ 点极限不存在. 因此,该函数在 $(0,0)$ 点不连续.

在求多元初等函数 $f(x,y)$ 在点 $P_0(x_0,y_0)$ 的极限时,如果 $P_0(x_0,y_0)$ 在此函数的定义区域内,由多元初等函数的连续性,$f(x,y)$ 在点 $P_0(x_0,y_0)$ 的极限值就等于它在该点的函数值,即

$$\lim_{P\to P_0} f(P)=f(P_0).$$

例 8.1.9 计算 $\displaystyle\lim_{(x,y)\to(1,2)}\frac{x+y}{1-xy}$.

解 由于函数 $f(x,y)=\dfrac{x+y}{1-xy}$ 是初等函数,且在点 $(1,2)$ 处连续. 故有

$$\lim_{(x,y)\to(1,2)}\frac{x+y}{1-xy}=f(1,2)=-3.$$

例 8.1.10　计算 $\lim\limits_{(x,y)\to(0,1)}\dfrac{x+y}{2+\sqrt{xy+4}}$.

解　由于 $f(x,y)=\dfrac{x+y}{2+\sqrt{xy+4}}$是初等函数,且在点(0,1)处连续.故

$$\lim_{(x,y)\to(0,1)}\frac{x+y}{2+\sqrt{xy+4}}=f(0,1)=\frac{1}{4}.$$

与闭区域上一元连续函数的性质相类似,在有界闭区域上多元连续函数也有如下性质.

性质 8.1.1(最大值和最小值定理)　在有界闭区域 D 上的多元连续函数,在 D 上一定有最大值和最小值.这就是说,在 D 上至少有一点 P_1 及一点 P_2,使得 $f(P_1)$为最大值而 $f(P_2)$为最小值,即对于一切 $P\in D$, 有

$$f(P_2)\leqslant f(P)\leqslant f(P_1).$$

性质 8.1.2(介值定理)　在有界闭区域 D 上的多元连续函数,必能取得介于最大值和最小值之间的任何值.

8.2 偏导数

8.2.1 偏导数的概念

在研究一元函数时,我们从函数的变化率入手,从而引出了导数的概念.对于多元函数同样需要讨论它的变化率.但多元函数的自变量不止一个,因变量与自变量的关系要比一元函数复杂得多.在这一节里,首先考虑多元函数关于其中一个自变量的变化率.以二元函数 $z=f(x,y)$为例,如果只有自变量 x 变化,而自变量 y 固定(即看作常量),这时它就是 x 的一元函数,该函数对 x 的导数称为二元函数 z 对于 x 的偏导数,有如下定义:

定义　设函数 $z=f(x,y)$在点(x_0,y_0)的某一邻域内有定义,当 y 固定在 y_0 而 x 在 x_0 处有增量 Δx 时,相应地函数有增量

$$f(x_0+\Delta x,y_0)-f(x_0,y_0).$$

如果

$$\lim_{\Delta x\to 0}\frac{f(x_0+\Delta x,y_0)-f(x_0,y_0)}{\Delta x}\tag{8.2.1}$$

存在,则称此极限值为函数 $z=f(x,y)$在点(x_0,y_0)处**对 x 的偏导数**,记作

$$\left.\frac{\partial z}{\partial x}\right|_{\substack{x=x_0\\ y=y_0}},\ \left.\frac{\partial f}{\partial x}\right|_{\substack{x=x_0\\ y=y_0}},\ \left.z_x\right|_{\substack{x=x_0\\ y=y_0}}\ \text{或}\ f_x(x_0,y_0).$$

即
$$f_x(x_0,y_0)=\lim_{\Delta x\to 0}\frac{f(x_0+\Delta x,y_0)-f(x_0,y_0)}{\Delta x}.$$

类似地,函数 $z=f(x,y)$ 在点 (x_0,y_0) 处**对 y 的偏导数**定义为
$$\lim_{\Delta y\to 0}\frac{f(x_0,y_0+\Delta y)-f(x_0,y_0)}{\Delta y}.\tag{8.2.2}$$

记作
$$\left.\frac{\partial z}{\partial y}\right|_{\substack{x=x_0\\y=y_0}},\ \left.\frac{\partial f}{\partial y}\right|_{\substack{x=x_0\\y=y_0}},\ \left.z_y\right|_{\substack{x=x_0\\y=y_0}}\text{ 或 }f_y(x_0,y_0).$$

如果函数 $z=f(x,y)$ 在区域 D 内每一点 (x,y) 处对 x 的偏导数都存在,那么这个偏导数就是 x、y 的函数,它就称为函数 $z=f(x,y)$ 对自变量 x 的偏导函数,记作
$$\frac{\partial z}{\partial x},\frac{\partial f}{\partial x},z_x\text{ 或 }f_x(x,y).$$

类似地,可以定义函数 $z=f(x,y)$ 对自变量 y 的偏导函数,记作
$$\frac{\partial z}{\partial y},\frac{\partial f}{\partial y},z_y\text{ 或 }f_y(x,y).$$

由偏导数的定义可知,$f(x,y)$ 在点 (x_0,y_0) 处对 x 的偏导数 $f_x(x_0,y_0)$ 显然就是偏导函数 $f_x(x,y)$ 在点 (x_0,y_0) 处的函数值;$f_y(x_0,y_0)$ 就是偏导函数 $f_y(x,y)$ 在点 (x_0,y_0) 处的函数值.就像一元函数的导函数一样,以后在不至于混淆的地方也把偏导函数简称为**偏导数**.

求 $z=f(x,y)$ 的偏导数并不需要用新的方法,因为这里只有一个自变量在变动,另一个自变量是看作固定的,所以仍旧是一元函数的求导数问题.求 $\frac{\partial f}{\partial x}$ 时,只要把 y 暂时看作常量对 x 求导数;求 $\frac{\partial f}{\partial y}$ 时,只要把 x 暂时看作常量而对 y 求导数.

偏导数的概念还可以推广到二元以上的函数.例如,三元函数 $u=f(x,y,z)$ 在点 (x,y,z) 处对 x 的偏导数定义为
$$f_x(x,y,z)=\lim_{\Delta x\to 0}\frac{f(x_0+\Delta x,y,z)-f(x,y,z)}{\Delta x},$$
其中 (x,y,z) 是函数 $u=f(x,y,z)$ 的定义域的内点.它们的求法仍旧可以看作一元函数的求导问题.

例 8.2.1 求函数 $z=x^2y+e^x+\sin y$ 的偏导数.

解
$$\frac{\partial z}{\partial x}=2xy+e^x,$$
$$\frac{\partial z}{\partial y}=x^2+\cos y.$$

例 8.2.2 已知函数 $z=x^y(x>0,且\ x\neq 1)$,求证
$$\frac{x}{y}\frac{\partial z}{\partial x}+\frac{1}{\ln x}\frac{\partial z}{\partial y}=2z.$$

证　因为
$$\frac{\partial z}{\partial x}=yx^{y-1},\quad \frac{\partial z}{\partial y}=x^y\ln x.$$

所以
$$\frac{x}{y}\frac{\partial z}{\partial x}+\frac{1}{\ln x}\frac{\partial z}{\partial y}=x^y+x^y=2z.$$

我们知道,对一元函数来说,$\frac{\mathrm{d}y}{\mathrm{d}x}$可看作函数的微分 $\mathrm{d}y$ 与自变量的微分 $\mathrm{d}x$ 之商.对多元函数来说,偏导数的记号是一个整体记号,不能看作分子与分母之商.

例 8.2.3　求函数 $z=x^2+3xy+y^2+1$ 在点(1,2)处的偏导数.

解　将 y 视为常数,对 x 求导,得
$$\frac{\partial z}{\partial x}=2x+3y,$$

将 x 视为常数,对 y 求导,得
$$\frac{\partial z}{\partial y}=3x+2y.$$

故
$$\left.\frac{\partial z}{\partial x}\right|_{(1,2)}=2\times1+3\times2=8,$$
$$\left.\frac{\partial z}{\partial y}\right|_{(1,2)}=3\times1+2\times2=7.$$

求多元函数在某点处的偏导数时,如求 $z=f(x,y)$在(x_0,y_0)的偏导数时,可以先将 y 的取值代入,得到相应的关于 x 的一元函数 $z=f(x,y_0)$,再对 x 求导数. 对 y 的偏导数可采取同样的办法. 如例 8.2.3,在计算函数点(1,2)处对 x 的偏导数时,可先将 $y=2$ 代入,即得 $z=x^2+6x+5$,再求其对 x 的导数在 $x=1$ 处的函数值.

二元函数 $z=f(x,y)$在点(x_0,y_0)的偏导数有下述**几何意义**.

设 $M_0(x_0,y_0,f(x_0,y_0))$为曲面 $z=f(x,y)$上的一点,过 M_0 作平面 $y=y_0$,截此曲面得一曲线,此曲线在平面 $y=y_0$ 上的方程为 $z=f(x,y_0)$,则导数$\left.\frac{\mathrm{d}}{\mathrm{d}x}f(x,y_0)\right|_{x=x_0}$,即偏导数 $f_x(x_0,y_0)$,就是这曲线在点 M_0 处的切线 M_0T_x 对 x 轴的斜率,偏导数 $f_y(x_0,y_0)$的几何意义是曲面被平面 $x=x_0$ 所截得的曲线 $z=f(x_0,y)$在点 M_0 处的切线 M_0T_y 对 y 轴的斜率.(见图 8-6)

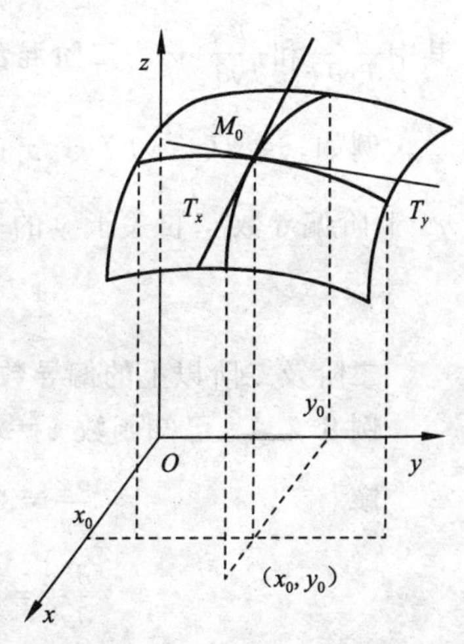

图　8-6

我们已经知道,如果一元函数在某点具有导数,则它在该点必定连续. 但对于多元函数来说,即使各偏导数在某点都存在,也不能保证函数在该点连续. 这是因为各偏导数存在只能保证点 P 沿着平行于坐标轴的方向趋于 P_0 时函数值 $f(P)$趋于 $f(P_0)$,但不能保证点 P 按任何方式趋于 P_0 时函数值

$f(P)$都趋于 $f(P_0)$. 例如,函数

$$z=f(x,y)=\begin{cases}\dfrac{xy}{x^2+y^2} & \text{当 } x^2+y^2\neq 0\\ 0 & \text{当 } x^2+y^2=0\end{cases},$$

在点(0,0)对 x 的偏导数为

$$f_x(0,0)=\lim_{\Delta x\to 0}\frac{f(0+\Delta x,0)-f(0,0)}{\Delta x}=0,$$

在点(0,0)在 y 的偏导数为

$$f_y(0,0)=\lim_{\Delta y\to 0}\frac{f(0,0+\Delta y)-f(0,0)}{\Delta y}=0.$$

可见,函数在(0,0)点处的两个偏导数都存在,而该函数在(0,0)点处不连续.

8.2.2 高阶偏导数

设函数 $z=f(x,y)$在区域 D 内具有偏导数

$$\frac{\partial z}{\partial x}=f_x(x,y),\quad \frac{\partial z}{\partial y}=f_y(x,y),$$

那么在 D 内 $f_x(x,y)$,$f_y(x,y)$都是 x,y 的函数. 如果这两个函数的偏导数也存在,则称它们是函数 $z=f(x,y)$的**二阶偏导数**. 按照对变量求导次序的不同,二元函数有下列四个二阶偏导数:

$$\frac{\partial}{\partial x}\left(\frac{\partial z}{\partial x}\right)=\frac{\partial^2 z}{\partial x^2}=f_{xx}(x,y),\quad \frac{\partial}{\partial y}\left(\frac{\partial z}{\partial x}\right)=\frac{\partial^2 z}{\partial x\partial y}=f_{xy}(x,y),$$

$$\frac{\partial}{\partial y}\left(\frac{\partial z}{\partial y}\right)=\frac{\partial^2 z}{\partial y^2}=f_{yy}(x,y),\quad \frac{\partial}{\partial x}\left(\frac{\partial z}{\partial y}\right)=\frac{\partial^2 z}{\partial y\partial x}=f_{yx}(x,y).$$

其中$\dfrac{\partial^2 z}{\partial x\partial y}$和$\dfrac{\partial^2 z}{\partial y\partial x}$称为**二阶混合偏导数**. 类似地,可得三阶,四阶,…,n 阶偏导数.

例如,$z=f(x,y)$关于 x 的三阶偏导数为$\dfrac{\partial}{\partial x}\left(\dfrac{\partial^2 z}{\partial x^2}\right)=\dfrac{\partial^3 z}{\partial x^3}$;$z=f(x,y)$关于 x 的 $n-1$ 阶偏导数 ,再关于 y 的一阶偏导数为

$$\frac{\partial}{\partial y}\left(\frac{\partial^{n-1} z}{\partial x^{n-1}}\right)=\frac{\partial^n z}{\partial x^{n-1}\partial y}.$$

二阶及二阶以上的偏导数统称为**高阶偏导数**.

例 8.2.4 已知函数 $z=x^3-3xy^3-xy^2+1$,求该函数的所有二阶偏导数.

解

$$\frac{\partial z}{\partial x}=3x^2-3y^3-y^2,\quad \frac{\partial z}{\partial y}=-9xy^2-2xy;$$

$$\frac{\partial^2 z}{\partial x^2}=6x,\quad \frac{\partial^2 z}{\partial y^2}=-18xy-2x;$$

$$\frac{\partial^2 z}{\partial x\partial y}=-9y^2-2y,\quad \frac{\partial^2 z}{\partial y\partial x}=-9y^2-2y.$$

例 8.2.5　已知函数 $u=e^{ax}\cos by$，求该函数所有的二阶偏导数．

解
$$\frac{\partial u}{\partial x}=ae^{ax}\cos by,\quad \frac{\partial u}{\partial y}=-be^{ax}\sin by;$$
$$\frac{\partial^2 u}{\partial x^2}=a^2e^{ax}\cos by,\quad \frac{\partial^2 u}{\partial y^2}=-b^2e^{ax}\cos by,$$
$$\frac{\partial^2 u}{\partial x\partial y}=-abe^{ax}\sin by,\quad \frac{\partial^2 u}{\partial y\partial x}=-abe^{ax}\sin by.$$

我们看到例 8.2.4 和例 8.2.5 中两个二阶混合偏导数均相等，即 $\frac{\partial^2 z}{\partial y\partial x}=\frac{\partial^2 z}{\partial x\partial y}$，这不是偶然的，事实上，有下述定理.

定理　如果函数 $z=f(x,y)$ 的两个二阶混合偏导数 $\frac{\partial^2 z}{\partial y\partial x}$ 及 $\frac{\partial^2 z}{\partial x\partial y}$ 在区域 D 内连续，那么在该区域内这两个二阶混合偏导数必相等.

换句话说，二阶混合偏导数在连续的条件下与求导的次序无关.

对于二元以上的函数，也可以类似地定义高阶偏导数. 而且高阶混合偏导数在偏导数连续的条件下也与求导的次序无关.

例 8.2.6　验证函数 $z=\ln\sqrt{x^2+y^2}$ 满足方程
$$\frac{\partial^2 z}{\partial x^2}+\frac{\partial^2 z}{\partial y^2}=0.$$

证明　因为
$$z=\ln\sqrt{x^2+y^2}=\frac{1}{2}\ln(x^2+y^2),$$

所以
$$\frac{\partial z}{\partial x}=\frac{x}{x^2+y^2},\quad \frac{\partial z}{\partial y}=\frac{y}{x^2+y^2},$$
$$\frac{\partial^2 z}{\partial x^2}=\frac{(x^2+y^2)-x\cdot 2x}{(x^2+y^2)^2}=\frac{y^2-x^2}{(x^2+y^2)^2},$$
$$\frac{\partial^2 z}{\partial y^2}=\frac{(x^2+y^2)-y\cdot 2y}{(x^2+y^2)^2}=\frac{x^2-y^2}{(x^2+y^2)^2},$$

故
$$\frac{\partial^2 z}{\partial x^2}+\frac{\partial^2 z}{\partial y^2}=0.$$

例 8.2.6 中的方程叫做**拉普拉斯(Laplace)方程**，它是数学物理方程中一种很重要的方程.

8.3 全 微 分

与一元函数可微的概念类似，对多元函数有时需要研究各个自变量都取得增量时因变量所获得的增量，即全增量的问题，下面以二元函数 $z=f(x,y)$ 为例进行讨论．

引例　一块长为 x，宽为 y 的长方形金属薄片受温度变化的影响，其长由 x 变到

$x+\Delta x$,宽由 y 变到 $y+\Delta y$,如图 8-7 所示.问此薄片面积改变了多少.

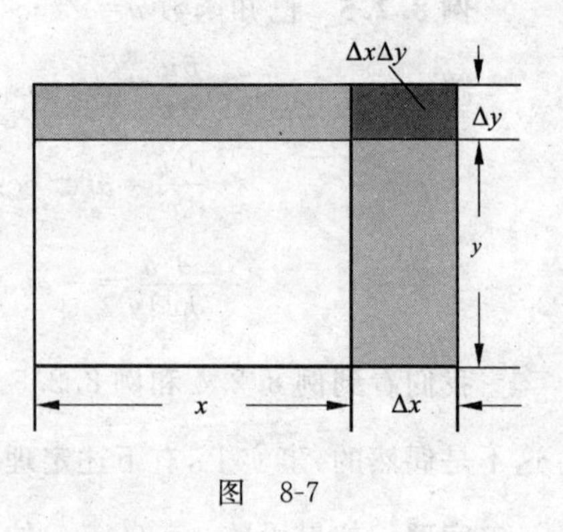

图 8-7

解 记面积的增量为 ΔA,

$$\begin{aligned}\Delta A &= (x+\Delta x)(y+\Delta y)-xy \\ &= y\Delta x+x\Delta y+\Delta x\Delta y.\end{aligned}$$

在 $\Delta x\to 0$, $\Delta y\to 0$ 时, $\Delta x\Delta y$ 是比 $\rho=\sqrt{(\Delta x)^2+(\Delta y)^2}$ 高阶的无穷小,计算面积增量时可以忽略不计,则面积增量可以近似表示为

$$\Delta A\approx y\Delta x+x\Delta y.$$

8.3.1 全微分的定义

定义 对于自变量 x,y 在点 $P(x,y)$ 处的增量 $\Delta x,\Delta y$,如果函数 $z=f(x,y)$ 相应的增量

$$\Delta z=f(x+\Delta x,y+\Delta y)-f(x,y)$$

可以表示为

$$\Delta z=A\Delta x+B\Delta y+o(\rho), \tag{8.3.1}$$

其中,A,B 不依赖于 $\Delta x,\Delta y$ 而仅与 x,y 有关,$\rho=\sqrt{(\Delta x)^2+(\Delta y)^2}$,$o(\rho)$ 表示 $(\Delta x,\Delta y)\to(0,0)$ 时 ρ 的高阶无穷小,则称函数 $z=f(x,y)$ 在点 $P(x,y)$ **可微**,称 $A\Delta x+B\Delta y$ 为函数 $z=f(x,y)$ 在点 $P(x,y)$ 的**全微分**,记作 $\mathrm{d}z$,即

$$\mathrm{d}z=A\Delta x+B\Delta y.$$

如果函数在区域 D 内各点处都可微分,那么称该函数在 D 内**可微分**.

在上一节中曾指出,多元函数在某点的各个偏导数即使都存在,也不能保证函数在该点连续.但是,如果函数 $z=f(x,y)$ 在点 $P(x,y)$ 可微分,那么函数在该点必定连续.由式(8.3.1)可得

$$\lim_{\rho\to 0}\Delta z=0\ ,$$

从而

$$\lim_{\substack{\Delta x\to 0\\ \Delta y\to 0}} f(x+\Delta x,y+\Delta y)=\lim_{\Delta\rho\to 0}[f(x,y)+\Delta z]=f(x,y).$$

因此函数 $z=f(x,y)$ 在点 $P(x,y)$ 处连续.

下面讨论函数 $z=f(x,y)$ 在点 $P(x,y)$ 可微分的条件.

定理 8.3.1(必要条件) 如果函数 $z=f(x,y)$ 在点 $P(x,y)$ 可微分,则该函数在点 $P(x,y)$ 的偏导数 $\dfrac{\partial z}{\partial x},\dfrac{\partial z}{\partial y}$ 必定存在,且函数 $z=f(x,y)$ 在点 $P(x,y)$ 的全微分为

$$\mathrm{d}z=\frac{\partial z}{\partial x}\Delta x+\frac{\partial z}{\partial y}\Delta y.$$

证 设函数 $z=f(x,y)$ 在点 $P(x,y)$ 可微分.于是,对于点 P 的某个邻域的任意

一点 $P'(x+\Delta x,y+\Delta y)$ 式(8.3.1)总成立. 特别地，当 $\Delta y=0$ 时式(8.3.1)也应成立，这时 $\rho=|\Delta x|$，所以式(8.3.1)成为

$$f(x+\Delta x,y)-f(x,y)=A\cdot\Delta x+o(|\Delta x|).$$

上式两边各除以 Δx，再令 $\Delta x\to 0$ 而取极限，就得

$$\lim_{\Delta x\to 0}\frac{f(x+\Delta x,y)-f(x,y)}{\Delta x}=A,$$

从而偏导数 $\frac{\partial z}{\partial x}$ 存在，且等于 A. 同样可证 $\frac{\partial z}{\partial y}=B$. 证毕.

我们知道，一元函数在某点的导数存在是微分存在的充分必要条件. 但对于多元函数来说，情形就不同了. 当函数的各偏导数都存在时，虽然在形式上能写出 $\frac{\partial z}{\partial x}\Delta x+\frac{\partial z}{\partial y}\Delta y$，但它与 Δz 之差并不一定是较 ρ 高阶的无穷小，因此它不一定是函数的全微分. 换句话说，各偏导数存在只是全微分存在的必要条件而不是充分条件. 例如，函数

$$z=f(x,y)=\begin{cases}\dfrac{xy}{\sqrt{x^2+y^2}} & \text{当 } x^2+y^2\neq 0\\ 0 & \text{当 } x^2+y^2=0\end{cases}$$

在点(0,0)处有 $f_x(0,0)=0$ 及 $f_y(0,0)=0$，所以

$$\Delta z-[f_x(0,0)\cdot\Delta x+f_y(0,0)\cdot\Delta y]=\frac{\Delta x\cdot\Delta y}{\sqrt{(\Delta x)^2+(\Delta y)^2}}.$$

如果考虑点 $P(x+\Delta x,y+\Delta y)$ 沿着直线 $y=x$ 趋于(0,0)，则

$$\lim_{\substack{\Delta x\to 0\\ \Delta y\to 0}}\frac{\dfrac{\Delta x\cdot\Delta y}{\sqrt{(\Delta x)^2+(\Delta y)^2}}}{\rho}=\lim_{\substack{\Delta x\to 0\\ \Delta y\to 0}}\frac{\Delta x\cdot\Delta y}{(\Delta x)^2+(\Delta y)^2}=\lim_{\substack{\Delta x\to 0\\ \Delta y=\Delta x}}\frac{\Delta x\cdot\Delta x}{(\Delta x)^2+(\Delta x)^2}=\frac{1}{2},$$

这表示 $\rho\to 0$ 时 $\Delta z-[f_x(0,0)\cdot\Delta x+f_y(0,0)\cdot\Delta y]$ 并不是较 ρ 高阶的无穷小，因此函数在点(0,0)处的全微分并不存在，即函数在点 $P(0,0)$ 处是不可微的.

由定理 8.3.1 及这个例子可知，偏导数存在是可微分的必要条件而不是充分条件. 但是，如果再假定函数的各个偏导数连续，则可以证明函数是可微分的，即有下面的定理.

定理 8.3.2(充分条件)　如果函数 $z=f(x,y)$ 的偏导数 $\frac{\partial z}{\partial x},\frac{\partial z}{\partial y}$ 在点 $P(x,y)$ 连续，则函数在该点可微.

以上关于二元函数全微分的定义及微分的必要条件和充分条件，可以完全类似地推广到三元和三元以上的多元函数.

习惯上，将自变量的增量 $\Delta x,\Delta y$ 分别记作 dx,dy，并分别称为自变量 x,y 的微分. 这样，函数 $z=f(x,y)$ 的全微分就可以写为

$$dz=\frac{\partial z}{\partial x}dx+\frac{\partial z}{\partial y}dy.$$

通常把二元函数的全微分等于它的两个偏微分之和称为二元函数的微分符合**叠加原理**.

叠加原理也适用于二元以上的函数的情形. 例如,若三元函数 $u=f(x,y,z)$ 可微分,那么它的全微分就等于它的三个偏微分之和,即

$$du=\frac{\partial u}{\partial x}dx+\frac{\partial u}{\partial y}dy+\frac{\partial u}{\partial z}dz.$$

例 8.3.1 计算函数 $z=x^2+e^x+y^2-2y+1$ 的全微分.

解 因为 $\frac{\partial z}{\partial x}=2x+e^x,\quad \frac{\partial z}{\partial y}=2y-2,$

所以 $dz=\frac{\partial z}{\partial x}dx+\frac{\partial z}{\partial y}dy=(2x+e^x)dx+2(y-1)dy.$

例 8.3.2 计算函数 $u=xy+\sin\frac{y}{2}+e^{yz}$ 的全微分.

解 因为 $\frac{\partial u}{\partial x}=y,\quad \frac{\partial u}{\partial y}=x+\frac{1}{2}\cos\frac{y}{2}+ze^{yz},\quad \frac{\partial u}{\partial z}=ye^{yz},$

所以

$$\begin{aligned}du&=\frac{\partial u}{\partial x}dx+\frac{\partial u}{\partial y}dy+\frac{\partial u}{\partial z}dz\\&=ydx+\left(x+\frac{1}{2}\cos\frac{y}{2}+ze^{yz}\right)dy+ye^{yz}dz.\end{aligned}$$

例 8.3.3 计算函数 $z=xy+e^{xy}$ 在点 $(2,1)$ 处的全微分.

解 因为

$$\frac{\partial z}{\partial x}=y(1+e^{xy}),\quad \frac{\partial z}{\partial y}=x(1+e^{xy}),$$

$$\left.\frac{\partial z}{\partial x}\right|_{(2,1)}=1+e^2,\quad \left.\frac{\partial z}{\partial y}\right|_{(2,1)}=2(1+e^2),$$

所以 $\left.dz\right|_{(2,1)}=(1+e^2)dx+2(1+e^2)dy.$

*8.3.2 全微分在近似计算中的应用

二元函数 $z=f(x,y)$ 在点 (x,y) 处可微,由全微分的定义

$$\Delta z=\frac{\partial u}{\partial x}\Delta x+\frac{\partial u}{\partial y}\Delta y+o(\rho),$$

可知当 $|\Delta x|$ 及 $|\Delta y|$ 都较小时,有近似等式

$$\Delta z\approx dz=\frac{\partial z}{\partial x}\Delta x+\frac{\partial z}{\partial y}\Delta y.$$

因 $\Delta z=f(x+\Delta x,y+\Delta y)-f(x,y),$

故有 $f(x+\Delta x,y+\Delta y)\approx f(x,y)+\frac{\partial z}{\partial x}\Delta x+\frac{\partial z}{\partial y}\Delta y.$

例 8.3.4　计算$1.04^{2.02}$的近似值.

解　设 $f(x,y)=x^y$,则

$$\frac{\partial z}{\partial x}=yx^{y-1},\quad \frac{\partial z}{\partial y}=x^y\ln x.$$

取　$$x=1,\quad y=2,\quad \Delta x=0.04,\quad \Delta y=0.02,$$

则
$$\begin{aligned}1.04^{2.02}&=f(1.04,2.02)\\&\approx f(1,2)+\left.\frac{\partial z}{\partial x}\right|_{(1,2)}\Delta x+\left.\frac{\partial z}{\partial y}\right|_{(1,2)}\Delta y\\&=1+2\times0.04+0\times0.02=1.08.\end{aligned}$$

8.4　多元复合函数的求导法则

8.4.1　多元复合函数的求导法则

定理　设函数 $u=u(x,y)$,$v=v(x,y)$在点(x,y)处的偏导数存在,并且 $z=f(u,v)$在对应点(u,v)具有连续偏导数,则复合函数 $z=f(u(x,y),v(x,y))$在点(x,y)的两个偏导数存在,且有如下链式法则:

$$\begin{cases}\dfrac{\partial z}{\partial x}=\dfrac{\partial z}{\partial u}\dfrac{\partial u}{\partial x}+\dfrac{\partial z}{\partial v}\dfrac{\partial v}{\partial x}\\[2ex]\dfrac{\partial z}{\partial y}=\dfrac{\partial z}{\partial u}\dfrac{\partial u}{\partial y}+\dfrac{\partial z}{\partial v}\dfrac{\partial v}{\partial y}\end{cases}.\tag{8.4.1}$$

证　只证明式(8.4.1)中的第一个等式,第二个等式的证明类似.对于任意固定的 y,给 x 以增量 Δx,这时 u 和 v 的增量为 Δu,Δv,

$$\Delta u=u(x+\Delta x,y)-u(x,y),\quad \Delta v=v(x+\Delta x,y)-v(x,y).$$

由此,函数 $z=f(u,v)$对应地获得增量 Δz.由于函数 $z=f(u,v)$在点(u,v)具有连续偏导数,故 $z=f(u,v)$在该点可微,Δz 可表示为

$$\Delta z=\frac{\partial z}{\partial u}\Delta u+\frac{\partial z}{\partial v}\Delta v+o(\rho),\tag{8.4.2}$$

其中 $\rho=\sqrt{(\Delta u)^2+(\Delta v)^2}$.

函数 $u=u(x,y)$,$v=v(x,y)$在点(x,y)处的偏导数存在,故当 $\Delta x\to0$ 时,$\Delta u\to0$,$\Delta v\to0$,从而 $\rho\to0$.

将式(8.4.2)两边同除以 Δx,得

$$\frac{\Delta z}{\Delta x}=\frac{\partial z}{\partial u}\frac{\Delta u}{\Delta x}+\frac{\partial z}{\partial v}\frac{\Delta v}{\Delta x}+\frac{o(\rho)}{\rho}\frac{\rho}{\Delta x}.\tag{8.4.3}$$

$$\lim_{\Delta x\to0}\frac{\Delta u}{\Delta x}=\frac{\partial u}{\partial x},\quad \lim_{\Delta x\to0}\frac{\Delta v}{\Delta x}=\frac{\partial v}{\partial x},$$

$$\lim_{\Delta x\to 0}\frac{\rho}{|\Delta x|}=\lim_{\Delta x\to 0}\sqrt{\left(\frac{\Delta u}{\Delta x}\right)^2+\left(\frac{\Delta v}{\Delta x}\right)^2}=\sqrt{\left(\frac{\partial u}{\partial x}\right)^2+\left(\frac{\partial v}{\partial x}\right)^2},$$

可见 $\Delta x\to 0$ 时，$\frac{\rho}{\Delta x}$是有界变量，$\frac{o(\rho)}{\rho}$是无穷小量. 对式(8.4.3)两边求 $\Delta x\to 0$ 时的极限，可得

$$\frac{\partial z}{\partial x}=\frac{\partial z}{\partial u}\frac{\partial u}{\partial x}+\frac{\partial z}{\partial v}\frac{\partial v}{\partial x}.$$

链式法则可推广到中间变量多于两个的情形. 类似地，设 $u=\varphi(x,y)$，$v=\psi(x,y)$ 及 $w=\omega(x,y)$在点(x,y)的偏导数都存在，函数 $z=f(u,v,w)$在对应点(u,v,w)具有连续偏导数，则复合函数

$$z=f(\varphi(x,y),\psi(x,y),\omega(x,y))$$

在点(x,y)的两个偏导数都存在，且可用下列公式计算：

$$\begin{cases}\dfrac{\partial z}{\partial x}=\dfrac{\partial z}{\partial u}\dfrac{\partial u}{\partial x}+\dfrac{\partial z}{\partial v}\dfrac{\partial v}{\partial x}+\dfrac{\partial z}{\partial w}\dfrac{\partial w}{\partial x}\\[2ex]\dfrac{\partial z}{\partial y}=\dfrac{\partial z}{\partial u}\dfrac{\partial u}{\partial y}+\dfrac{\partial z}{\partial v}\dfrac{\partial v}{\partial y}+\dfrac{\partial z}{\partial w}\dfrac{\partial w}{\partial y}\end{cases}. \tag{8.4.4}$$

例 8.4.1 设 $z=e^u\sin v$ 而 $u=xy$，$v=2x+y$. 求$\frac{\partial z}{\partial x}$和$\frac{\partial z}{\partial y}$.

解

$$\begin{aligned}\frac{\partial z}{\partial x}&=\frac{\partial z}{\partial u}\frac{\partial u}{\partial x}+\frac{\partial z}{\partial v}\frac{\partial v}{\partial x}\\&=e^u\sin v\cdot y+e^u\cos v\cdot 2\\&=e^u(y\sin v+2\cos v)\\&=e^{xy}[y\sin(2x+y)+2\cos(2x+y)],\\\frac{\partial z}{\partial y}&=\frac{\partial z}{\partial u}\frac{\partial u}{\partial y}+\frac{\partial z}{\partial v}\frac{\partial v}{\partial y}\\&=e^u\sin v\cdot x+e^u\cos v\cdot 1\\&=e^u(x\sin v+\cos v)\\&=e^{xy}[x\sin(2x+y)+\cos(2x+y)].\end{aligned}$$

例 8.4.2 已知 f 具有二阶连续偏导数，求函数 $z=f(xy^2,x^2y)$的偏导数及$\frac{\partial^2 z}{\partial x^2}$.

解 设 $u=xy^2$，$v=x^2y$，则 $z=f(u,v)$，按照复合函数求导的链式法则可得

$$\frac{\partial z}{\partial x}=f'_u\frac{\partial u}{\partial x}+f'_v\frac{\partial v}{\partial x}=f'_uy^2+f'_v\cdot 2xy,$$

$$\frac{\partial z}{\partial y}=f'_u\frac{\partial u}{\partial y}+f'_v\frac{\partial v}{\partial y}=f'_u\cdot 2xy+f'_v\cdot x^2,$$

$$\frac{\partial^2 z}{\partial x^2}=\frac{\partial}{\partial x}\left(\frac{\partial z}{\partial x}\right)=\frac{\partial f'_u}{\partial x}\cdot\frac{\partial u}{\partial x}+f'_u\cdot\frac{\partial^2 u}{\partial x^2}+\frac{\partial f'_v}{\partial x}\cdot\frac{\partial v}{\partial x}+f'_v\cdot\frac{\partial^2 v}{\partial x^2}.$$

因为
$$\frac{\partial f'_u}{\partial x}=\frac{\partial f'_u}{\partial u}\cdot\frac{\partial u}{\partial x}+\frac{\partial f'_u}{\partial v}\cdot\frac{\partial v}{\partial x}=f''_{uu}\cdot\frac{\partial u}{\partial x}+f''_{uv}\cdot\frac{\partial v}{\partial x},$$
$$\frac{\partial f'_v}{\partial x}=\frac{\partial f'_v}{\partial u}\cdot\frac{\partial u}{\partial x}+\frac{\partial f'_v}{\partial v}\cdot\frac{\partial v}{\partial x}=f''_{vu}\cdot\frac{\partial u}{\partial x}+f''_{vv}\cdot\frac{\partial v}{\partial x}$$

即
$$\frac{\partial^2 z}{\partial x^2}=y^2(f''_{uu}y^2+f''_{uv}\cdot 2xy)+(f''_{vu}\cdot y^2+f''_{vv}\cdot 2xy)2xy+f'_v\cdot 2y.$$

因 f 具有二阶连续偏导数，$f''_{uv}=f''_{vu}$，

所以
$$\frac{\partial^2 z}{\partial x^2}=2yf'_v+y^4f''_{uu}+4xy^3f''_{uv}+4x^2y^2f''_{vv}.$$

对于函数 $z=f(u,v)$，通常记
$$f'_1=\frac{\partial f(u,v)}{\partial u},\quad f'_2=\frac{\partial f(u,v)}{\partial v},\quad f''_{11}=\frac{\partial^2 f(u,v)}{\partial u^2},$$
$$f''_{12}=\frac{\partial^2 f(u,v)}{\partial u\partial v},\quad f''_{21}=\frac{\partial^2 f(u,v)}{\partial v\partial u},\quad f''_{22}=\frac{\partial^2 f(u,v)}{\partial v^2}.$$

上式的结果还可以写作　$\dfrac{\partial^2 z}{\partial x^2}=2yf'_2+y^4f''_{11}+4xy^3f''_{12}+4x^2y^2f''_{22}.$

公式(8.4.1)还适用于下面三种特殊情形：

情形 1　$z=f(u,v)$，$u=u(t)$，$v=v(t)$，则对于复合函数 $z=f(u(t),)v(t))$，
$$\frac{dz}{dt}=\frac{\partial z}{\partial u}\frac{du}{dt}+\frac{\partial z}{\partial v}\frac{dv}{dt}.\qquad(8.4.5)$$

式(8.4.5)中的导数$\dfrac{dz}{dt}$称为**全导数**.

情形 2　$z=f(u)$，$u=u(x,y)$，则对于复合函数 $z=f[u(x,y)]$有链式法则
$$\begin{cases}\dfrac{\partial z}{\partial x}=f'(u)\dfrac{\partial u}{\partial x}\\ \dfrac{\partial z}{\partial y}=f'(u)\dfrac{\partial u}{\partial y}\end{cases}.\qquad(8.4.6)$$

情形 3　$z=f(u,v)$，$u=u(x,y)$，$v=v(x)$，则对于复合函数 $z=f[u(x,y),v(x)]$ 有链式法则
$$\begin{cases}\dfrac{\partial z}{\partial x}=\dfrac{\partial z}{\partial u}\dfrac{\partial u}{\partial x}+\dfrac{\partial z}{\partial v}\dfrac{dv}{dx}\\ \dfrac{\partial z}{\partial y}=\dfrac{\partial z}{\partial u}\dfrac{\partial u}{\partial y}\end{cases}.\qquad(8.4.7)$$

式(8.4.7)中的$\dfrac{\partial z}{\partial u}$，$\dfrac{\partial z}{\partial v}$也可记作$\dfrac{\partial f}{\partial u}$，$\dfrac{\partial f}{\partial v}$.

例 8.4.3　设 $z=uv$，$u=e^t$，$v=\sin t$，求全导数$\dfrac{dz}{dt}$.

解
$$\frac{dz}{dt}=\frac{\partial z}{\partial u}\cdot\frac{du}{dt}+\frac{\partial z}{\partial v}\cdot\frac{dv}{dt}$$

$$=ve^t+u\cos t$$
$$=e^t(\sin t+\cos t).$$

例 8.4.4 设 $z=f(x^2+2xy)$，且 $f(u)$ 可微，求 $\frac{\partial z}{\partial x}$ 和 $\frac{\partial z}{\partial y}$.

解 在函数 $z=f(x^2+2xy)$ 中，令 $u=x^2+2xy$，由复合函数求导的链式法则可得

$$\frac{\partial z}{\partial x}=f'(u)\frac{\partial u}{\partial x}=2(x+y)f'(x^2+2xy),$$

$$\frac{\partial z}{\partial y}=f'(u)\frac{\partial u}{\partial y}=2xf'(x^2+2xy).$$

例 8.4.5 已知 $z=f(u,e^{2x})$，$u=x^2\sin y$，求 $\frac{\partial z}{\partial x}$ 及 $\frac{\partial z}{\partial y}$.

解 令 $v=e^{2x}$，则

$$\frac{\partial z}{\partial x}=\frac{\partial f}{\partial u}\frac{\partial u}{\partial x}+\frac{\partial f}{\partial v}\frac{\mathrm{d}v}{\mathrm{d}x}=\frac{\partial f}{\partial u}\cdot 2x\sin y+\frac{\partial f}{\partial v}\cdot 2e^{2x},$$

$$\frac{\partial z}{\partial y}=\frac{\partial f}{\partial u}\frac{\partial u}{\partial y}=\frac{\partial f}{\partial u}\cdot x^2\cos y.$$

例 8.4.6 若 $u=u(x,y)$ 在 (x,y) 处偏导数存在，且函数 $z=f(u,x,y)$ 在 (u,x,y) 具有连续偏导数，求复合函数 $z=f(u(x,y),x,y)$ 的两个偏导数.

解 此题可理解为 $z=f(u,v,w)$，$u=u(x,y)$，$v=x$，$w=y$ 的复合函数情形，利用链式法则可得

$$\frac{\partial z}{\partial x}=\frac{\partial f}{\partial u}\frac{\partial u}{\partial x}+\frac{\partial f}{\partial x},$$

$$\frac{\partial z}{\partial y}=\frac{\partial f}{\partial u}\frac{\partial u}{\partial y}+\frac{\partial f}{\partial y}.$$

注 这里 $\frac{\partial z}{\partial x}$ 与 $\frac{\partial f}{\partial x}$ 是不同的，$\frac{\partial z}{\partial x}$ 是把复合函数 $z=f(\varphi(x,y),x,y)$ 中的 y 看作不变而对 x 的偏导数，$\frac{\partial f}{\partial x}$ 是把 $f(u,x,y)$ 中的 u 及 y 看作不变而对 x 的偏导数. $\frac{\partial z}{\partial y}$ 与 $\frac{\partial f}{\partial y}$ 也有类似的区别.

例 8.4.7 已知 $z=f(u,x,y)$，$u=xe^y$，求 $\frac{\partial z}{\partial x}$ 及 $\frac{\partial z}{\partial y}$.

解

$$\frac{\partial z}{\partial x}=\frac{\partial f}{\partial u}\frac{\partial u}{\partial x}+\frac{\partial f}{\partial x}=\frac{\partial f}{\partial u}\cdot e^y+\frac{\partial f}{\partial x},$$

$$\frac{\partial z}{\partial y}=\frac{\partial f}{\partial u}\frac{\partial u}{\partial y}+\frac{\partial f}{\partial y}=\frac{\partial f}{\partial u}\cdot xe^y+\frac{\partial f}{\partial y}.$$

上面的计算结果也可记为

$$\frac{\partial z}{\partial x}=f_1'\cdot e^y+f_2',$$

$$\frac{\partial z}{\partial y}=f_1'\cdot xe^y+f_3'.$$

例 8.4.8　设 $w=f(x+y+z,xyz)$，f 具有二阶连续偏导数，求 $\frac{\partial w}{\partial x}$ 及 $\frac{\partial^2 w}{\partial x\partial z}$.

解　令　$u=x+y+z, v=xyz$，则

$$\frac{\partial w}{\partial x}=\frac{\partial f}{\partial u}\cdot\frac{\partial u}{\partial x}+\frac{\partial f}{\partial v}\cdot\frac{\partial v}{\partial x}=f_1'+yzf_2',$$

$$\frac{\partial^2 w}{\partial x\partial z}=\frac{\partial}{\partial z}(f_1'+yzf_2')=\frac{\partial f_1'}{\partial z}+yf_2'+yz\frac{\partial f_2'}{\partial z},$$

$$\frac{\partial f_1'}{\partial z}=\frac{\partial f_1'}{\partial u}\cdot\frac{\partial u}{\partial z}+\frac{\partial f_1'}{\partial v}\cdot\frac{\partial v}{\partial z}=f_{11}''+xyf_{12}'',$$

$$\frac{\partial f_2'}{\partial z}=\frac{\partial f_2'}{\partial u}\cdot\frac{\partial u}{\partial z}+\frac{\partial f_2'}{\partial v}\cdot\frac{\partial v}{\partial z}=f_{21}''+xyf_{22}''.$$

于是

$$\begin{aligned}\frac{\partial^2 w}{\partial x\partial z}&=f_{11}''+xyf_{12}''+yf_2'+yz(f_{21}''+xyf_{22}'')\\&=f_{11}''+y(x+z)f_{12}''+xy^2zf_{22}''+yf_2'.\end{aligned}$$

8.4.2　全微分形式的不变性

与一元函数相同，多元函数的一阶全微分形式也具有不变性，下面以二元函数为例来说明.

设二元函数 $z=f(u,v)$ 可微，若 u,v 为自变量，则其全微分为

$$\mathrm{d}z=\frac{\partial z}{\partial u}\mathrm{d}u+\frac{\partial z}{\partial v}\mathrm{d}v.$$

当 u,v 是中间变量时，设 $u=u(x,y)$，$v=v(x,y)$，则复合函数 $z=f(u(x,y),v(x,y))$ 的全微分可表示为

$$\begin{aligned}\mathrm{d}z&=\frac{\partial z}{\partial x}\mathrm{d}x+\frac{\partial z}{\partial y}\mathrm{d}y\\&=\left(\frac{\partial z}{\partial u}\cdot\frac{\partial u}{\partial x}+\frac{\partial z}{\partial v}\cdot\frac{\partial v}{\partial x}\right)\mathrm{d}x+\left(\frac{\partial z}{\partial u}\cdot\frac{\partial u}{\partial y}+\frac{\partial z}{\partial v}\cdot\frac{\partial v}{\partial y}\right)\mathrm{d}y\\&=\frac{\partial z}{\partial u}\left(\frac{\partial u}{\partial x}\mathrm{d}x+\frac{\partial u}{\partial y}\mathrm{d}y\right)+\frac{\partial z}{\partial v}\left(\frac{\partial v}{\partial x}\mathrm{d}x+\frac{\partial v}{\partial y}\mathrm{d}y\right)\\&=\frac{\partial z}{\partial u}\mathrm{d}u+\frac{\partial z}{\partial v}\mathrm{d}v.\end{aligned}$$

即无论 u,v 是自变量还是中间变量，它的全微分形式是一样的，这种性质叫做**微分形式的不变性**．掌握这一规律对求初等函数的偏导数和全微分会带来很大的方便．

例 8.4.9　求二元函数 $z=(x-y)\mathrm{e}^{xy}$ 的全微分与偏导数．

解　由微分运算法则可得

$$
\begin{aligned}
dz &= (x-y)de^{xy} + e^{xy}d(x-y) \\
&= (x-y)e^{xy}(xdy+ydx) + e^{xy}(dx-dy) \\
&= e^{xy}(1+xy-y^2)dx + e^{xy}(x^2-xy-1)dy.
\end{aligned}
$$

由此可得
$$\frac{\partial z}{\partial x}=e^{xy}(1+xy-y^2),\frac{\partial z}{\partial y}=e^{xy}(x^2-xy-1).$$

例 8.4.10 求二元函数 $z=x^2\ln(x-2y)$ 的全微分与偏导数.

解 由微分运算法则可得

$$
\begin{aligned}
dz &= x^2 d\ln(x-2y) + \ln(x-2y)d(x^2) \\
&= x^2 \frac{d(x-2y)}{x-2y} + \ln(x-2y)2xdx \\
&= x^2 \frac{dx-2dy}{x-2y} + \ln(x-2y)2xdx \\
&= \left[\frac{x^2}{x-2y} + 2x\ln(x-2y)\right]dx - \frac{2x^2}{x-2y}dy,
\end{aligned}
$$

由此可得
$$\frac{\partial z}{\partial x}=\frac{x^2}{x-2y}+2x\ln(x-2y),\frac{\partial z}{\partial y}=-\frac{2x^2}{x-2y}.$$

8.5 隐函数求导法则

8.5.1 一个方程的情形

在第2章第6节中我们已经提出了隐函数的概念,并且指出了不经过显化直接由方程 $F(x,y)=0$ 确定隐函数导数的方法.现在介绍隐函数存在定理,并根据多元复合函数的求导法来导出隐函数的导数公式.

定理 8.5.1 设函数 $F(x,y)$ 在点 $P(x_0,y_0)$ 的某一邻域内具有连续的偏导数,且 $F(x_0,y_0)=0$,$F_y(x_0,y_0)\neq 0$,则方程 $F(x,y)=0$ 在点 (x_0,y_0) 的某一邻域内恒能唯一确定一个单值连续且具有连续导数的函数 $y=f(x)$,它满足条件 $y_0=f(x_0)$,并有

$$\frac{dy}{dx}=-\frac{F_x}{F_y}. \tag{8.5.1}$$

式(8.5.1)即是一元隐函数的求导公式.

这个定理我们不加以证明.现仅就式(8.5.1)做如下推导.

将方程 $F(x,y)=0$ 所确定的函数 $y=f(x)$ 代入方程,得恒等式

$$F(x,f(x))\equiv 0,$$

其左端可以看作 x 的一个复合函数,求这个函数的全导数,由于恒等式两端求导后仍然恒等,即得

$$\frac{\partial F}{\partial x}+\frac{\partial F}{\partial y}\frac{dy}{dx}=0,$$

由于 F_y 连续，且 $F_y(x_0,y_0)\neq 0$，所以存在 (x_0,y_0) 的一个邻域，在这个邻域内 $F_y\neq 0$，于是得

$$\frac{\mathrm{d}y}{\mathrm{d}x}=-\frac{F_x}{F_y}.$$

例 8.5.1　已知 x,y 满足 $x^2+y^2-1=0$，求 $\frac{\mathrm{d}y}{\mathrm{d}x}$.

解法 1　经验证该方程满足隐函数存在的条件，方程两边对 x 求导，

得
$$2x+2y\frac{\mathrm{d}y}{\mathrm{d}x}=0,$$

整理得
$$\frac{\mathrm{d}y}{\mathrm{d}x}=-\frac{x}{y}.$$

解法 2　采用公式法.

令
$$F(x,y)=x^2+y^2-1,$$

则　$F_x=2x,F_y=2y$，由定理 8.5.1 得

$$\frac{\mathrm{d}y}{\mathrm{d}x}=-\frac{F_x}{F_y}=-\frac{x}{y}.$$

例 8.5.2　验证方程 $\sin y+\mathrm{e}^x-xy-1=0$ 在点 $(0,0)$ 某邻域可确定一个可导隐函数 $y=f(x)$，并求 $\left.\frac{\mathrm{d}y}{\mathrm{d}x}\right|_{x=0}$，$\left.\frac{\mathrm{d}^2y}{\mathrm{d}x^2}\right|_{x=0}$.

解　令 $F(x,y)=\sin y+\mathrm{e}^x-xy-1$，则两个一阶偏导数 $F_x=\mathrm{e}^x-y,F_y=\cos y-x$ 连续；且 $F(0,0)=0$，$F_y(0,0)=1\neq 0$.

由定理 8.5.1 可知，在 $x=0$ 的某邻域内该方程可以确定单值可导的隐函数 $y=f(x)$，且

$$\left.\frac{\mathrm{d}y}{\mathrm{d}x}\right|_{x=0}=-\left.\frac{F_x}{F_y}\right|_{x=0}$$

$$=-\left.\frac{\mathrm{e}^x-y}{\cos y-x}\right|=-1,$$

$$\left.\frac{\mathrm{d}^2y}{\mathrm{d}x^2}\right|_{x=0}=-\frac{\mathrm{d}}{\mathrm{d}x}\left.\left(\frac{\mathrm{e}^x-y}{\cos y-x}\right)\right|_{x=0}$$

$$=-\left.\frac{(\mathrm{e}^x-y')(\cos y-x)-(\mathrm{e}^x-y)(-\sin y\cdot y'-1)}{(\cos y-x)^2}\right|_{\substack{x=0\\ y=0\\ y'=-1}}$$

$$=-3.$$

隐函数存在定理还可以推广到多元函数中去,一个三元方程 $F(x,y,z)=0$ 有可能确定一个二元隐函数.见定理 8.5.2.

定理 8.5.2 设函数 $F(x,y,z)$ 在点 $P(x_0,y_0,z_0)$ 的某一邻域内具有连续的偏导数,且 $F(x_0,y_0,z_0)=0$,$F_z(x_0,y_0,z_0)\neq 0$,则方程 $F(x,y,z)=0$ 在点 (x_0,y_0,z_0) 的某一邻域内恒能唯一确定一个连续且具有连续偏导数的函数 $z=f(x,y)$,它满足条件 $z_0=f(x_0,y_0)$,并有

$$\frac{\partial z}{\partial x}=-\frac{F_x}{F_z},\quad \frac{\partial z}{\partial y}=-\frac{F_y}{F_z}. \tag{8.5.2}$$

式(8.5.2)即是二元隐函数求导公式.

下面就该定理做一个简单的推导.函数 $z=f(x,y)$ 是方程 $F(x,y,z)=0$ 确定的隐函数,代入方程使得方程成为一个恒等式,即

$$F(x,y,f(x,y))\equiv 0,$$

方程两边对 x 求偏导数,得

$$F_x+F_z\frac{\partial z}{\partial x}\equiv 0,$$

若在 (x_0,y_0,z_0) 的某邻域内 $F_z\neq 0$,则

$$\frac{\partial z}{\partial x}=-\frac{F_x}{F_z},$$

同理可得

$$\frac{\partial z}{\partial y}=-\frac{F_y}{F_z}.$$

例 8.5.3 已知函数 $z=z(x,y)$ 由 $x^2+y^2+z^2-4z=0$ 所确定,求 $\frac{\partial z}{\partial x},\frac{\partial z}{\partial y},\frac{\partial^2 z}{\partial x^2}$.

解 设

$$F(x,y,z)=x^2+y^2+z^2-4z,$$

则

$$F_x=2x,\quad F_y=2y,\quad F_z=2z-4.$$

当 $z\neq 2$ 时,应用公式(8.5.2),得

$$\frac{\partial z}{\partial x}=-\frac{F_x}{F_z}=\frac{x}{2-z},$$

$$\frac{\partial z}{\partial y}=-\frac{F_y}{F_z}=\frac{y}{2-z},$$

将 $\frac{\partial z}{\partial x}$ 对 x 求偏导数,得

$$\frac{\partial^2 z}{\partial x^2}=\frac{\partial\left(\frac{x}{2-z}\right)}{\partial x}=\frac{(2-z)+x\frac{\partial z}{\partial x}}{(2-z)^2}$$

$$=\frac{(2-z)+x\left(\frac{x}{2-z}\right)}{(2-z)^2}$$

$$=\frac{(2-z)^2+x^2}{(2-z)^3}.$$

8.5.2　方程组的情形

下面将隐函数存在定理进行推广，不仅增加方程中变量的个数，而且增加方程的个数．考虑方程组

$$\begin{cases}F(x,y,u,v)=0\\G(x,y,u,v)=0\end{cases}. \tag{8.5.3}$$

这是两个方程四个变量的方程组，一般只能有两个变量独立变化，所以方程组(8.5.3)可确定两个二元函数 $u=u(x,y)$，$v=v(x,y)$，将其代入方程组(8.5.3)中，得

$$\begin{cases}F(x,y,u(x,y),v(x,y))=0\\G(x,y,u(x,y),v(x,y))=0\end{cases},$$

将上式两边分别对 x 求偏导数，得

$$\begin{cases}F_x+F_u\dfrac{\partial u}{\partial x}+F_v\dfrac{\partial v}{\partial x}=0\\[2ex]G_x+G_u\dfrac{\partial u}{\partial x}+G_v\dfrac{\partial v}{\partial x}=0\end{cases},$$

这是关于 $\dfrac{\partial u}{\partial x},\dfrac{\partial v}{\partial x}$ 的线性方程组，可以从中解出 $\dfrac{\partial u}{\partial x},\dfrac{\partial v}{\partial x}$，也可用行列式求解．见定理 8.5.3.

定理 8.5.3　设函数 $F(x,y,u,v)$，$G(x,y,u,v)$ 在点 $P_0(x_0,y_0,u_0,v_0)$ 的某邻域内具有对各个变量的连续偏导数；$F(x_0,y_0,u_0,v_0)=0$，$G(x_0,y_0,u_0,v_0)=0$；函数 F,G 对 u,v 的偏导数所组成的函数行列式，称为**雅可比(Jacobi)行列式**，即

$J=\dfrac{\partial(F,G)}{\partial(u,v)}=\begin{vmatrix}F_u & F_v\\G_u & G_v\end{vmatrix}$ 在点 $P_0(x_0,y_0,u_0,v_0)$ 不等于零，则方程组 $F(x,y,u,v)=0$，$G(x,y,u,v)=0$ 在点 P_0 的某一邻域内恒能唯一确定一组单值连续且具有连续偏导数的函数 $u=u(x,y)$，$v=v(x,y)$，满足条件 $u_0=u(x_0,y_0)$，$v_0=v(x_0,y_0)$ 并有偏导数公式：

$$\frac{\partial u}{\partial x}=-\frac{1}{J}\frac{\partial(F,G)}{\partial(x,v)}=-\frac{\begin{vmatrix}F_x & F_v\\G_x & G_v\end{vmatrix}}{\begin{vmatrix}F_u & F_v\\G_u & G_v\end{vmatrix}},$$

$$\frac{\partial u}{\partial y}=-\frac{1}{J}\frac{\partial(F,G)}{\partial(y,v)}=-\frac{\begin{vmatrix}F_y & F_v\\G_y & G_v\end{vmatrix}}{\begin{vmatrix}F_u & F_v\\G_u & G_v\end{vmatrix}},$$

$$\frac{\partial v}{\partial x}=-\frac{1}{J}\frac{\partial(F,G)}{\partial(u,x)}=-\frac{\begin{vmatrix}F_u & F_x\\ G_u & G_x\end{vmatrix}}{\begin{vmatrix}F_u & F_v\\ G_u & G_v\end{vmatrix}},\tag{8.5.4}$$

$$\frac{\partial v}{\partial y}=-\frac{1}{J}\frac{\partial(F,G)}{\partial(u,y)}=-\frac{\begin{vmatrix}F_u & F_y\\ G_u & G_y\end{vmatrix}}{\begin{vmatrix}F_u & F_v\\ G_u & G_v\end{vmatrix}}.$$

例 8.5.4 设方程 $xu-yv=0, yu+xv=1$，求偏导数$\frac{\partial u}{\partial x},\frac{\partial u}{\partial y},\frac{\partial v}{\partial x},\frac{\partial v}{\partial y}$.

解 将所给方程的两边对 x 求偏导数并移项，得

$$\begin{cases}x\dfrac{\partial u}{\partial x}-y\dfrac{\partial v}{\partial x}=-u\\ y\dfrac{\partial u}{\partial x}+x\dfrac{\partial v}{\partial x}=-v\end{cases}.$$

在 $J=\begin{vmatrix}x & -y\\ y & x\end{vmatrix}=x^2+y^2\neq 0$ 的条件下，

$$\frac{\partial u}{\partial x}=\frac{\begin{vmatrix}-u & -y\\ -v & x\end{vmatrix}}{x^2+y^2}=-\frac{xu+yv}{x^2+y^2},\quad \frac{\partial v}{\partial x}=\frac{\begin{vmatrix}x & -u\\ y & -v\end{vmatrix}}{x^2+y^2}=\frac{yu-xv}{x^2+y^2}.$$

同理，方程两边对 y 求偏导数，解相应的方程组可得

$$\frac{\partial u}{\partial y}=\frac{xv-yu}{x^2+y^2},\quad \frac{\partial v}{\partial y}=-\frac{xu+yv}{x^2+y^2}.$$

8.6 多元函数微分学的几何应用

8.6.1 一元向量值函数及其导数

已知空间曲线 Γ 的参数方程为

$$\begin{cases}x=x(t)\\ y=y(t),\quad t\in[\alpha,\beta].\\ z=z(t)\end{cases}$$

若记 $\boldsymbol{r}=(x,y,z)$，$\boldsymbol{f}(t)=(x(t),y(t),z(t))$，则 Γ 的向量方程为 $\boldsymbol{r}=\boldsymbol{f}(t)$，$t\in[\alpha,\beta]$.

此方程确定映射 $f:[\alpha,\beta]\to\mathbf{R}^3$，该映射将每一个$t\in[\alpha,\beta]$映成一个向量 $\boldsymbol{f}(t)$，称此映射为一元向量值函数.

对 Γ 上的动点 M，显然 $\boldsymbol{r}=\overrightarrow{OM}$，即 Γ 是 $\boldsymbol{r}$ 的终点 M 的轨迹，此轨迹称为向量值函数的**终端曲线**，如图 8-8 所示．

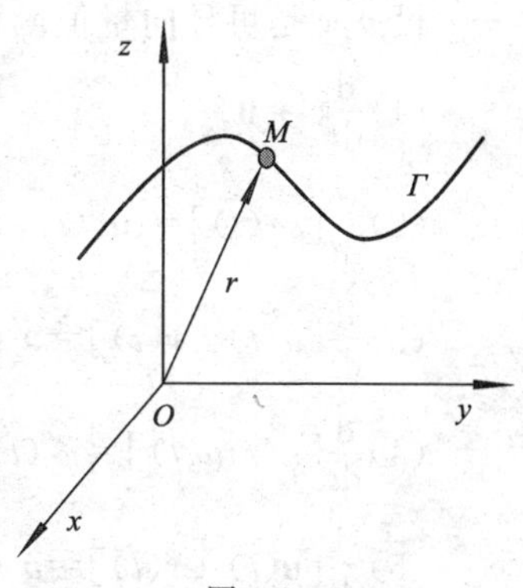

图　8-8

定义 8.6.1　给定数集 $D\subset\mathbf{R}$，称映射 $f:D\to\mathbf{R}^n$ 为**一元向量值函数**（简称**向量值函数**），记为

$$\boldsymbol{r}=\boldsymbol{f}(t),\quad t\in D.$$

其中数集 D 称为函数的**定义域**，t 称为**自变量**，$\boldsymbol{r}$ 称为**因变量**．

一元向量值函数是普通一元函数的推广，其各个分量函数为普通一元函数．向量值函数的极限、连续和导数都与各分量函数的极限、连续和导数密切相关，下面仅以 $n=3$ 的情形即 $\boldsymbol{r}$ 的取值为 3 维向量进行讨论．

$$\boldsymbol{r}=\boldsymbol{f}(t)=(x(t),y(t),z(t)),t\in D,$$

或记为分量形式 $\boldsymbol{r}(t)=x(t)\boldsymbol{i}+y(t)\boldsymbol{j}+z(t)\boldsymbol{k},t\in[\alpha,\beta]$.

定义 8.6.2　设向量值函数 $\boldsymbol{f}(t)$ 在点 t_0 的某一去心邻域内有定义，如果存在一个常向量 $\boldsymbol{r}_0$，对任意给定的正数 ε，总存在正数 δ，使得当 $0<|t-t_0|<\delta$ 时，对应的函数值都满足不等式 $|f(t)-\boldsymbol{r}_0|<\varepsilon$，那么常向量 $\boldsymbol{r}_0$ 就叫做向量值函数 $\boldsymbol{f}(t)$ 当 $t\to t_0$ 的**极限**，记作

$$\lim_{t\to t_0}\boldsymbol{f}(t)=\boldsymbol{r}_0\quad\text{或}\quad\boldsymbol{f}(t)\to\boldsymbol{r}_0,t\to t_0.$$

容易证明向量值函数 $\boldsymbol{f}(t)$ 当 $t\to t_0$ 时的极限存在的充分必要条件是：$\boldsymbol{f}(t)$ 的三个分量函数 $x(t),y(t),z(t)$ 当 $t\to t_0$ 时的极限都存在，其极限

$$\lim_{t\to t_0}\boldsymbol{f}(t)=(\lim_{t\to t_0}x(t),\lim_{t\to t_0}y(t),\lim_{t\to t_0}z(t)).\tag{8.6.1}$$

设向量值函数 $\boldsymbol{f}(t)$ 在点 t_0 的某一邻域内有定义，若

$$\lim_{t\to t_0}\boldsymbol{f}(t)=\boldsymbol{f}(t_0),$$

则称向量值函数 $\boldsymbol{f}(t)$ 在 t_0 **连续**．

定义 8.6.3　设向量值函数 $\boldsymbol{f}(t)$ 在点 t_0 的某一邻域内有定义，如果

$$\lim_{t\to t_0}\frac{\Delta\boldsymbol{r}}{\Delta t}=\lim_{t\to t_0}\frac{\boldsymbol{f}(t_0+\Delta t)-\boldsymbol{f}(t_0)}{\Delta t}$$

存在，就称此极限向量为向量值函数 $\boldsymbol{r}=\boldsymbol{f}(t)$ 在 t_0 处的**导数**或**导向量**，记作 $\boldsymbol{f}'(t_0)$ 或 $\left.\frac{\mathrm{d}\boldsymbol{r}}{\mathrm{d}t}\right|_{t=t_0}$.

若向量值函数在 D 中的每一点 t 处导向量 $\boldsymbol{f}'(t)$ 都存在，那么就称 $\boldsymbol{f}(t)$ 在 D 上**可导**.

向量值函数 $\boldsymbol{f}(t)$ 在 t_0 可导的充分必要条件是 $\boldsymbol{f}(t)$ 的三个分量函数都在 t_0 可导，当 $\boldsymbol{f}(t)$ 在 t_0 可导时

$$\boldsymbol{f}'(t_0)=(x'(t_0),y'(t_0),z'(t_0)).\tag{8.6.2}$$

向量值函数的导数运算法则与数量函数的导数运算法则形式相同，现列式如下：

设 $\boldsymbol{u},\boldsymbol{v}$ 是可导向量值函数，$\boldsymbol{C}$ 是常向量，c 是任一常数，$\varphi(t)$ 是可导函数，则

(1) $\dfrac{\mathrm{d}}{\mathrm{d}t}\boldsymbol{C}=\boldsymbol{0}$；

(2) $\dfrac{\mathrm{d}}{\mathrm{d}t}[c\boldsymbol{u}(t)]=c\boldsymbol{u}'(t)$；

(3) $\dfrac{\mathrm{d}}{\mathrm{d}t}[\boldsymbol{u}(t)\pm\boldsymbol{v}(t)]=\boldsymbol{u}'(t)\pm\boldsymbol{v}'(t)$；

(4) $\dfrac{\mathrm{d}}{\mathrm{d}t}[\varphi(t)\boldsymbol{u}(t)]=\varphi'(t)\boldsymbol{u}(t)+\varphi(t)\boldsymbol{u}'(t)$；

(5) $\dfrac{\mathrm{d}}{\mathrm{d}t}[\boldsymbol{u}(t)\cdot\boldsymbol{v}(t)]=\boldsymbol{u}'(t)\cdot\boldsymbol{v}(t)+\boldsymbol{u}(t)\cdot\boldsymbol{v}'(t)$；

(6) $\dfrac{\mathrm{d}}{\mathrm{d}t}[\boldsymbol{u}(t)\times\boldsymbol{v}(t)]=\boldsymbol{u}'(t)\times\boldsymbol{v}(t)+\boldsymbol{u}(t)\times\boldsymbol{v}'(t)$；

(7) $\dfrac{\mathrm{d}}{\mathrm{d}t}\boldsymbol{u}(\varphi(t))=\varphi'(t)\boldsymbol{u}'(\varphi(t))$.

以上法则的证明可参考数量函数导数的运算法则的证明方法，读者可作为练习自行证明．

8.6.2 空间曲线的切线与法平面

设空间曲线 Γ 的参数方程为

$$\begin{cases}x=x(t)\\y=y(t)\quad(\alpha\leqslant t\leqslant\beta),\\z=z(t)\end{cases}$$

其中 t 为参数．设三个函数都在 $[\alpha,\beta]$ 上可导，并且对每一 $t\in[\alpha,\beta]$，$x'(t)$，$y'(t)$，$z'(t)$ 不同时为 0.

空间曲线 Γ 的向量表示：$\boldsymbol{r}(t)=x(t)\boldsymbol{i}+y(t)\boldsymbol{j}+z(t)\boldsymbol{k},t\in[\alpha,\beta]$．由式(8.6.2)可知 $\boldsymbol{r}(t)$ 的导数为

$$\boldsymbol{r}'(t)=x'(t)\boldsymbol{i}+y'(t)\boldsymbol{j}+z'(t)\boldsymbol{k}.$$

几何意义：$\Delta\boldsymbol{r}=\boldsymbol{r}(t+\Delta t)-\boldsymbol{r}(t)$ 表示通过曲线 Γ 上两点 P,Q 的割线的方向向量，令 $\Delta t\to0$，即点 Q 沿曲线 Γ 无限接近点 P，极限位置就是曲线 Γ 在点 P 的切线，**切线的方向向量** $\boldsymbol{T}=\lim\limits_{\Delta t\to0}\dfrac{\Delta\boldsymbol{r}}{\Delta t}$，简称**切向量**，即 $\boldsymbol{T}=\boldsymbol{r}'(t)=(x'(t),y'(t),z'(t))$.

有了切向量 $\boldsymbol{T}$，就可写出曲线 Γ 过任一点 $P_0(x_0,y_0,z_0)$ 的切线方程：

$$\frac{x-x_0}{x'(t_0)}=\frac{y-y_0}{y'(t_0)}=\frac{z-z_0}{z'(t_0)}.$$

过点 P_0 与切线垂直的平面称为曲线 Γ 在点 P_0 处的**法平面**，其方程为

$$x'(t_0)(x-x_0)+y'(t_0)(y-y_0)+z'(t_0)(z-z_0)=0.$$

例 8.6.1 求曲线$\begin{cases}x=t\\y=t^2\\z=t^3\end{cases}$在点(1,1,1)处的切线方程与法平面方程.

解 因为$x'_t=1,y'_t=2t,z'_t=3t^2$,而点(1,1,1)对应的参数值$t=1$,所以过该点切线的方向向量为$\boldsymbol{T}=(1,2,3)$. 于是切线方程为

$$\frac{x-1}{1}=\frac{y-1}{2}=\frac{z-1}{3},$$

法平面方程为

$$(x-1)+2(y-1)+3(z-1)=0,$$

即

$$x+2y+3z=6.$$

若空间曲线以方程$\begin{cases}y=y(x)\\z=z(x)\end{cases}$的形式给出. 取$x$为参数,就可表示为参数方程形式

$$\begin{cases}x=x\\y=y(x).\\z=z(x)\end{cases}$$

若$y=y(x),z=z(x)$在$x=x_0$处可导,那么可知切线的方向向量$\boldsymbol{T}=(1,y'(x_0),z'(x_0))$.

有了切向量$\boldsymbol{T}$,就可写出曲线Γ过任一点$P_0(x_0,y_0,z_0)$的切线方程

$$\frac{x-x_0}{1}=\frac{y-y_0}{y'(x_0)}=\frac{z-z_0}{z'(x_0)},$$

在点$P_0(x_0,y_0,z_0)$处的法平面方程为

$$(x-x_0)+y'(x_0)(y-y_0)+z'(x_0)(z-z_0)=0.$$

8.6.3 曲面的切平面与法线

先讨论曲面Σ方程由$F(x,y,z)=0$给出的情形.

过曲面Σ上一点$P_0(x_0,y_0,z_0)$任意引一条在曲面上的光滑曲线Γ,假设曲线的参数方程为

$$x=x(t),y=y(t),z=z(t),\quad \alpha\leqslant t\leqslant\beta.$$

设$t=t_0$对应于点P_0,且$x'(t_0),y'(t_0),z'(t_0)$不同时为零,则Γ在点P_0的切向量为

$$\boldsymbol{T}=(x'(t_0),y'(t_0),z'(t_0)).$$

由于曲线Γ在曲面上,故有恒等式$F(x(t),y(t),z(t))\equiv0$,方程两端求$t=t_0$处的导数,得

$$F_x(x_0,y_0,z_0)x'(t_0)+F_y(x_0,y_0,z_0)y'(t_0)+F_z(x_0,y_0,z_0)z'(t_0)=0,$$

即

$$(F_x(x_0,y_0,z_0),F_y(x_0,y_0,z_0),F_z(x_0,y_0,z_0))\cdot(x'(t_0),y'(t_0),z'(t_0))=0.$$

记 $$\boldsymbol{n}=(F_x(x_0,y_0,z_0),F_y(x_0,y_0,z_0),F_z(x_0,y_0,z_0)),$$

即有 $\boldsymbol{T}\perp\boldsymbol{n}$. 由于曲线 Γ 的任意性,表明这些切线都在以 $\boldsymbol{n}$ 为法向量的平面上,这个平面称为曲面 Σ 在点 $P_0(x_0,y_0,z_0)$ 的**切平面**,向量 $\boldsymbol{n}$ 是该切平面的过点 P_0 的法向量.因此切平面方程为

$$F_x(x_0,y_0,z_0)(x-x_0)+F_y(x_0,y_0,z_0)(y-y_0)+F_z(x_0,y_0,z_0)(z-z_0)=0.$$

过 $P_0(x_0,y_0,z_0)$ 与切平面垂直的直线称为曲面 Σ 在点 P_0 的**法线**,其方程为

$$\frac{x-x_0}{F_x(x_0,y_0,z_0)}=\frac{y-y_0}{F_y(x_0,y_0,z_0)}=\frac{z-z_0}{F_z(x_0,y_0,z_0)}.$$

若曲面方程以显式 $z=f(x,y)$ 给出,且二元函数 $z=f(x,y)$ 在点 (x_0,y_0) 的偏导数存在且不同时为零.

令 $$F(x,y,z)=f(x,y)-z,$$

则切平面的法向量为 $$\boldsymbol{n}=(f_x(x_0,y_0),f_y(x_0,y_0),-1),$$

切平面方程为 $$z-z_0=f_x(x_0,y_0)(x-x_0)+f_y(x_0,y_0)(y-y_0),$$

法线方程为 $$\frac{x-x_0}{f_x(x_0,y_0)}=\frac{y-y_0}{f_y(x_0,y_0)}=\frac{z-z_0}{-1}.$$

例 8.6.2 求球面 $x^2+y^2+(z-1)^2=6$ 在点 $(1,2,2)$ 处的切平面及法线方程.

解 令 $$F(x,y,z)=x^2+y^2+(z-1)^2-6,$$

法向量 $\boldsymbol{n}=(F_x',F_y',F_z')=(2x,2y,2(z-1)),\boldsymbol{n}|_{(1,2,2)}=(2,4,2)$,

所以球面在点 $(1,2,2)$ 处的切平面方程为

$$2(x-1)+4(y-2)+2(z-2)=0,$$

即 $$x+2y+z-7=0.$$

法线方程为 $\dfrac{x-1}{2}=\dfrac{y-2}{4}=\dfrac{z-2}{2}$,即 $\dfrac{x-1}{1}=\dfrac{y-2}{2}=\dfrac{z-2}{1}$.

例 8.6.3 求旋转抛物面 $z=x^2+y^2-1$ 在点 $(2,1,4)$ 处的切平面方程与法线方程.

解 该曲面上任一点的切平面的法向量

$$\boldsymbol{n}=(z_x',z_y',-1)=(2x,2y,-1),$$

$$\boldsymbol{n}=|_{(2,1,4)}=(4,2,-1).$$

所以在点 $(2,1,4)$ 处切平面方程为

$$4(x-2)+2(y-1)-(z-4)=0,$$

即 $$4x+2y-z=6.$$

法线方程为

$$\frac{x-2}{4}=\frac{y-1}{2}=\frac{z-4}{-1}.$$

8.7　方向导数和梯度

8.7.1　方向导数

偏导数反映的是函数沿坐标轴方向的变化率，但许多物理现象告诉我们，只考虑沿坐标轴方向的变化率是不够的，例如，气象学中要根据空气的流动方向确定大气温度、气压沿着某些方向的变化率，因此，需要讨论函数沿任一指定方向的变化率问题．

定义 8.7.1　设函数 $z=f(x,y)$ 在点 $P_0(x_0,y_0)$ 的某一邻域内有定义，自点 P_0 引射线 l，设 x 轴正向到射线 l 的转角为 φ，$P(x_0+\Delta x,y_0+\Delta y)$ 为邻域内且在 l 上的另一点，如图 8-9 所示，则

$$\Delta z=f(x+\Delta x,y+\Delta y)-f(x,y),$$

若记 $|P_0P|=\rho=\sqrt{(\Delta x)^2+(\Delta y)^2}$，

则函数的增量也可以表示为

$$\Delta z=f(x+\rho\cos\varphi,y+\rho\sin\varphi)-f(x,y),$$

当 P 沿着 l 趋于 P_0 时，如果

$$\lim_{\rho\to 0^+}\frac{f(x_0+\Delta x,y_0+\Delta y)-f(x_0,y_0)}{\rho}$$

存在，则称此极限为函数 $f(x,y)$ 在点 P_0 沿方向 l 的方向导数，记作 $\left.\frac{\partial f}{\partial l}\right|_{(x_0,y_0)}$，即

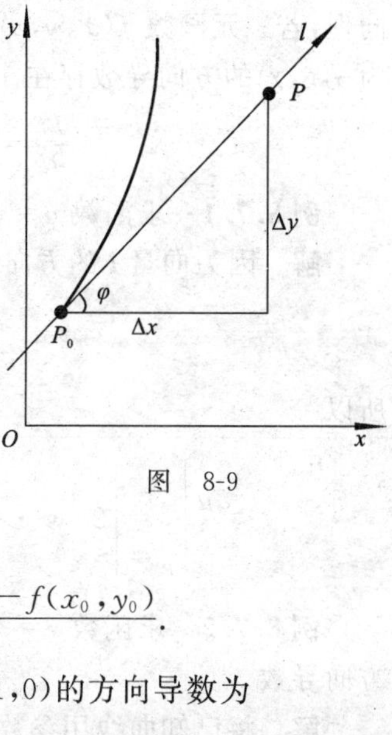

图　8-9

$$\left.\frac{\partial f}{\partial l}\right|_{(x_0,y_0)}=\lim_{\rho\to 0^+}\frac{f(x_0+\Delta x,y_0+\Delta y)-f(x_0,y_0)}{\rho},$$

或

$$\left.\frac{\partial f}{\partial l}\right|_{(x_0,y_0)}=\lim_{\rho\to 0^+}\frac{f(x_0+\rho\cos\varphi,y_0+\rho\sin\varphi)-f(x_0,y_0)}{\rho}.$$

若偏导数存在，则 $f(x,y)$ 在点 P 沿 x 轴正方向 $\boldsymbol{i}=(1,0)$ 的方向导数为

$$\left.\frac{\partial f}{\partial l}\right|_{(x_0,y_0)}=\lim_{\Delta x\to 0}\frac{f(x_0+\Delta x,y_0)-f(x_0,y_0)}{\Delta x}=f_x(x_0,y_0),$$

$f(x,y)$ 在点 P 沿 y 轴正方向 $\boldsymbol{j}=(0,1)$ 的方向导数为

$$\left.\frac{\partial f}{\partial l}\right|_{(x_0,y_0)}=\lim_{\Delta y\to 0}\frac{f(x_0,y_0+\Delta y)-f(x_0,y_0)}{\Delta y}=f_y(x_0,y_0).$$

对三元函数 $f(x,y,z)$ 沿方向 l（方向角为 α,β,γ）的方向导数，也有类似的定义：

$$\frac{\partial f}{\partial l}=\lim_{\rho\to 0^+}\frac{f(x+\Delta x,y+\Delta y,z+\Delta z)-f(x,y,z)}{\rho}$$

或

$$\frac{\partial f}{\partial l}=\lim_{\rho\to 0^+}\frac{f(x+\rho\cos\alpha,y+\rho\cos\beta,z+\rho\cos\gamma)-f(x,y,z)}{\rho},$$

其中
$$\rho=\sqrt{(\Delta x)^2+(\Delta y)^2+(\Delta z)^2},$$
$$\Delta x=\rho\cos\alpha,\Delta y=\rho\cos\beta,\Delta z=\rho\cos\gamma.$$

定理 若 $z=f(x,y)$ 在点 $P(x,y)$ 可微分,则函数在该点沿着任一方向 l 的方向导数都存在，且有
$$\frac{\partial f}{\partial l}=\frac{\partial f}{\partial x}\cdot\cos\varphi+\frac{\partial f}{\partial y}\cdot\sin\varphi,$$
其中 φ 为 x 轴正向到方向 l 转角.

证 $z=f(x,y)$ 在点 $P(x,y)$ 可微分,有
$$f(x+\Delta x,y+\Delta y)-f(x,y)=\frac{\partial f}{\partial x}\cdot\Delta x+\frac{\partial f}{\partial y}\cdot\Delta y+o(\rho),$$
$$\frac{\partial f}{\partial l}=\lim_{\rho\to 0^+}\frac{f(x+\Delta x,y+\Delta y)-f(x,y)}{\rho}=\frac{\partial f}{\partial x}\cdot\cos\varphi+\frac{\partial f}{\partial y}\cdot\sin\varphi.$$
同理,若三元函数 $f(x,y,z)$ 在点 $P(x,y,z)$ 可微,则函数在该点沿任意方向 l(方向角为 α,β,γ)的方向导数存在 ,有
$$\frac{\partial f}{\partial l}=\frac{\partial f}{\partial x}\cdot\cos\alpha+\frac{\partial f}{\partial y}\cdot\cos\beta+\frac{\partial f}{\partial z}\cdot\cos\gamma$$

例 8.7.1 求函数 $u=x^2yz$ 在点 $P(1, 1, 1)$ 沿向量 $\boldsymbol{l}=(2,-1,3)$ 的方向导数.

解 因为向量 $\boldsymbol{l}$ 的方向余弦为
$$\cos\alpha=\frac{2}{\sqrt{14}},\quad \cos\beta=\frac{-1}{\sqrt{14}},\quad \cos\gamma=\frac{3}{\sqrt{14}},$$
所以
$$\left.\frac{\partial u}{\partial l}\right|_P=\left.\left(2xyz\cdot\frac{2}{\sqrt{14}}-x^2z\cdot\frac{1}{\sqrt{14}}+x^2y\cdot\frac{3}{\sqrt{14}}\right)\right|_{(1,1,1)}=\frac{6}{\sqrt{14}}.$$

例 8.7.2 求函数 $z=3x^2y-y^2$ 在点 $P(2, 3)$ 沿曲线 $y=x^2-1$ 朝 x 增大方向的方向导数.

解 将已知曲线用参数方程表示为
$$\begin{cases}x=x\\ y=x^2-1\end{cases},$$
它在点 P 的切向量为 $(1,2x)\big|_{x=2}=(1,4)$,切向量的方向余弦为
$$\cos\alpha=\frac{1}{\sqrt{17}},\quad \cos\beta=\frac{4}{\sqrt{17}}.$$

沿该方向的方向导数为
$$\left.\frac{\partial z}{\partial l}\right|_P=\left.\left[6xy\cdot\frac{1}{\sqrt{17}}+(3x^2-2y)\cdot\frac{4}{\sqrt{17}}\right]\right|_{(2,3)}=\frac{60}{\sqrt{17}}.$$

8.7.2　梯度

函数在给定点处沿不同方向的方向导数一般来说是不一样的，那么沿什么方向的方向导数最大呢？

1. 梯度的定义

定义 8.7.2　设函数 $z=f(x,y)$在平面区域 D 内具有一阶连续偏导数，那么对于任一点 $P(x,y)\in D$，都可以定义向量$\frac{\partial f}{\partial x}\boldsymbol{i}+\frac{\partial f}{\partial y}\boldsymbol{j}$，并称此向量为函数 $z=f(x,y)$在点 $P(x,y)$的**梯度**，记作 $\mathbf{grad}\,f(x,y)$或者$\nabla f(P)$. 即

$$\mathbf{grad}\,f(x,y)=\frac{\partial f}{\partial x}\boldsymbol{i}+\frac{\partial f}{\partial y}\boldsymbol{j}.$$

对于三元函数 $u=f(x,y,z)$定义

$$\mathbf{grad}\,f(P)=\nabla f(P)=(f_x(P),f_y(P),f_z(P)).$$

其中$\nabla=\left(\frac{\partial}{\partial x},\frac{\partial}{\partial y},\frac{\partial}{\partial z}\right)$称为**向量微分算子或** Nabla **算子**.

由于 $u=f(x,y,z)$沿方向 $\boldsymbol{l}$ 的方向导数为

$$\frac{\partial f}{\partial \boldsymbol{l}}=\frac{\partial f}{\partial x}\cos\alpha+\frac{\partial f}{\partial y}\cos\beta+\frac{\partial f}{\partial z}\cos\gamma.$$

因此函数的方向导数为梯度在该方向上的投影．这表明，当 $\boldsymbol{l}$ 的方向与梯度方向相同时，相应的方向导数值最大，为梯度的模$|\nabla f(P)|$，梯度方向是在点 P 处函数值增长最快的方向；当 $\boldsymbol{l}$ 的方向与梯度方向相反时，相应的方向导数值最小，为梯度模的相反数$-|\nabla f(P)|$，负梯度方向是在点 P 处函数值下降最快的方向．

2. 梯度的几何意义

对于函数 $z=f(x,y)$，曲线$\begin{cases}z=f(x,y)\\z=c\end{cases}$在 xOy 上的投影 L^*：$f(x,y)=c$，称为函数的**等值线或等高线**．

设 f_x,f_y 不同时为零，则 L^* 上点 P 处的法向量为

$$(f_x,f_y)\big|_P=\mathbf{grad}\,f\big|_P=\nabla f\big|_P.$$

函数在一点的梯度垂直于该点等值线，指向函数增大的方向．同样，$f(x,y,z)=c$ 称为$u=f(x,y,z)$的**等值面**(**等量面**). 当其各偏导数不同时为零时，其上点 P 处的法向量为 $\mathbf{grad}\,f\big|_P=\nabla f\big|_P$.

例 8.7.3　设函数 $f(x,y,z)=x^2+y^z$，求：

(1)等值面 $f(x,y,z)=2$ 在点 $P(1,1,1)$ 处的切平面方程；

(2)函数 f 在点 P $(1,1,1)$处增加最快的方向以及 f 的方向导数．

解　(1) 点 P 处切平面的法向量为

$$\boldsymbol{n}=\nabla f(P)=(2x,zy^{z-1},y^z\ln y)|_P=(2,1,0),$$

故所求切平面方程为 $2(x-1)+(y-1)+0\cdot(z-1)=0$.

即 $$2x+y-3=0.$$

(2)函数 f 在点 P 处增加最快的方向为

$$\boldsymbol{n}=\nabla f(P)=(2,1,0),$$

沿此方向的方向导数为 $$\left.\frac{\partial f}{\partial \boldsymbol{n}}\right|_P=|\nabla f(P)|=\sqrt{5}.$$

3. 梯度的基本运算公式

(1)$\mathbf{grad}c=0$ 或 $\nabla c=0$(c 为常数);

(2)$\mathbf{grad}(cu)=c\mathbf{grad}u$ 或 $\nabla(cu)=c\nabla u$;

(3)$\mathbf{grad}(u\pm v)=\mathbf{grad}u\pm\mathbf{grad}v$ 或 $\nabla(u\pm v)=\nabla u\pm\nabla v$;

(4)$\mathbf{grad}(uv)=u\mathbf{grad}v+v\mathbf{grad}u$ 或 $\nabla(uv)=u\nabla v+v\nabla u$;

(5)$\mathbf{grad}\left(\dfrac{u}{v}\right)=\dfrac{v\mathbf{grad}u-u\mathbf{grad}v}{v^2}$ 或 $\nabla\left(\dfrac{u}{v}\right)=\dfrac{v\nabla u-u\nabla v}{v^2}$;

(6)$\mathbf{grad}f(u)=f'(u)\mathbf{grad}u$ 或 $\nabla f(u)=f'(u)\nabla u$.

8.8 多元函数的极值

8.8.1 二元函数的极值和最值

在实际问题中,往往会遇到多元函数的最大值和最小值问题.与一元函数相类似,多元函数的最大值、最小值与极大值、极小值有着密切的联系,下面以二元函数为例,讨论多元函数的极值问题.

定义 设函数 $z=f(x,y)$ 在点 (x_0,y_0) 的某个邻域内有定义,对于该邻域内异于 (x_0,y_0) 的点,如果都符合不等式

$$f(x,y)<f(x_0,y_0),$$

则称函数在点 (x_0,y_0) 有**极大值 (x_0,y_0)**.如果都符合不等式

$$f(x,y)>f(x_0,y_0),$$

则称函数在点 (x_0,y_0) 有**极小值** $f(x_0,y_0)$.极大值、极小值统称为**极值**.使函数取得极值的点称为**极值点**.

例 8.8.1 函数 $z=x^2+y^2$ 在点(0,0)处取得极小值.因为对于点(0,0)的任一邻域内异于(0,0)的点,函数值都大于0,而在点(0,0)的函数值为零.点(0,0,0)是开口朝上的旋转抛物面 $z=x^2+y^2$ 的顶点.

例 8.8.2 函数 $z=-\sqrt{x^2+y^2}$ 在点(0,0)处有极大值.因为在点(0,0)处函数值

为零，而对于点(0,0)的任一邻域内异于(0,0)的点，函数值都小于0，点(0,0,0)是位于 xOy 平面下方的锥面 $z=-\sqrt{x^2+y^2}$ 的顶点.

例 8.8.3　函数 $z=xy$ 在点(0,0)处既不取得极大值也不取得极小值.因为在点(0,0)处的函数值为零，而在点(0,0)的任一邻域内，总有使函数值大于0的点，也有使函数值小于0的点.

以上关于二元函数的极值概念可推广到 n 元函数.设 n 元函数 $u=f(P)$ 在点 P_0 的某一邻域内有定义，如果对于该邻域内异于 P_0 的任何点都符合不等式

$$f(P)<f(P_0)\quad (f(P)>f(P_0)),$$

则称函数 $f(P)$ 在点 P_0 有**极大值**(或**极小值**)$f(P_0)$.

二元函数的极值问题一般可以利用偏导数来解决.下面两个定理提供了这个问题的解决办法.

定理 8.8.1(必要条件)　设函数 $z=f(x,y)$ 在点 (x_0,y_0) 具有偏导数，且在点 (x_0,y_0) 处有极值，则它在该点的偏导数必然为零，即有

$$f_x(x_0,y_0)=0,\qquad f_y(x_0,y_0)=0.$$

证　不妨设 $z=f(x,y)$ 在点 (x_0,y_0) 处有极大值.依极大值的定义，在点 (x_0,y_0) 的某邻域内异于 (x_0,y_0) 的点都符合不等式

$$f(x,y)<f(x_0,y_0).$$

特殊地，在该邻域内取 $y=y_0$，而 $x\neq x_0$ 的点也应符合不等式

$$f(x,y_0)<f(x_0,y_0).$$

这表明一元函数 $f(x,y_0)$ 在 $x=x_0$ 处取得极大值，若在该点导数存在，则必有

$$f_x(x_0,y_0)=0.$$

类似地可证

$$f_y(x_0,y_0)=0.$$

如果三元函数 $u=f(x,y,z)$ 在点 (x_0,y_0,z_0) 具有偏导数，则它在点 (x_0,y_0,z_0) 具有极值的必要条件为

$$f_x(x_0,y_0,z_0)=0,\quad f_y(x_0,y_0,z_0)=0,\quad f_z(x_0,y_0,z_0)=0.$$

与一元函数类似，凡是能使 $f_x(x,y)=0,f_y(x,y)=0$ 同时成立的点 (x_0,y_0) 称为函数 $z=f(x,y)$ 的**驻点**.从定理8.8.1可知，具有偏导数的函数的极值点必定是驻点.但是函数的驻点不一定是极值点，例如，点(0,0)是函数 $z=xy$ 的驻点，但函数在该点并无极值.

怎样判定一个驻点是否是极值点呢?

定理 8.8.2(充分条件)　设函数 $z=f(x,y)$ 在点 (x_0,y_0) 的某邻域内连续且有一阶及二阶连续偏导数，又 $f_x(x_0,y_0)=0,f_y(x_0,y_0)=0$，令

$$f_{xx}(x_0,y_0)=A,\quad f_{xy}(x_0,y_0)=B,\quad f_{yy}(x_0,y_0)=C,$$

则 $f(x,y)$在(x_0,y_0)处是否取得极值的条件如下:

(1)$AC-B^2>0$ 时具有极值,且当 $A<0$ 时,函数在点(x_0,y_0)取得极大值,当 $A>0$ 时取得极小值;

(2)$AC-B^2<0$ 时,取不到极值;

(3)$AC-B^2=0$ 时,可能取到极值,也可能取不到极值,还需另作讨论.

利用定理 8.8.1 和定理 8.8.2,把具有二阶连续偏导数的函数 $z=f(x,y)$的极值的求法叙述如下:

第一步　解方程组

$$\begin{cases} f_x(x,y)=0 \\ f_y(x,y)=0 \end{cases},$$

求得一切实数解,即得到全部驻点.

第二步　对于每一个驻点(x_0,y_0),求出二阶偏导数的值 A,B 和 C.

第三步　定出 $AC-B^2$ 的符号,按定理 8.8.2 的结论判定(x_0,y_0)是不是极值点、是极大值点还是极小值点,若是极值点,将点的坐标代入函数中,求出函数的极值.

例 8.8.4　求函数 $f(x,y)=-x^4-y^4+4xy-1$ 的极值.

解　先解方程组

$$\begin{cases} f_x(x,y)=-4x^3+4y=0 \\ f_y(x,y)=-4y^3+4x=0 \end{cases},$$

求得驻点为$(0,0)$,$(1,1)$,$(-1,-1)$.

再求出函数的二阶偏导数

$$f_{xx}(x,y)=-12x^2,\quad f_{xy}(x,y)=4,\quad f_{yy}(x,y)=-12y^2.$$

在点$(0,0)$处,$AC-B^2=-16<0$,所以函数在$(0,0)$处没有极值;

在点$(1,1)$处,$AC-B^2=128>0$,$A=-12<0$,所以函数在$(1,1)$处取得极大值,$f(1,1)=1$;

在点$(-1,-1)$处,$AC-B^2=128>0$,$A=-12<0$,所以函数在$(-1,-1)$处也取得极大值 $f(-1,-1)=1$.

例 8.8.5　求函数 $f(x,y)=2y^2-x(x-1)^2$ 的极值.

解　先解方程组

$$\begin{cases} f_x(x,y)=-(x-1)(3x-1)=0 \\ f_y(x,y)=4y=0 \end{cases},$$

求得驻点为$(1,0)$,$\left(\dfrac{1}{3},0\right)$.

再求出函数的二阶偏导数

$$f_{xx}(x,y)=-6x+4,\quad f_{xy}(x,y)=0,\quad f_{yy}(x,y)=4.$$

在点(1,0)处，$AC-B^2=-8<0$，所以(1,0)不是函数的极值点；

在点$\left(\frac{1}{3},0\right)$处，$AC-B^2=8>0$，$A=2>0$，所以$\left(\frac{1}{3},0\right)$是函数的极小值点，函数的极小值为 $f\left(\frac{1}{3},0\right)=-\frac{4}{27}$.

例 8.8.6　求由方程 $x^2+y^2+z^2-2x=0$ 确定的函数 $z=f(x,y)$ 的极值.

解　将方程两边分别对 x,y 求偏导，得

$$\begin{cases}2x+2z\cdot z'_x-2=0\\2y+2z\cdot z'_y=0\end{cases}.$$

令$\begin{cases}z'_x=0\\z'_y=0\end{cases}$，解得唯一驻点(1,0).

将上面的方程组再分别对 x,y 求偏导数，得

$$\begin{cases}2+2(z'_x)^2+2z\cdot z''_{xx}=0\\2+2(z'_y)^2+2z\cdot z''_{yy}=0\\2z'_x\cdot z'_y+2z\cdot z''_{xy}=0\end{cases}.$$

令 $z'_x=0$，$z'_y=0$，由上方程组解得，当 $z\neq 0$ 时，

$$A=z''_{xx}|_{(1,0)}=-\frac{1}{z},\quad B=z''_{xy}|_{(1,0)}=0,\quad C=z''_{yy}|_{(1,0)}=-\frac{1}{z},$$

故 $AC-B^2=\frac{1}{z^2}>0(z\neq 0)$，因此函数在(1.0)点有极值.

将点(1.0)带入原方程得 $z=\pm 1$.

当 $z_1=1$ 时，$A=-1<0$，$z=f(1,0)=1$ 为极大值；

当 $z_2=-1$ 时，$A=1>0$，$z=f(1,0)=-1$ 为极小值，

此题也可用配方法求解，请同学们自行练习.

讨论函数的极值问题时，如果函数在所讨论的区域内的任意点处都具有偏导数，则由定理 8.8.1 可知，极值只可能在驻点处取得. 然而，如果函数在个别点处的偏导数不存在，这些点也可能是极值点. 在例 8.8.2 中，函数 $z=-\sqrt{x^2+y^2}$ 在点(0,0)处的偏导数不存在，但该函数在点(0,0)处却具有极大值. 因此，在考虑函数的极值问题时，除了函数的驻点外，对偏导数不存在的点也应当考虑.

我们可以利用函数的极值来求函数的最大值和最小值. 在第 1 节中已经指出，如果 $f(x,y)$ 在有界闭区域 D 上连续，则 $f(x,y)$ 在 D 上必定能取得最大值和最小值. 这种使函数取得最大值或最小值的点既可能在 D 的内部，也可能在 D 的边界上. 我们假定，函数在 D 上连续，在 D 内可微分且只有有限个驻点，这时如果函数在 D 的内部取得最大值(最小值)，那么这个最大值(最小值)也是函数的极大值(极小值). 因此，在上述假定下，求函数的最大值和最小值的一般方法是：将函数 $f(x,y)$ 在 D 内的所有驻

点处的函数值及在 D 的边界上的最大值和最小值相互比较,其中最大的就是最大值,最小的就是最小值.

例 8.8.7 求函数 $f(x,y)=x^2y(4-x-y)$ 在由直线 $x+y=6$,x 轴和 y 轴所围成的闭区域 D 上的最大值和最小值.

解 先解方程组 $\begin{cases} f_x(x,y)=2xy(4-x-y)-x^2y=0 \\ f_y(x,y)=x^2(4-x-y)-x^2y=0 \end{cases}$,

得到闭区域 D 内驻点 $(2,1)$,且 $f(2,1)=4$.

再求 $f(x,y)$ 在边界上的最值.

在边界 $x=0$ 和 $y=0$ 上,$f(x,y)=0$;

在边界 $x+y=6$ 上,

$$f(x,y)=x^2(6-x)(-2)=2x^3-12x^2 \quad (0<x<6).$$

令 $f_x(x,y)=6x^2-24x=0$,解得 $x=4,y=2,f(4,2)=-64$.

比较上述函数值可知,$f(x,y)$ 在 D 上的最大值为 $f(2,1)=4$,最小值为 $f(4,2)=-64$.

在通常遇到的实际问题中,如果根据问题的性质,知道函数 $f(x,y)$ 的极大值(极小值)一定在 D 的内部取得,而函数在 D 内只有一个驻点,那么可以肯定该驻点的函数值就是函数 $f(x,y)$ 在 D 上的最大值(最小值).

例 8.8.8 某公司在生产中使用甲、乙两种原料,已知甲和乙两种原料分别使用 x 单位和 y 单位可生产 Q 单位的产品,且

$$Q=Q(x,y)=10xy+20.2x+30.3y-10x^2-5y^2.$$

已知甲原料单价为 20 元/单位,乙原料单价为 30 元/单位,产品每单位售价为 100 元,产品固定成本为 1000 元,求该公司的最大利润.

解 用 L 表示该公司的利润,则

$$\begin{aligned} L&=L(x,y)=100Q(x,y)-(20x+30y+1000) \\ &=1000xy+2000x+3000y-1000x^2-500y^2-1000 \quad (x>0,y>0). \end{aligned}$$

令
$$\begin{cases} L_x=1000y+2000-2000x=0 \\ L_y=1000x+3000-1000y=0 \end{cases},$$

解此方程组,得唯一驻点 $(5,8)$. 由于

$$A=L_{xx}(5,8)=-2000, \quad B=L_{xy}(5,8)=1000, \quad C=L_{yy}(5,8)=-1000,$$

$$AC-B^2=1\,000\,000>0, \quad A=-2000<0,$$

因此 $L(x,y)$ 在 $(5,8)$ 处取得极大值 $L(5,8)=16\,000$,从而是最大值,即该公司的最大利润为 16 000 元.

8.8.2 条件极值

上面所讨论的极值问题,对于函数的自变量,除了限制在函数的定义域内以外,并

无其他条件，所以有时候称为**无条件极值**. 但在实际问题中，有时会遇到对函数的自变量还有附加条件的极值问题. 例如，表面积为 a^2 而体积为最大的长方体的体积问题. 设长方体的三棱的长为 x,y,z，则体积 $V=xyz$. 又因假定表面积为 a^2，所以自变量 x,y,z 还必须满足附加条件 $2(xy+yz+xz)=a^2$. 像这种对自变量有附加条件的极值称为**条件极值**. 对于有些实际问题，可以把条件极值化为无条件极值来解决问题. 例如，上述问题可由条件 $2(xy+yz+xz)=a^2$，将 z 表成 x,y 的函数 $z=\dfrac{a^2-2xy}{2(x+y)}$. 再把它代入 $V=xyz$ 中，于是问题就化为求 $V=\dfrac{xy}{2}\left(\dfrac{a^2-2xy}{x+y}\right)$的无条件极值.

但在很多情形下，将条件极值化为无条件极值并不这么简单. 我们另有一种直接寻求条件极值的方法，可以不必先把问题化到无条件极值的问题，这就是下面要介绍的拉格朗日乘数法.

现在我们来寻求函数 $z=f(x,y)$ 在条件 $\varphi(x,y)=0$ 下取得极值的必要条件.

如果函数 $z=f(x,y)$ 在 (x_0,y_0) 取得所求的极值，那么首先有 $\varphi(x_0,y_0)=0$.

假定在 (x_0,y_0) 的某一邻域内 $f(x,y)$ 与 $\varphi(x,y)$ 均有连续的一阶偏导数，而 $\varphi_y(x_0,y_0)\neq0$. 由隐函数存在定理可知，方程 $\varphi(x,y)=0$ 确定一个连续且具有连续导数的函数 $y=\psi(x)$，将其代入 $z=f(x,y)$ 中，结果得到一个变量为 x 的函数 $z=f(x,\psi(x))$，于是函数 $z=f(x,y)$ 在 (x_0,y_0) 取得所求的极值，也就是相当于函数 $z=f(x,\psi(x))$ 在 $x=x_0$ 取得极值. 由一元可导函数取得极值的必要条件知道，

$$\left.\frac{\mathrm{d}z}{\mathrm{d}x}\right|_{x=x_0}=f_x(x_0,y_0)+f_y(x_0,y_0)\left.\frac{\mathrm{d}y}{\mathrm{d}x}\right|_{x=x_0}=0, \tag{8.8.1}$$

而由 $\varphi(x,y)=0$，用隐函数求导公式，有

$$\left.\frac{\mathrm{d}y}{\mathrm{d}x}\right|_{x=x_0}=-\frac{\varphi_x(x_0,y_0)}{\varphi_y(x_0,y_0)}. \tag{8.8.2}$$

把式(8.8.2)代入式(8.8.1)，得

$$f_x(x_0,y_0)-f_y(x_0,y_0)\frac{\varphi_x(x_0,y_0)}{\varphi_y(x_0,y_0)}=0. \tag{8.8.3}$$

设 $\dfrac{f_y(x_0,y_0)}{\varphi_y(x_0,y_0)}=-\lambda$，式(8.8.3)结合约束条件就变为方程组

$$\begin{cases}f_x(x_0,y_0)+\lambda\varphi_x(x_0,y_0)=0\\ f_y(x_0,y_0)+\lambda\varphi_y(x_0,y_0)=0.\\ \varphi(x_0,y_0)=0\end{cases} \tag{8.8.4}$$

容易看出，式(8.8.4)中的前两式的左端正是函数

$$L(x,y)=f(x,y)+\lambda\varphi(x,y) \tag{8.8.5}$$

的两个一阶偏导数在 (x_0,y_0) 的值，其中 λ 是一个待定常数. 称该函数为**拉格朗日函数**，参数 λ 称为**拉格朗日乘子**.

由以上讨论,得到以下的方法.

拉格朗日乘数法 求函数 $z=f(x,y)$ 在附加条件 $\varphi(x,y)=0$ 下的可能极值点,可以先构造拉格朗日函数

$$L(x,y)=f(x,y)+\lambda\varphi(x,y),$$

其中 λ 为某一常数,求函数对 x 与 y 的一阶偏导数,并使之为零,然后与方程 $\varphi(x,y)=0$ 联立起来有

$$\begin{cases}f_x(x,y)+\lambda\varphi_x(x,y)=0\\ f_y(x,y)+\lambda\varphi_y(x,y)=0.\\ \varphi(x,y)=0\end{cases}\tag{8.8.6}$$

由方程组(8.8.6)解出 x,y 及 λ,则 x,y 就是函数 $f(x,y)$ 在附加条件 $\varphi(x,y)=0$ 下的可能极值点.

此方法还可以推广到自变量多于两个,约束条件多于一个的情形.例如,要求函数

$$u=f(x,y,z,t)$$

在附加条件

$$\varphi(x,y,z,t)=0,\quad \psi(x,y,z,t)=0\tag{8.8.7}$$

下的极值,可以先构造辅助函数

$$L(x,y,z,t)=f(x,y,z,t)+\lambda_1\varphi(x,y,z,t)+\lambda_2\psi(x,y,z,t),$$

其中 λ_1,λ_2 均为常数,求其对各个自变量的一阶偏导数,并令之为零,然后与式(8.8.7)中的两个方程联立起来求解,这样得出的 (x,y,z,t) 就是函数 $f(x,y,z,t)$ 在附加条件(8.8.7)下的可能极值点的坐标.

至于如何确定所求得的点是否为极值点,在实际问题中往往可根据问题本身的性质来判定.

例 8.8.9 求表面积为 a^2 而体积为最大的长方体的体积.

解 设长方体的三棱长为 x,y,z,则问题就是在约束条件

$$2xy+2yz+2xz=a^2$$

下,求函数

$$V(x,y,z)=xyz\quad(x>0,y>0,z>0)$$

的最大值.

记 $\varphi(x,y,z)=2xy+2yz+2xz-a^2$,构造辅助函数

$$\begin{aligned}F(x,y,z)&=V(x,y,z)+\lambda\varphi(x,y,z)\\&=xyz+\lambda(2xy+2yz+2xz-a^2),\end{aligned}$$

求其对 x,y,z,λ 的偏导数,并使之为零,得到方程组

$$\begin{cases} yz+2\lambda(y+z)=0 \\ xz+2\lambda(x+z)=0 \\ xy+2\lambda(y+x)=0 \\ 2xy+2yz+2xz-a^2=0 \end{cases}.$$

因 x,y,z 都不等于零，所以解方程组可得

$$x=y=z=\frac{\sqrt{6}}{6}a,$$

这是唯一可能的极值点. 因为由问题本身可知最大值一定存在，所以最大值就在这个可能的极值点处取得. 也就是说，表面积为 a^2 的长方体中，以棱长为$\frac{\sqrt{6}}{6}a$ 的正方体的体积为最大，最大体积 $V=\frac{\sqrt{6}}{36}a^3$.

例 8.8.10　设某工厂生产某产品的数量 S 与所用的两种原料 A,B 的数量 x,y 间有关系式 $S(x,y)=0.005x^2y$. 现用 150 万元购置原料，已知 A,B 原料每吨单价分别为 1 万元和 2 万元，问怎样购进两种原料，才能使生产的数量最多.

解　依题意，可归结为求函数 $S(x,y)=0.005x^2y$ 在约束条件 $x+2y=150$ 下的最大值，故可用拉格朗日乘数法求解.

作拉格朗日函数

$$L(x,y,\lambda)=0.005x^2y+\lambda(x+2y-150)\quad(x>0,y>0),$$

求该函数对各个变量的一阶偏导数，并令其等于零，得下面的方程组：

$$\begin{cases} L_x=0.01xy+\lambda=0 \\ L_y=0.005x^2+2\lambda=0. \\ L_\lambda=x+2y-150=0 \end{cases}$$

解此方程组得 $\lambda=-25,x=100,y=25$. 即(100,25)是目标函数 $S(x,y)=0.005x^2y$ 在定义域 $D=\{(x,y)\mid x>0,y>0\}$ 内的唯一可能极值点，而由该问题本身可知产量的最大值是存在的，因此，驻点(100,25)是函数 $S(x,y)$ 的最大值点，最大值为 $S(100,25)=0.005\times100^2\times25=1250$(t)，即购进 A 原料 100(t)、B 原料 25(t)时，可使生产量达到最大值 1250(t).

*8.9　二元函数的泰勒公式

8.9.1　二元函数的泰勒公式

一元函数 $y=f(x)$ 在含有 x_0 的某个开区间 (a,b) 内具有直到 $n+1$ 阶导数，则当 x 在 (a,b) 内时，有下面的 n 阶泰勒公式：

$$f(x)=f(x_0)+f'(x_0)(x-x_0)+\frac{f''(x_0)}{2!}(x-x_0)^2+\cdots+$$

$$\frac{f^{(n)}(x_0)}{n!}(x-x_0)^n+\frac{f^{(n+1)}[x_0+\theta(x-x_0)]}{(n+1)!}(x-x_0)^{n+1}\quad(0<\theta<1),$$

即可以用 n 次多项式来近似表示函数 $f(x)$,且误差是 $x\to x_0$ 时比 $(x-x_0)^n$ 高阶的无穷小.对于多元函数,也有必要考虑用多个变量的多项式来近似表达一个给定的多元函数,并能具体地估算出误差的大小.

设 $z=f(x,y)$ 在点 (x_0,y_0) 的某一邻域内连续且有直到 $n+1$ 阶的连续偏导数,(x_0+h,y_0+k) 为此邻域内的任一点,如何将函数 $f(x_0+h,y_0+k)$ 近似地表达成关于 $h=x-x_0,k=y-y_0$ 的 n 次多项式,由此而产生的误差该如何确定?为此将一元函数的泰勒中值定理推广到多元函数的情形.

记号(设下面涉及的偏导数连续)

$\left(h\frac{\partial}{\partial x}+k\frac{\partial}{\partial y}\right)f(x_0,y_0)$ 表示 $hf_x(x_0,y_0)+kf_y(x_0,y_0)$,

$\left(h\frac{\partial}{\partial x}+k\frac{\partial}{\partial y}\right)^2 f(x_0,y_0)$ 表示 $h^2f_{xx}(x_0,y_0)+2hkf_{xy}(x_0,y_0)+k^2f_{yy}(x_0,y_0)$.

一般地,$\left(h\frac{\partial}{\partial x}+k\frac{\partial}{\partial y}\right)^m f(x_0,y_0)$ 表示 $\sum\limits_{p=0}^{m}C_m^p h^p k^{m-p}\left.\frac{\partial^m f}{\partial x^p\partial y^{m-p}}\right|_{(x_0,y_0)}$.

定理 8.9.1 设 $z=f(x,y)$ 在点 (x_0,y_0) 的某一邻域内连续且有直到 $n+1$ 阶的连续偏导数,(x_0+h,y_0+k) 为此邻域内的任一点,则有

$$\begin{aligned}f(x_0+h,y_0+k)=&f(x_0,y_0)+\left(h\frac{\partial}{\partial x}+k\frac{\partial}{\partial y}\right)f(x_0,y_0)+\\&\frac{1}{2!}\left(h\frac{\partial}{\partial x}+k\frac{\partial}{\partial y}\right)^2 f(x_0,y_0)+\cdots+\\&\frac{1}{n!}\left(h\frac{\partial}{\partial x}+k\frac{\partial}{\partial y}\right)^n f(x_0,y_0)+R_n,\end{aligned}\tag{8.9.1}$$

其中

$$R_n=\frac{1}{(n+1)!}\left(h\frac{\partial}{\partial x}+k\frac{\partial}{\partial y}\right)^{n+1}f(x_0+\theta h,y_0+\theta k)\quad(0<\theta<1).\tag{8.9.2}$$

式(8.9.1)称为 f 在点 (x_0,y_0) 的 **n 阶泰勒公式**,式(8.9.2)称为**拉格朗日型余项**.

证 令

$$\Phi(t)=f(x_0+ht,y_0+kt)\quad(0\leqslant t\leqslant 1),$$

$$\Phi(0)=f(x_0,y_0),\quad \Phi(1)=f(x_0+h,y_0+k).$$

利用多元复合函数求导法则可得:

$$\Phi'(t)=hf_x(x_0+ht,y_0+kt)+kf_y(x_0+ht,y_0+kt),$$

由此可得
$$\Phi(0)=\left(h\frac{\partial}{\partial x}+k\frac{\partial}{\partial y}\right)f(x_0,y_0),$$
$$\Phi''(t)=h^2f_{xx}(x_0+ht,y_0+kt)+2hkf_{xy}(x_0+ht,y_0+kt)+k^2f_{yy}(x_0+ht,y_0+kt),$$
因此有
$$\Phi''(0)=\left(h\frac{\partial}{\partial x}+k\frac{\partial}{\partial y}\right)^2f(x_0,y_0).$$
一般地，
$$\Phi^{(m)}(t)=\sum_{p=0}^{m}C_m^p h^p k^{m-p}\left.\frac{\partial^m f}{\partial x^p\partial y^{m-p}}\right|_{(x_0+ht,y_0+kt)},$$
于是
$$\Phi^{(m)}(0)=\left(h\frac{\partial}{\partial x}+k\frac{\partial}{\partial y}\right)^m f(x_0,y_0),$$
由 $\Phi(t)$ 的麦克劳林公式，得
$$\Phi(1)=\Phi(0)+\Phi'(0)+\frac{1}{2!}\Phi''(0)+\cdots+\frac{1}{n!}\Phi^{(n)}(0)+\frac{1}{(n+1)!}\Phi^{(n+1)}(\theta)\quad(0<\theta<1).$$
将前述导数公式代入即得二元函数泰勒公式．

(1)余项估计式．因 f 的各 $n+1$ 阶偏导数连续，在某闭邻域其绝对值必有上界 M.

令 $\rho=\sqrt{h^2+k^2}$，则有 $|R_n|\leqslant\frac{M}{(n+1)!}(|h|+|k|)^{n+1}\begin{pmatrix}h=\rho\cos\alpha\\k=\rho\sin\alpha\end{pmatrix}$
$$=\frac{M}{(n+1)!}\rho^{n+1}(|\cos\alpha|+|\sin\alpha|)^{n+1}.$$
又
$$\max_{[0,1]}(x+\sqrt{1-x^2})=\sqrt{2}$$
$$\leqslant\frac{M}{(n+1)!}(\sqrt{2})^{n+1}\rho^{n+1}=o(\rho^n).$$

(2)当 $n=0$ 时，得二元函数的拉格朗日中值公式
$$f(x_0+h,y_0+k)-f(x_0,y_0)=hf_x(x_0+\theta h,y_0+\theta k)+kf_y(x_0+\theta h,y_0+\theta k)\quad(0<\theta<1).$$

(3)若函数 $z=f(x,y)$ 在区域 D 上的两个一阶偏导数恒为零，由中值公式可知在该区域上 $f(x,y)\equiv$常数.

例　求函数 $f(x,y)=\ln(1+x+y)$ 在点 $(0,0)$ 的三阶泰勒公式．

解　因为
$$f_x(x,y)=f_y(x,y)=\frac{1}{1+x+y},$$
$$f_{xx}(x,y)=f_{xy}(x,y)=f_{yy}(x,y)=\frac{-1}{(1+x+y)^2},$$

$$\frac{\partial^3 f}{\partial x^p \partial y^{3-p}}=\frac{2!}{(1+x+y)^3} \quad (p=0,1,2,3),$$

$$\frac{\partial^4 f}{\partial x^p \partial y^{4-p}}=\frac{-3!}{(1+x+y)^4} \quad (p=0,1,2,3,4),$$

所以

$$\left(h\frac{\partial}{\partial x}+k\frac{\partial}{\partial y}\right)f(0,0)=hf_x(0,0)+kf_y(0,0)=h+k,$$

$$\left(h\frac{\partial}{\partial x}+k\frac{\partial}{\partial y}\right)^2 f(0,0)=h^2 f_{xx}(0,0)+2hkf_{xy}(0,0)+k^2 f_{yy}(0,0)=-(h+k)^2,$$

$$\left(h\frac{\partial}{\partial x}+k\frac{\partial}{\partial y}\right)^3 f(0,0)=\sum_{p=0}^{3}C_3^p h^p k^{3-p}\left.\frac{\partial^3 f}{\partial x^p \partial y^{3-p}}\right|_{(0,0)}=2(h+k)^3.$$

又 $f(0,0)=0$，将 $h=x,k=y$ 代入三阶泰勒公式得

$$\ln(1+x+y)=x+y-\frac{1}{2}(x+y)^2+\frac{1}{3}(x+y)^3+R_3,$$

其中

$$R_3=\left(h\frac{\partial}{\partial x}+k\frac{\partial}{\partial y}\right)^4 f(\theta h,\theta k)\Bigg|_{\substack{h=x\\k=y}}=-\frac{1}{4}\cdot\frac{(x+y)^4}{(1+\theta x+\theta y)^4} \quad (0<\theta<1).$$

8.9.2 极值充分条件的证明

定理 8.9.2(充分条件) 若函数 $z=f(x,y)$ 在点 (x_0,y_0) 的某邻域内连续且具有一阶和二阶连续偏导数，又 $f_x(x_0,y_0)=0,f_y(x_0,y_0)=0$，令

$A=f_{xx}(x_0,y_0)$, $B=f_{xy}(x_0,y_0)$, $C=f_{yy}(x_0,y_0)$，则

(1)当 $AC-B^2>0$ 时，具有极值，$A<0$ 时取极大值；$A>0$ 时取极小值.

(2)当 $AC-B^2<0$ 时，没有极值.

(3)当 $AC-B^2=0$ 时，不能确定，需另行讨论.

证 由二元函数的泰勒公式，并注意 $f_x(x_0,y_0)=0,f_y(x_0,y_0)=0$，则有

$$\begin{aligned}\Delta z&=f(x_0+h,y_0+k)-f(x_0,y_0)\\&=\frac{1}{2}[f_{xx}(x_0+\theta h,y_0+\theta k)h^2+2f_{xy}(x_0+\theta h,y_0+\theta k)hk+\\&\quad f_{yy}(x_0+\theta h,y_0+\theta k)k^2] \quad (0<\theta<1).\end{aligned}$$

由于 $f(x,y)$ 的二阶偏导数在点 (x_0,y_0) 连续，所以

$$f_{xx}(x_0+\theta h,y_0+\theta k)=A+\alpha \quad (h\to 0,k\to 0,\alpha\to 0),$$

$$f_{xy}(x_0+\theta h,y_0+\theta k)=B+\beta \quad (\beta\to 0),$$

$$f_{yy}(x_0+\theta h,y_0+\theta k)=C+\gamma \quad (\gamma\to 0),$$

其中 α,β,γ 是当 $h\to 0,k\to 0$ 时的无穷小量，于是

$$\Delta z=\frac{1}{2}(Ah^2+2Bhk+Ck^2)+\frac{1}{2}(\alpha h^2+2\beta hk+\gamma k^2)$$

$$=\frac{1}{2}Q(h,k)+o(\rho^2)\quad(\rho=\sqrt{h^2+k^2}).$$

当 $|h|,|k|$ 很小时，Δz 的正负号可以由 $Q(h,k)$ 确定.

(1)当 $AC-B^2>0$ 时，必有 $A\neq 0$，且 A 与 C 同号，

$$Q(h,k)=\frac{1}{A}[(A^2h^2+2ABhk+B^2k^2)+(AC-B^2)k^2]$$

$$=\frac{1}{A}[(Ah+Bk)^2+(AC-B^2)k^2].$$

可见，当 $A>0$ 时，$Q(h,k)>0$，从而 $\Delta z>0$，因此 $f(x,y)$ 在点 (x_0,y_0) 有极小值；当 $A<0$ 时，$Q(h,k)<0$，从而 $\Delta z<0$，因此 $f(x,y)$ 在点 (x_0,y_0) 有极大值.

(2)当 $AC-B^2<0$，若 A,C 不全为零，无妨设 $A\neq 0$，则 $Q(h,k)=\frac{1}{A}[(Ah+Bk)^2+(AC-B^2)k^2]$，当 (x,y) 沿直线 $A(x-x_0)+B(y-y_0)=0$ 接近 (x_0,y_0) 时，有 $Ah+Bk=0$，故 $Q(h,k)$ 与 A 异号；当 (x,y) 沿直线 $y-y_0=0$ 接近 (x_0,y_0) 时，有 $Ah+Bk=0$，故 $Q(h,k)$ 与 A 同号，可见 Δz 在 (x_0,y_0) 邻近有正有负，因此 $f(x,y)$ 在点 (x_0,y_0) 无极值.

若 $A=C=0$，则必有 $B\neq 0$，不妨设 $B>0$，此时

$$Q(h,k)=Ah^2+2Bhk+Ck^2=2Bhk.$$

对点 (x_0+h,y_0+k)，当 h,k 同号时，$Q(h,k)>0$，从而 $\Delta z>0$；当 h,k 异号时，$Q(h,k)<0$，从而 $\Delta z<0$，可见 Δz 在 (x_0,y_0) 邻近有正有负，因此 $f(x,y)$ 在点 (x_0,y_0) 无极值.

(3)当 $AC-B^2=0$ 时，若 $A\neq 0$，则 $Q(h,k)=\frac{1}{A}(Ah+Bk)^2$；若 $A=0$，则 $B=0$，$Q(h,k)=Ck^2$ 可能为零也可能不为零．此时

$$\Delta z=\frac{1}{2}Q(h,k)+o(\rho^2).$$

当 $Q(h,k)=0$ 时，Δz 的正负号由 $o(\rho^2)$ 确定，因此不能断定 (x_0,y_0) 是否为极值点．

本章小结

一、本章主要知识点

(1)多元函数的极限与连续；

(2)偏导数与全微分；

(3)多元复合函数与隐函数的导数；

(4)多元函数微分学的几何应用；

(5)方向导数与梯度；

(6)二元函数的极值的概念、极值存在的必要条件与充分条件及求多元函数条件极值的拉格朗日乘数法.

二、本章教学重点

(1)二元函数的极限与连续；

(2)偏导数与全微分；

(3)多元复合函数与隐函数的导数；

(4)曲线的切线与法平面及曲面的切平面与法线；

(5)二元函数的极值.

三、本章教学难点

(1)二元函数的极限与连续；

(2)多元复合函数与隐函数的导数；

(3)二元函数的极值.

四、本章知识体系图

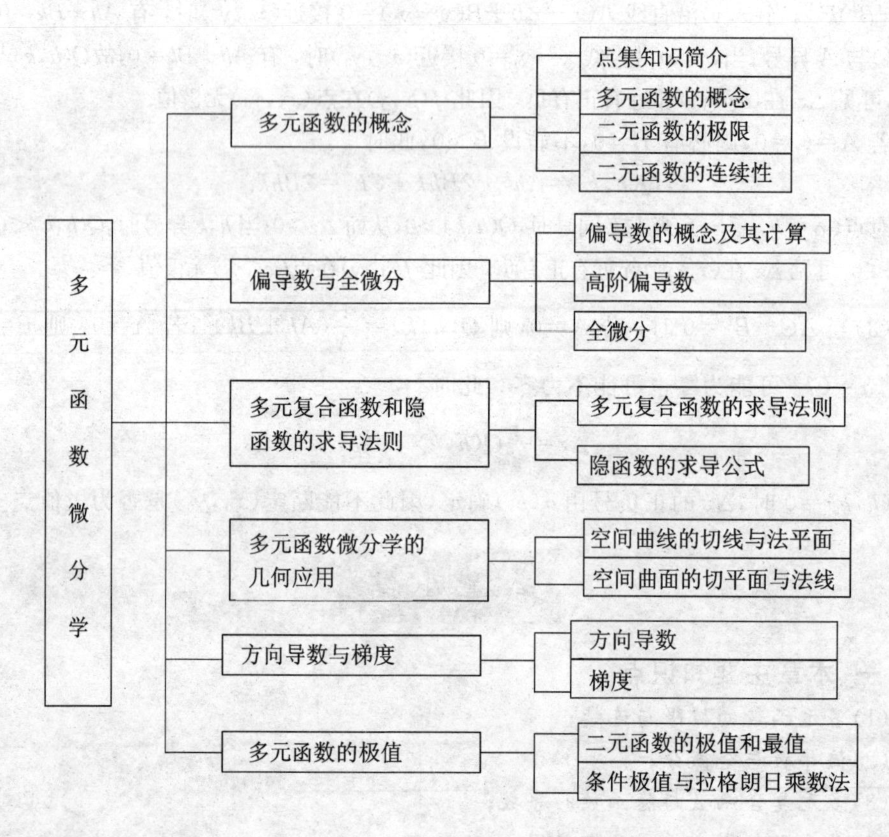

习 题 8

1. 求下列函数的定义域：

(1) $z=\sqrt{x}+y$；

(2) $z=\ln(x+y)$；

(3) $z=\dfrac{x^2+2y}{2x-y^2}$；

(4) $z=\sqrt{\ln(xy)}$；

(5) $z=\dfrac{1}{\sqrt{x^2+y^2-4}}$；

(6) $z=\sqrt{R^2-x^2-y^2-z^2}+\sqrt{x^2+y^2+z^2-r^2}\quad(|R|>|r|)$.

2. 求下列各极限：

(1) $\lim\limits_{(x,y)\to(0,1)}\dfrac{1-xy}{x^2+2y^2}$；

(2) $\lim\limits_{(x,y)\to(1,0)}\dfrac{\ln(x+e^y)}{\sqrt{x^2+y^2}}$；

(3) $\lim\limits_{(x,y)\to(0,1)}\dfrac{\sin xy}{x}$；

(4) $\lim\limits_{(x,y)\to(0,0)}\dfrac{xy}{\sqrt{xy+1}-1}$；

(5) $\lim\limits_{(x,y)\to(\infty,\infty)}(x^2+y^2)\sin\dfrac{3}{x^2+y^2}$；

(6) $\lim\limits_{(x,y)\to(0,0)}\left(x\sin\dfrac{1}{y}+y\sin\dfrac{1}{x}\right)$.

3. 求下列函数的偏导数：

(1) $z=x^3+y^3-3xy^2$；

(2) $z=x^2ye^y$；

(3) $z=\ln(x^2+y)$；

(4) $w=e^{xyz}$；

(5) $z=yx^y$；

(6) $z=\arcsin(xy)$.

4. 求下列函数在指定点处的偏导数：

(1) $z=\dfrac{x+y}{x-y}$，求 $z_x{}'(1,2)$，$z_y{}'(1,2)$；

(2) $z=\arctan\dfrac{y}{x}$，求 $z_x{}'(1,1)$，$z_y{}'(-1,-1)$；

(3) $z=\ln(x+\ln y)$，求 $z_x{}'(1,e)$，$z_y{}'(1,e)$；

(4) $z=\sqrt{x}\sin y+e^{xy}$，求 $z_x{}'(1,0)$，$z_y{}'(1,\pi)$.

5. 求下列函数的全微分：

(1) $z=\ln(x^2+y^2)$；

(2) $u=\sqrt{x^2+y^2+z^2}$；

(3) $u=e^{xy+z}$；

(4) $z=\arctan(xy)$.

6. 求下列复合函数的导数：

(1) $z=uv$，$u=x+y$，$v=\arctan(xy)$；

(2) $z=\dfrac{u}{v}$，$u=x+y$，$v=x-2y$；

(3) $z=u^2\ln v$，$u=\dfrac{x}{y}$，$v=3x-2y$；

(4)$z=ue^{\frac{u}{v}}, u=x^2+y^2, v=xy$;

(5)$z=v\ln u+x^2, u=2x+y, v=x-y$;

(6)$z=u^v+\sin w, u=2t, v=\sin t, w=t^2$.

7. 设 $z=\dfrac{y^2}{2x}+\varphi(xy)$，$\varphi$ 为可微的函数，求证：

$$x^2\frac{\partial z}{\partial x}-xy\frac{\partial z}{\partial y}+\frac{3}{2}y^2=0.$$

8. 求下列函数的一阶偏导数：

(1)$z=f(xy)$；　(2)$z=f(x, e^{xy})$；　(3)$z=f(x^2-y^2, x, y)$.

9. 已知 $z=f(u,x,y)$，$u=xe^y$，求$\dfrac{\partial^2 z}{\partial x\partial y}$.

10. 求由下列方程确定的隐函数的导数或偏导数：

(1)设 $\ln\sqrt{x^2+y^2}=\arctan\dfrac{y}{x}$，求$\dfrac{dy}{dx}$；

(2)设 $x^3+y^3+z^3+xyz=6$，求$\dfrac{\partial z}{\partial x}, \dfrac{\partial z}{\partial y}$；

(3)设 $x^2+y^2+2x-2yz=e^z$，求$\dfrac{\partial z}{\partial x}, \dfrac{\partial z}{\partial y}$；

(4)设$\dfrac{x}{z}=\ln\dfrac{z}{y}$，求$\dfrac{\partial z}{\partial x}, \dfrac{\partial z}{\partial y}$.

11. 求下列方程所确定的隐函数 $z=z(x,y)$ 的全微分：

(1)$yz=\arctan(xz)$；　　(2) $xyz=e^z$；

(3)$\cos^2 x+\cos^2 y+\cos^2 z=1$；　　(4) $x+y+z=e^{-(x+y+z)}$.

12. 设 $e^z-xyz=0$，求$\dfrac{\partial^2 z}{\partial x\partial y}$.

13. 设 $z=xy+u$，$u=\varphi(xy)$，求$\dfrac{\partial z}{\partial x}, \dfrac{\partial^2 z}{\partial x^2}, \dfrac{\partial^2 z}{\partial x\partial y}$.

14. 设 $z=\ln\sqrt{(x-a)^2+(y-b)^2}$（$a,b$ 均为常数），求证：

$$\frac{\partial^2 z}{\partial x^2}+\frac{\partial^2 z}{\partial y^2}=0.$$

15. 求下列曲线在指定点处的切线与法平面方程：

(1)$x=(t+1)^2, y=t^3, z=\sqrt{1+t^2}$　$(1,0,1)$；

(2) $x=t-\sin t, y=1-\cos t, z=4\sin\dfrac{t}{2}$　$\left(\dfrac{\pi}{2}-1, 1, 2\sqrt{2}\right)$；

(3) $y^2=2mx, z^2=m-x$　(x_0, y_0, z_0)；

(4) $\begin{cases}x^2+y^2+z^2=a^2\\ x^2+y^2=ax\end{cases}$　$(0,0,a)$.

16. 求曲线 $x=t,y=t^2,z=t^3$ 上的点，使曲线在该点的切线与平面 $x+2y+z=4$ 平行．

17. 求下列曲面在指定点处的切平面和法线方程：

(1) $e^z-z+xy=3$　$(2,1,0)$；

(2) $z=\arctan\dfrac{y}{x}$　$\left(1,1,\dfrac{\pi}{4}\right)$；

(3) $x=e^{2y-z}$　$(1,1,2)$；

(4) $z=xy$　$(2,3,6)$．

18. 求曲面 $z=\dfrac{x^2}{2}+y^2$ 平行于平面 $2x+2y-z=6$ 的切平面方程．

19. 求函数 $z=xe^{2y}$ 在点 $P(1,0)$ 处沿从点 $P(1,0)$ 到点 $Q(2,-1)$ 的方向的方向导数．

20. 求函数 $z=\ln(x+y)$ 在点 $(1,2)$ 处沿从点 $(1,2)$ 到点 $(2,2+\sqrt{3})$ 的方向导数．

21. 求下列函数在指定点沿指定方向 $\boldsymbol{l}$ 的方向导数：

(1) $z=x\arctan\dfrac{y}{x}$，　$P(1,1)$，　$\boldsymbol{l}=(2,1)$；

(2) $u=e^x\cos yz$，　$P(0,1,0)$，　$\boldsymbol{l}=(2,1,-2)$．

22. 求下列函数在指定点的梯度：

(1) $f(x,y)=\ln(x^2+xy+y^2)$，$P(1,-1)$；

(2) $f(x,y,z)=x^2+2y^2+3z^2+xy+3x-2y-6z$，$P(1,1,1)$．

23. 求函数 $f(x,y)=x^2-xy+y^2$ 在点 $P_0(1,1)$ 处的最大方向导数．

24. 求下列函数的极值：

(1) $f(x,y)=y^3-x^2+6x-12y+5$；

(2) $f(x,y)=(a-x-y)xy(a\neq 0)$；

(3) $f(x,y)=(6x-x^2)(4y-y^2)$；

(4) $f(x,y)=e^{2x}(x+y^2+2y)$．

25. 求函数 $u=xyz$ 在条件 $\dfrac{1}{x}+\dfrac{1}{y}+\dfrac{1}{z}=\dfrac{1}{a}$ 下的极值 $(x>0,y>0,z>0)$．

26. 用一块面积等于 $2a$ 的铁皮制成一个长方体小盒，问怎样做才能使其体积最大？

27. 某工厂生产两种产品Ⅰ与Ⅱ，出售单价分别为 10 元与 9 元，生产 x 单位的产品Ⅰ和生产 y 单位的产品Ⅱ的总费用是

$$f(x,y)=400+2x+3y+0.01(3x^2+xy+3y^2)\text{（元）},$$

求取得最大利润时，两种产品的产量各多少？

28. 在椭圆 $x^2+4y^2=4$ 上求一点，使其到直线 $2x+3y-6=0$ 的距离最短．

29. 求函数 $z=x^3+y^3-3xy$ 在 $x^2+y^2\leqslant 4$ 上的最大、最小值.

30. 求函数 $f(x,y)=2x^2-xy-y^2-6x-3y+5$ 在点$(1,-2)$处的泰勒公式.

31. 求函数 $f(x,y)=e^x\ln(1+y)$的三阶麦克劳林公式.

自测题 8

一、填空题(本题共10个小题,每小题2分,共计20分)

1. 二元函数 $z=\arcsin(1-y)+\ln(x-y)$的定义域为________.

2. 已知 $z=\ln\sin(2x-y)$,则$\dfrac{\partial z}{\partial x}=$________.

3. 设 $z=\ln(x^2+y^2)$,则 $\mathrm{d}z\big|_{(2,2)}=$________.

4. 设 $z=\mathrm{e}^{x-2y}$,又 $x=\sin t, y=t^3$,则$\dfrac{\mathrm{d}z}{\mathrm{d}t}=$________.

5. 设 $\ln\dfrac{z}{x}=\dfrac{y}{z}$,则$\dfrac{\partial z}{\partial y}=$________.

6. $\lim\limits_{\substack{x\to 1\\ y\to 1}}\dfrac{xy-1}{\sqrt{xy}+1}=$________.

7. 二元函数 $z=5-x^2-y^2$ 的极大值点是________.

8. 曲线 $x=1-t, y=2-t^2, z=t^3$ 在点 $M(0,1,1)$ 处的切线方程为________.

9. 二元函数 $f(x,y)=xy+(x-1)\sin\sqrt[3]{\dfrac{y}{x}}$,则 $f'_x(1,0)=$________.

10. 函数 $z=x^3y^2$ 在点 $P(3,1)$ 沿向量 $\boldsymbol{l}=(-1,2)$的方向导数________.

二、选择题(本题共5个小题,每小题2分,共计10分)

1. 设 $f(x,y)=\dfrac{x^2+y^2}{xy}$,则下式中正确的是(　　).

A. $f(x,-y)=f(x,y)$　　B. $f(x+y,x-y)=f(x,y)$

C. $f(y,x)=f(x,y)$　　D. $f\left(x,\dfrac{y}{x}\right)=f(x,y)$

2. 已知 $z=f(u,v)$, $u=x+y$, $v=x-y$,且 f_u', f_v'存在,则$\dfrac{\partial f}{\partial x}+\dfrac{\partial f}{\partial y}=$(　　).

A. $2f_u'$　　B. $2f_v'$　　C. $f_u'-f_v'$　　D. $f_u'+f_v'$

3. 点$(0,0)$是函数 $z=xy$ 的(　　).

A. 极大值点　　B. 极小值点　　C. 非驻点　　D. 驻点

4. 函数 $z=2x^2-y^2$ 的极值点为(　　).

A. $(0,0)$　　B. $(0,1)$　　C. $(1,0)$　　D. 不存在

5. $f(x,y)=\begin{cases}\dfrac{xy}{x^2+y^2} & \text{当 } x^2+y^2\neq 0\\ 0 & \text{当 } x^2+y^2=0\end{cases}$ 在(0,0)处(　　).

A. 连续,偏导数存在　　　　B. 连续,偏导数不存在

C. 不连续,偏导数存在　　　D. 不连续,偏导数不存在

三、计算题(本题共 7 个小题,每小题 7 分,共计 49 分)

1. 求 $z=x^2-2xy+3y^3$ 在点(1,2)处的偏导数$\left.\dfrac{\partial z}{\partial x}\right|_{(1,2)}$,$\left.\dfrac{\partial z}{\partial y}\right|_{(1,2)}$.

2. 设 $z=\mathrm{e}^{-x}\sin\dfrac{x}{y}$,求$\left.\dfrac{\partial^2 z}{\partial x\partial y}\right|_{(2,\frac{1}{\pi})}$.

3. 设 $z=\mathrm{e}^{\sqrt{x^2+y^2}}$,(1)求 $\mathrm{d}z$;　(2)求$\mathrm{d}z|_{(1,2)}$.

4. 设 $z=f\left(x,\dfrac{y}{x}\right)$,求$\dfrac{\partial z}{\partial x}$,$\dfrac{\partial z}{\partial y}$.

5. 设 $z^3-3xyz=a^3$,求$\dfrac{\partial^2 z}{\partial x\partial y}$.

6. 设 $z=u^2v-uv^2$,$u=x\sin y$,$v=x\cos y$,求$\dfrac{\partial z}{\partial x}$,$\dfrac{\partial z}{\partial y}$.

7. 求球面$(x-1)^2+(y-2)^2+z^2=11$ 在点(2,3,3) 处的切平面及法线方程.

四、应用题(本题共 2 个小题,每小题 7 分,共计 14 分)

1. 设生产函数和成本函数分别为 $Q=4K^{\frac{1}{2}}L^{\frac{1}{2}}$,$C=2K+8L$,其中 K,L 为投入的两种生产要素,当产量 $Q_0=64$ 时,求最低成本的投入组合及最低成本.

2. 求表面积为 12 m^2的无盖长方体水箱的最大容积.

五、证明题(7 分).

设 $z=xy+xF(u)$,其中 $u=\dfrac{y}{x}$,且 F 是可微函数,证明

$$x\frac{\partial z}{\partial x}+y\frac{\partial z}{\partial y}=xy+z.$$

第9章　重　积　分

与定积分类似,重积分的概念也是从实践中抽象出来的,它是定积分的推广,其中的数学思想是一样的,也是一种“和的极限”.所不同的是重积分的被积函数是多元函数而不是一元函数,重积分的积分区域是平面区域或空间区域而不是闭区间.但它们又存在着联系,即重积分可以通过定积分来计算.本章将讨论重积分的定义、性质、计算以及应用.

9.1　二重积分

9.1.1　二重积分的概念

1.引例

引例9.1.1　若有一个柱体,它的底是 xOy 平面上的闭区域 D,它的侧面是以 D 的边界曲线为准线,且母线平行于 z 轴的柱面,它的顶是曲面 $z=f(x,y)$,设 $f(x,y)\geqslant 0$ 为 D 上的连续函数.称这个柱体为**曲顶柱体**(见图9-1).

现在来求这个曲顶柱体的体积 V.

(1)分割.用两组曲线把区域 D 任意分割成 n 个小块,$\Delta\sigma_1,\Delta\sigma_2,\cdots,\Delta\sigma_n$,其中 $\Delta\sigma_i$ 既表示第 i 个小块,也表示第 i 个小块的面积(见图9-2).

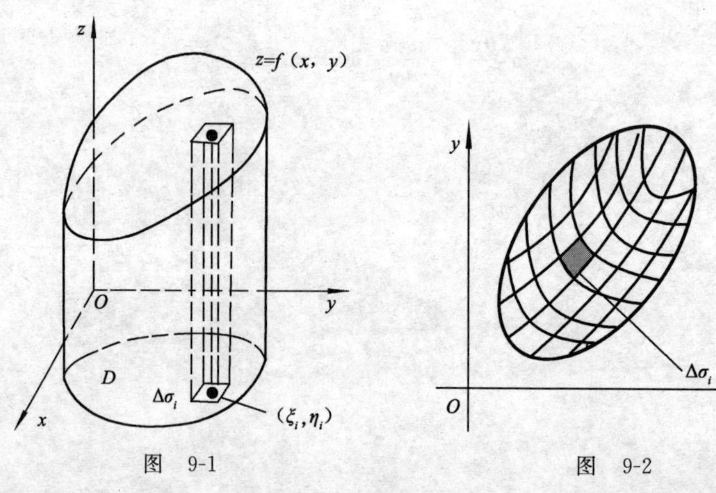

图　9-1　　　　图　9-2

(2)近似替代.记 d_i 为 $\Delta\sigma_i$ 的直径(即 d_i 表示 $\Delta\sigma_i$ 中任意两点间距离的最大值),在 $\Delta\sigma_i$ 中任取一点(ξ_i,η_i),以 $f(\xi_i,\eta_i)$为高而底为 $\Delta\sigma_i$ 的平顶柱体体积为 $f(\xi_i,\eta_i)\Delta\sigma_i$,此为小曲顶柱体体积的近似值.

(3) 求和.把所有小平顶柱体的体积加起来,得到曲顶柱体体积的近似值为

$$\sum_{i=1}^{n} f(\xi_i,\eta_i)\Delta\sigma_i .$$

(4)取极限.记 $d=\max\{d_1,d_2,\cdots d_n\}$,则极限$\lim\limits_{d\to 0}\sum\limits_{i=1}^{n} f(\xi_i,\eta_i)\Delta\sigma_i$ 为所求曲顶柱体的体积,即

$$V=\lim_{d\to 0}\sum_{i=1}^{n} f(\xi_i,\eta_i)\Delta\sigma_i .$$

引例 9.1.2　平面薄片的质量.

设有一平面薄片(不计厚度),占有 xOy 面上的闭区域D,已知薄片个点的面的密度为非负函数连续 $\mu=\mu(x,y)$,求平面薄片的质量 M.

如果平面薄片的密度并是常数,则薄片的质量可以用公式

质量=面密度×面积

来计算,但是由于密度并不是常数,因此上述公式并不适用.

由于质量具有可加性,所以仍可以把上述处理曲顶柱体体积的方法用于本问题:将薄片分成割成许多小薄片,每个薄片足够小,以致可以看作质量均匀分布的,它们的质量之和就是薄片质量的近似值,在运用求极限的方法求出薄片的质量,具体步骤如下:

首先把薄片 D 分成n 个小块 $\Delta\sigma_i,i=1,2,\cdots,n$.其面积记为 $\Delta\sigma_i$,当 $\Delta\sigma_i$ 的直径比较小时,$\Delta\sigma_i$ 中个点的密度变化不大,可以看作常数;其次在 $\Delta\sigma_i$ 中任取一点(ξ_i,η_i),将该点的面密度 $\mu(\xi_i,\eta_i)$作为整个小块的密度,于是 $\Delta\sigma_i$ 的质量为

$$\Delta M_i\approx\mu(\xi_i,\eta_i)\Delta\sigma_i,\quad i=1,2,\cdots,n,$$

平面薄片的质量为

$$M=\sum_{i=1}^{n}\Delta M_i\approx\sum_{i=1}^{n}\mu(\xi_i,\eta_i)\Delta\sigma_i .$$

当所有小闭区域 ΔD_i 的最大直径d 趋于零时,上式右端近似值将无限接近总质量M,即

$$M=\lim_{d\to 0}\sum_{i=1}^{n}\mu(\xi_i,\eta_i)\Delta\sigma_i .$$

上述两个问题虽然具有不同的背景,一个是几何问题,一个是物理问题,但是在数学上都可以归结为二元函数在平面闭区域 D 上一个和式的极限,在实际问题中,很多问题都可以归结为上述特定和的极限,因此抽象出二重积分的定义.

2. 二重积分的定义

定义 设二元函数 $z=f(x,y)$ 在有界闭区域 D 上有定义,将区域 D 任意分割成 n 个小区域 $\Delta\sigma_1,\Delta\sigma_2,\cdots,\Delta\sigma_n$,且以 $\Delta\sigma_i$ 表示第 i 块小区域的面积,任取 $(x_i,y_i)\in\Delta\sigma_i$,作和 $\sum\limits_{i=1}^{n}f(x_i,y_i)\Delta\sigma_i$,令 $d=\max\limits_{1\leqslant i\leqslant n}\{d_1,d_2,\cdots,d_n\}$,$d_i$ 表示第 i 块小区域的直径. 若极限 $\lim\limits_{d\to 0}\sum\limits_{i=1}^{n}f(x_i,y_i)\Delta\sigma_i$ 存在,且与区域 D 的划分及点 (x_i,y_i) 的取法无关,则称此极限值为函数 $f(x,y)$ 在区域 D 上的**二重积分**. 记作 $\iint\limits_D f(x,y)\mathrm{d}\sigma$,即

$$\iint\limits_D f(x,y)\mathrm{d}\sigma=\lim_{d\to 0}\sum_{i=1}^{n}f(x_i,y_i)\Delta\sigma_i .$$

其中 $f(x,y)$ 称为**被积函数**,$f(x,y)\mathrm{d}\sigma$ 称为**被积表达式**,$\mathrm{d}\sigma$ 称为**面积元素**,x,y 称为**积分变量**,D 称为**积分区域**.

引例 9.1.1 中,曲顶柱体的体积 $V=\iint\limits_D f(x,y)\mathrm{d}\sigma$;

引例 9.1.2 中,平面薄片的质量 $M=\iint\limits_D \mu(x,y)\mathrm{d}\sigma$.

关于二重积分定义的几点说明

(1)积分和 $\sum\limits_{i=1}^{n}f(\xi_i,\eta_i)\Delta\sigma_i$ 的极限存在,是指对积分区域 D 的任意划分和点 (x_i,y_i) 的任意取法,其极限值 $\lim\limits_{d\to 0}\sum\limits_{i=1}^{n}f(x_i,y_i)\Delta\sigma_i$ 是存在的,即 $\iint\limits_D f(x,y)\mathrm{d}\sigma$ 与区域 D 的划分及点 (x_i,y_i) 的取法无关.

(2)二重积分 $\iint\limits_D f(x,y)\mathrm{d}\sigma$ 是一个数值,此数值只与积分区域 D 和被积函数 $f(x,y)$ 有关,而与积分变量的符号无关,即

$$\iint\limits_D f(x,y)\mathrm{d}\sigma=\iint\limits_D f(u,v)\mathrm{d}\sigma .$$

(3)当 $f(x,y)$ 连续,且 $f(x,y)\geqslant 0$,则 $\iint\limits_D f(x,y)\mathrm{d}\sigma$ 表示以积分区域 D 为底面,曲面 $z=f(x,y)$ 为顶的曲顶柱体的体积.

9.1.2 二重积分的性质

定理 若函数 $f(x,y)$ 在有界闭区域 D 上连续,则 $f(x,y)$ 在 D 上的二重积分一定存在.

类似于一元函数定积分,二元函数具有下面的一些基本性质,其证明与一元函数

类似,请读者自行完成。

性质 9.1.1 常数因子可提到积分符号的外面,即

$$\iint_D kf(x,y)\mathrm{d}\sigma = k\iint_D f(x,y)\mathrm{d}\sigma .$$

性质 9.1.2 函数代数和的积分等于各个函数积分的代数和,即

$$\iint_D [f(x,y) \pm g(x,y)]\mathrm{d}\sigma = \iint_D f(x,y)\mathrm{d}\sigma \pm \iint_D g(x,y)\mathrm{d}\sigma .$$

通常将性质 9.1.1 和 9.1.2 称为二重积分的**线性运算性质**,即线性性质

$$\iint_D [kf(x,y) \pm mg(x,y)]\mathrm{d}\sigma = k\iint_D f(x,y)\mathrm{d}\sigma \pm m\iint_D g(x,y)\mathrm{d}\sigma .$$

线性性质可以推广至有限个函数的情形.

性质 9.1.3(关于积分区域的可加性) 若 $D=D_1+D_2$,则

$$\iint_D f(x,y)\mathrm{d}\sigma = \iint_{D_1} f(x,y)\mathrm{d}\sigma + \iint_{D_2} f(x,y)\mathrm{d}\sigma .$$

性质 9.1.4(保序性) 若在区域 D 上,恒有 $f(x,y)\leqslant g(x,y)$,则

$$\iint_D f(x,y)\mathrm{d}\sigma \leqslant \iint_D g(x,y)\mathrm{d}\sigma .$$

特殊地,由于 $-|f(x,y)|\leqslant f(x,y)\leqslant |f(x,y)|$,因此有

$$\left|\iint_D f(x,y)\mathrm{d}\sigma\right| \leqslant \iint_D |f(x,y)|\mathrm{d}\sigma .$$

例 9.1.1 设积分区域 D 是由 x 轴、y 轴与直线 $x+y=1$ 所围成,若 $I_1=\iint_D (x+y)^2\mathrm{d}x\mathrm{d}y, I_2=\iint_D (x+y)^4\mathrm{d}x\mathrm{d}y, I_3=\iint_D (x+y)^6\mathrm{d}x\mathrm{d}y$,比较 I_1,I_2,I_3 的大小.

解 易知在积分区域 D 上,$(x+y)^2>(x+y)^4>(x+y)^6$,因此由性质 9.1.4,有 $I_3<I_2<I_1$.

性质 9.1.5 若在区域 D 上,$f(x,y)\equiv 1$,则 $\iint_D f(x,y)\mathrm{d}\sigma$ 为积分区域 D 的面积 A,即

$$\iint_D \mathrm{d}\sigma = \iint_D 1\cdot\mathrm{d}\sigma = A .$$

性质 9.1.6(估值定理) 设 M 和 m 分别是函数 $f(x,y)$ 在闭区域 D 上的最大值和最小值,A 为区域 D 的面积,则

$$mA \leqslant \iint_D f(x,y)\mathrm{d}\sigma \leqslant MA .$$

例 9.1.2 不经过计算,估计二重积分的值.

$$\iint_D xy(x+y)\mathrm{d}\sigma,\text{其中 } D=\{(x,y)\mid 0\leqslant x\leqslant 1,0\leqslant y\leqslant 1\}.$$

解 因为在积分区域 D 上 $0\leqslant x\leqslant 1,0\leqslant y\leqslant 1$,所以

$$0\leqslant xy\leqslant 1,0\leqslant x+y\leqslant 2,$$

可得

$$0\leqslant xy(x+y)\leqslant 2,$$

于是

$$\iint_D 0\mathrm{d}\sigma\leqslant\iint_D xy(x+y)\mathrm{d}\sigma\leqslant\iint_D 2\mathrm{d}\sigma,$$

即

$$0\leqslant\iint_D xy(x+y)\mathrm{d}\sigma\leqslant 2.$$

性质 9.1.7(二重积分的中值定理) 设函数 $f(x,y)$ 在有界闭区域 D 上连续,A 为区域 D 的面积,则至少存在一点 $(\xi,\eta)\in D$,使得

$$\iint_D f(x,y)\mathrm{d}\sigma=f(\xi,\eta)A.$$

性质 9.1.8(二重积分的对称性)

(1)如果积分域 D 关于 y 轴对称,$f(x,y)$ 为 x 的奇(偶)函数,则有

$$\iint_D f(x,y)\mathrm{d}\sigma=\begin{cases}0 & \text{当 } f(x,y) \text{ 关于 } x \text{ 为奇函数,即 } f(-x,y)=-f(x,y)\\ 2\iint_{D_1} f(x,y)\mathrm{d}\sigma & \text{当 } f(x,y) \text{ 关于 } x \text{ 为偶函数,即 } f(-x,y)=f(x,y)\end{cases},$$

其中 D_1 为 D 位于 y 轴右侧的部分;

(2)积分域 D 关于 x 轴对称,$f(x,y)$ 为 y 的奇(偶)函数,则有

$$\iint_D f(x,y)\mathrm{d}\sigma=\begin{cases}0 & \text{当 } f(x,y) \text{ 关于 } y \text{ 为奇函数,即 } f(x,-y)=-f(x,y)\\ 2\iint_{D_1} f(x,y)\mathrm{d}\sigma & \text{当 } f(x,y) \text{ 关于 } y \text{ 偶函数,即 } f(x,-y)=f(x,y)\end{cases},$$

其中 D_1 为 D 位于 x 轴上侧的部分.

9.2 二重积分的计算

直接使用二重积分的定义来计算二重积分是不切实际的,只有对于被积函数比较简单,积分区域形状比较特殊的才可以使用定义来计算,对于一般的函数与积分区域,计算二重积分时常转换为二次积分(也叫累次积分)来计算.

9.2.1 在直角坐标系下计算二重积分

先从几何上讨论二重积分的计算问题.

设 $f(x,y)$ 在有界闭区域界 D 上可积,由于积分值与积分区域 D 的分割方式及点 (x_i,y_i) 的取法无关,因此在计算二重积分时常采用对平面区域 D 的特殊分割方式和

选取特殊的点。

在直角坐标系下，常用平行于 x 轴与 y 轴的两组直线来分割积分区域 D，这时，小区域 $\Delta\sigma_i(i=1,2,\cdots,n)$ 除了边界外都是一些小矩形，而随着分割的加细，边界区域不规则图形的面积可以忽略不计，因而分割小区域全都是小矩形，如图 9-3所示。

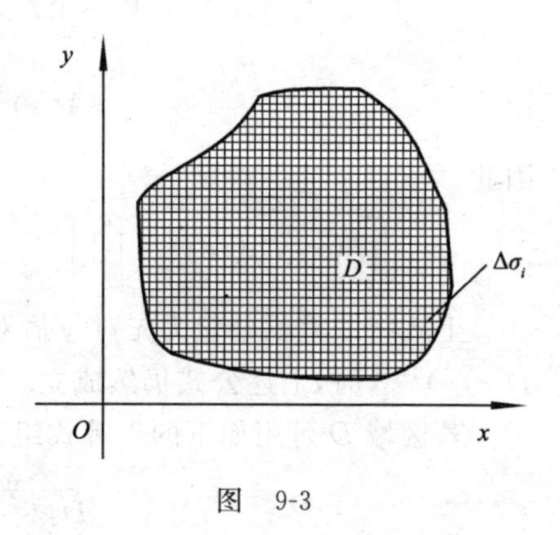

图 9-3

由图 9-3 知小区域的面积 $\Delta\sigma_i=\Delta x_i\Delta y_i$，因此，$\iint\limits_D f(x,y)\mathrm{d}\sigma$ 中的面积元素 $\mathrm{d}\sigma=\mathrm{d}x\mathrm{d}y$，即在直角坐标系下

$$\iint\limits_D f(x,y)\mathrm{d}\sigma=\iint\limits_D f(x,y)\mathrm{d}x\mathrm{d}y.$$

以后二重积分常写成 $\iint\limits_D f(x,y)\mathrm{d}x\mathrm{d}y$ 形式.

由曲顶柱体体积的计算可知，当被积函数 $f(x,y)\geqslant 0$，且在 D 上连续时，若平面区域 D(见图 9-4)可以表示为如下的不等式组

$$D:\begin{cases}\varphi_1(x)\leqslant y\leqslant\varphi_2(x)\\ a\leqslant x\leqslant b\end{cases},$$

则被积函数为 D，二重积分 $\iint\limits_D f(x,y)\mathrm{d}\sigma$ 等于曲顶柱体的体积(见图 9-5)，而由截面面积为已知函数立体体积的求法可知

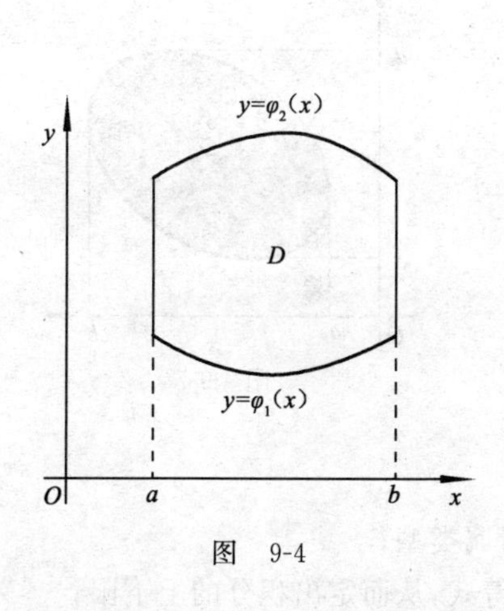

图 9-4

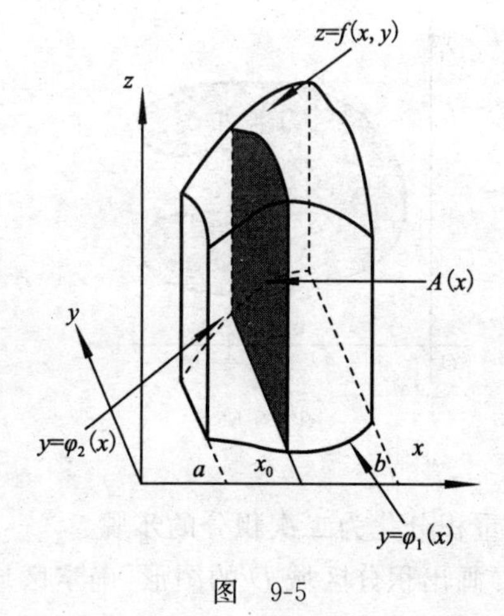

图 9-5

$$V=\iint_D f(x,y)\mathrm{d}\sigma=\int_a^b A(x)\mathrm{d}x\,.$$

而
$$A(x)=\int_{\varphi_1(x)}^{\varphi_2(x)} f(x,y)\mathrm{d}y$$

因此
$$\iint_D f(x,y)\mathrm{d}x\mathrm{d}y=\int_a^b\left[\int_{\varphi_1(x)}^{\varphi_2(x)} f(x,y)\mathrm{d}y\right]\mathrm{d}x=\int_a^b\mathrm{d}x\int_{\varphi_1(x)}^{\varphi_2(x)} f(x,y)\mathrm{d}y\,.$$

上式将二重积分化为先对 y 后对 x 的累次积分,这就是二重积分的计算公式.当 $f(x,y)\leqslant 0$ 时,上述公式仍然成立.

若区域 D 可用如下的不等式组表示
$$D:\begin{cases}\Psi_1(y)\leqslant x\leqslant \Psi_2(y)\\ c\leqslant y\leqslant d\end{cases},$$

则类似地,二重积分化为先 x 后 y 的二次积分:
$$\iint_D f(x,y)\mathrm{d}x\mathrm{d}y=\int_c^d\left[\int_{\Psi_1(y)}^{\Psi_2(y)} f(x,y)\mathrm{d}x\right]\mathrm{d}y=\int_c^d\mathrm{d}y\int_{\Psi_1(y)}^{\Psi_2(y)} f(x,y)\mathrm{d}x\,.$$

称图 9-4 所示的区域为 **X-型区域**. X-型区域的特点是:穿过区域内部且平行于 y 轴的直线与 D 的边界相交不多于两个交点;类似地,还有 Y-型区域。

注 (1)如果平行于坐标轴的直线与积分区域 D 的边界交点多于两点,则作辅助线把 D 分为若干 X-型区域或 Y-型区域,利用二重积分对区域的可加性进行计算,如图 9-6 所示.

(2)有一些区域既可以看作 X-型区域又可以看作 Y-型区域,图 9-7 所示,此时可以选择积分方便的积分区域进行计算.

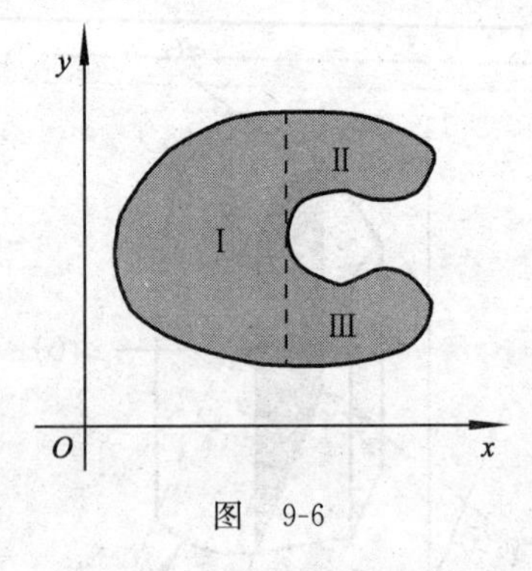

图 9-6

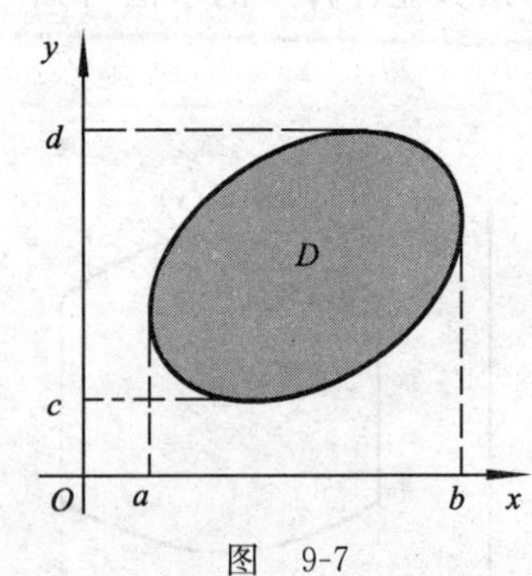

图 9-7

二重积分化为二次积分的步骤:

(1)画出积分区域 D 的图形,确定区域所属类型;

(2)写出区域 D 上的点的坐标满足的不等式,从而定出积分的上下限;

(3)将二重积分化为累次积分;

(4)计算两次定积分算出二重积分的值.

例 9.2.1　计算$\iint\limits_D xy\,\mathrm{d}x\mathrm{d}y$,其中 D 由直线 $y=1,x=2,y=x$ 所围.

解　方法 1　如图 9-8 所示,将 D 看作 X-型区域，则 $D:\begin{cases}1\leqslant y\leqslant x\\1\leqslant x\leqslant 2\end{cases}$,

$$I=\int_1^2\mathrm{d}x\int_1^x xy\,\mathrm{d}y=\int_1^2\left[\frac{1}{2}xy^2\right]_1^x\mathrm{d}x$$
$$=\int_1^2\left[\frac{1}{2}x^3-\frac{1}{2}x\right]\mathrm{d}x=\frac{9}{8}.$$

方法 2　将 D 看作 Y-型区域，则

$$D:\begin{cases}y\leqslant x\leqslant 2\\1\leqslant y\leqslant 2\end{cases},$$
$$I=\int_1^2\mathrm{d}y\int_y^2 xy\,\mathrm{d}x=\int_1^2\left[\frac{1}{2}x^2y\right]_y^2\mathrm{d}y$$
$$=\int_1^2\left[2y-\frac{1}{2}y^3\right]\mathrm{d}y=\frac{9}{8}.$$

例 9.2.2　计算$\iint\limits_D xy\,\mathrm{d}\sigma$,其中 D 是抛物线 $y^2=x$ 及直线 $y=x-2$ 所围成的闭区域.

解　积分区域为图 9-9 所示阴影部分,为计算简便，先对 x 后对 y 积分,则

$$D:\begin{cases}y^2\leqslant x\leqslant y+2\\-1\leqslant y\leqslant 2\end{cases},$$

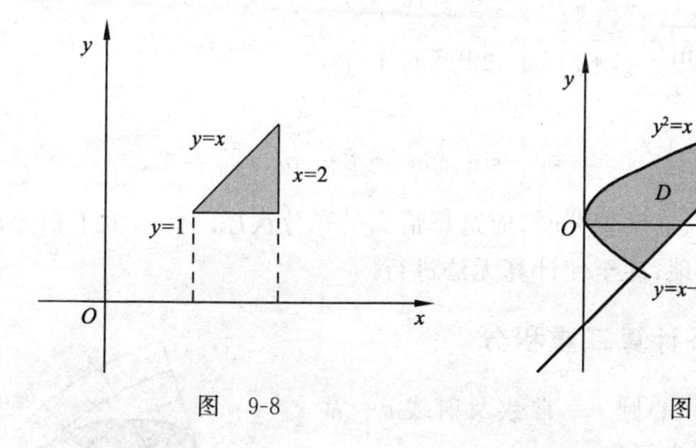

图　9-8　　　　图　9-9

$$\iint_D xy\,\mathrm{d}\sigma=\int_{-1}^2\mathrm{d}y\int_{y^2}^{y+2}xy\,\mathrm{d}x$$
$$=\int_{-1}^2\left[\frac{1}{2}x^2y\right]_{y^2}^{y+2}\mathrm{d}y=\frac{1}{2}\int_{-1}^2[y(y+2)^2-y^5]\mathrm{d}y$$
$$=\frac{1}{2}\left[\frac{y^4}{4}+\frac{4}{3}y^3+2y^2-\frac{1}{6}y^6\right]_{-1}^2=\frac{45}{8}.$$

例 9.2.3 二元函数 $f(x,y)$ 在区域 D 上连续，改变积分次序 $\int_0^{\frac{\sqrt{2}}{2}}\mathrm{d}x\int_x^{\sqrt{1-x^2}}f(x,y)\mathrm{d}y$.

解 将区域 D 视为 X-型区域

$$D=\begin{cases}0\leqslant x\leqslant\dfrac{\sqrt{2}}{2}\\ x\leqslant y\leqslant\sqrt{1-x^2}\end{cases},$$

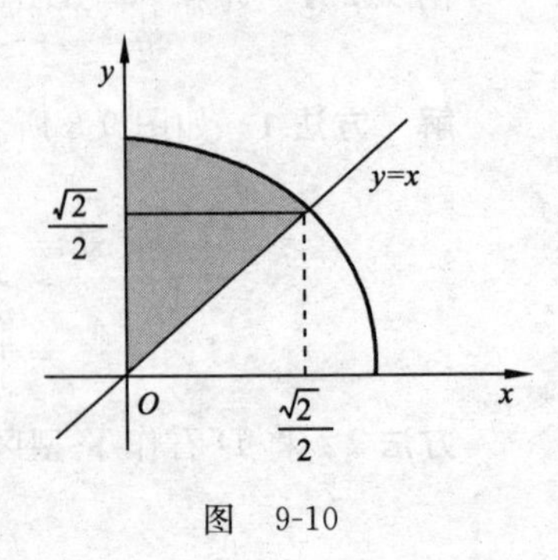

图 9-10

则积分区域如图 9-10 所示.

将区域 D 视为 Y-型区域

$$D=\begin{cases}0\leqslant y\leqslant\dfrac{\sqrt{2}}{2}\\ 0\leqslant x\leqslant y\end{cases}\cup\begin{cases}\dfrac{\sqrt{2}}{2}\leqslant y\leqslant 1\\ 0\leqslant x\leqslant\sqrt{1-y^2}\end{cases},$$

则 $$\int_0^{\frac{\sqrt{2}}{2}}\mathrm{d}x\int_x^{\sqrt{1-x^2}}f(x,y)\mathrm{d}y=\int_0^{\frac{\sqrt{2}}{2}}\mathrm{d}y\int_0^y f(x,y)\mathrm{d}x+\int_{\frac{\sqrt{2}}{2}}^1\mathrm{d}y\int_0^{\sqrt{1-y^2}}f(x,y)\mathrm{d}x.$$

例 9.2.4 计算 $\iint\limits_D\dfrac{\sin x}{x}\mathrm{d}x\mathrm{d}y$，其中 D 由直线 $x=\pi, y=x, y=0$ 所围成.

解 若化为先 x 后 y 的二次积分，$\dfrac{\sin x}{x}$ 的原函数不能求出，将使计算无法进行. 此例应化为先 y 后 x 的二次积分方能计算，因此取 D 为 X-型域：

$$D:\begin{cases}0\leqslant y\leqslant x\\ 0\leqslant x\leqslant\pi\end{cases},$$

$$\iint\limits_D\frac{\sin x}{x}\mathrm{d}x\mathrm{d}y=\int_0^{\pi}\frac{\sin x}{x}\mathrm{d}x\int_0^x\mathrm{d}y$$

$$=\int_0^{\pi}\sin x\mathrm{d}x=[-\cos x]_0^{\pi}=2.$$

注 在化二重积分为二次积分时，应选择恰当的积分次序. 有时，由于积分次序选择不当，造成计算过程烦琐，甚至使计算无法进行.

9.2.2 在极坐标系下计算二重积分

在极坐标系下，用同心圆 $r=$ 常数及射线 $\theta=$ 常数，划分区域 D 为(见图 9-11)

$$\Delta\sigma_k(k=1,2,\cdots,n),$$

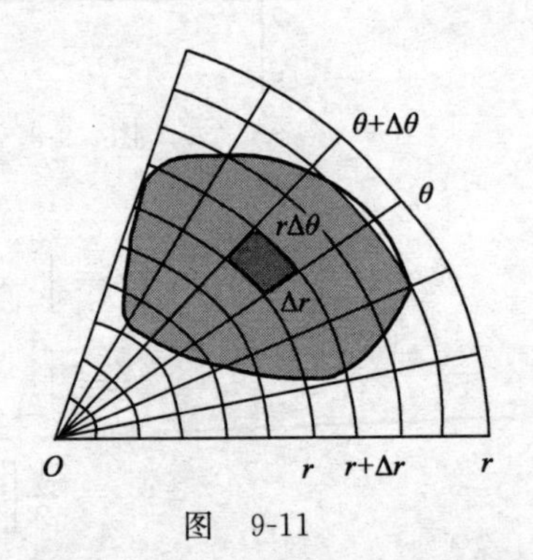

图 9-11

则除包含边界点的小区域外，小区域的面积

$$\Delta\sigma_k=\frac{1}{2}(r_k+\Delta r_k)^2\cdot\Delta\theta_k-\frac{1}{2}r_k{}^2\cdot\Delta\theta_k$$

$$=\frac{1}{2}[r_k+(r_k+\Delta r_k)]\Delta r_k\cdot\Delta\theta_k$$

$=\overline{r_k}\Delta r_k \cdot \Delta\theta_k$.

在 $\Delta\sigma_k$ 内取点$(\overline{r_k},\overline{\theta_k})$，对应有

$$\xi_k=\overline{r_k}\cos\overline{\theta_k},\quad \eta_k=\overline{r_k}\sin\overline{\theta_k},$$

$$\lim_{\lambda\to 0}\sum_{k=1}^{n}f(\xi_k,\eta_k)\Delta\sigma_k=\lim_{\lambda\to 0}\sum_{k=1}^{n}f(\overline{r_k}\cos\overline{\theta_k},\overline{r_k}\sin\overline{\theta_k})\,\overline{r_k}\Delta r_k\Delta\theta_k,$$

即

$$\iint_D f(x,y)\mathrm{d}x\mathrm{d}y=\iint_D f(r\cos\theta,r\sin\theta)r\mathrm{d}r\mathrm{d}\theta.$$

特别地：

(1)极点 O 在区域 D 之外，如图 9-12(a)所示，则

$$D=\{(r,\theta)\mid\alpha\leqslant\theta\leqslant\beta,r_1(\theta)\leqslant r\leqslant r_2(\theta)\}.$$

于是

$$\iint_D f(r\cos\theta,r\sin\theta)r\mathrm{d}r\mathrm{d}\theta=\int_\alpha^\beta\mathrm{d}\theta\int_{r_1(\theta)}^{r_2(\theta)}f(r\cos\theta,r\sin\theta)r\mathrm{d}r.$$

(2)极点 O 在区域 D 的边界上，如图 9-12 (b)所示，则

$$D=\{(r,\theta)\mid\alpha\leqslant\theta\leqslant\beta,0\leqslant r\leqslant r(\theta)\}$$

于是

$$\iint_D f(r\cos\theta,r\sin\theta)r\mathrm{d}r\mathrm{d}\theta=\int_\alpha^\beta\mathrm{d}\theta\int_0^{r(\theta)}f(r\cos\theta,r\sin\theta)r\mathrm{d}r.$$

(3)极点 O 在区域 D 之内，如图 9-12(c)所示，则

$$D=\{(r,\theta)\mid 0\leqslant\theta\leqslant 2\pi,0\leqslant r\leqslant r(\theta)\},$$

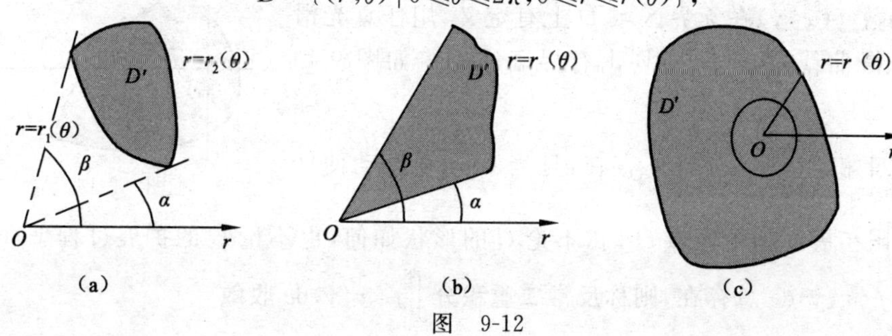

图 9-12

于是

$$\iint_D f(r\cos\theta,r\sin\theta)r\mathrm{d}r\mathrm{d}\theta=\int_0^{2\pi}\mathrm{d}\theta\int_0^{r(\theta)}f(r\cos\theta,r\sin\theta)r\mathrm{d}r.$$

注 一般地，当积分区域为圆形、扇形或环形时，或者被积函数为 $f(x^2+y^2)$，$f\left(\frac{y}{x}\right)$，$f\left(\frac{x}{y}\right)$时，利用极坐标计算比较简单.

例 9.2.5 计算 $\iint_D \mathrm{e}^{-x^2-y^2}\mathrm{d}x\mathrm{d}y$，其中 D：$x^2+y^2\leqslant 1$.

解 在极坐标系下

$$D:\begin{cases}0\leqslant r\leqslant 1\\0\leqslant\theta\leqslant 2\pi\end{cases},$$

$$原式=\iint\limits_D e^{-r^2}r\mathrm{d}r\mathrm{d}\theta=\int_0^{2\pi}\mathrm{d}\theta\int_0^1 re^{-r^2}\mathrm{d}r$$

$$=2\pi\left[\frac{-1}{2}e^{-r^2}\right]_0^1=\pi(1-e^{-1}).$$

例 9.2.6 计算二重积分 $\iint\limits_D\sqrt{x^2+y^2}\mathrm{d}\sigma$,其中 D 是由 $x^2+y^2-2x=0$ 所围成的区域,如图 9-13 所示.

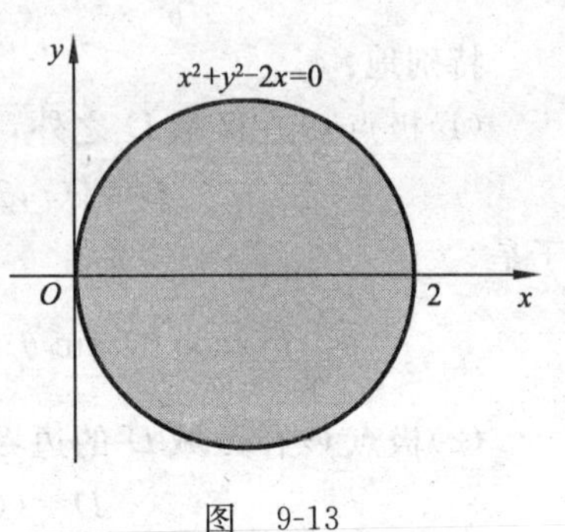

图 9-13

解 积分区域 D 用极坐标表示为

$$D=\left\{(r,\theta)\,\middle|\,-\frac{\pi}{2}\leqslant\theta\leqslant\frac{\pi}{2},0\leqslant r\leqslant 2\cos\theta\right\},$$

于是

$$\iint\limits_D\sqrt{x^2+y^2}\mathrm{d}\sigma=\iint\limits_D r^2\mathrm{d}r\mathrm{d}\theta=\int_{-\frac{\pi}{2}}^{\frac{\pi}{2}}\mathrm{d}\theta\int_0^{2\cos\theta}r^2\mathrm{d}r$$

$$=\frac{8}{3}\int_{-\frac{\pi}{2}}^{\frac{\pi}{2}}\cos^3\theta\mathrm{d}\theta=\frac{32}{9}.$$

9.2.3 无界区域上的反常二重积分

设函数 $f(x,y)$ 在无界区域 D 上有定义,用任意光滑或分段光滑曲线 C 在 D 中划出有界区域 D_C,如图 9-14 所示.

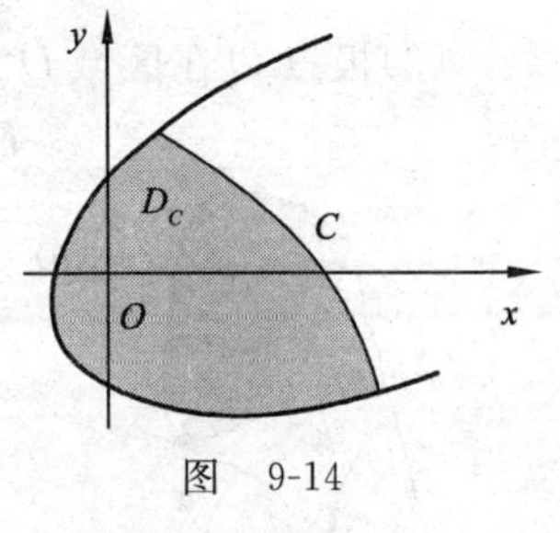

图 9-14

若二重积分 $\iint\limits_{D_C}f(x,y)\mathrm{d}\sigma$ 存在,且当 C 连续变动使区域 D_C 无限扩展而趋于区域 D 时,不论 C 的形状如何,也不论 C 的扩展过程怎样,极限 $\lim\limits_{D_C\to D}\iint\limits_{D_C}f(x,y)\mathrm{d}\sigma$ 总存在,则称**反常二重积分** $\iint\limits_D f(x,y)\mathrm{d}\sigma$ **收敛**,即

$$\iint\limits_D f(x,y)\mathrm{d}\sigma=\lim_{D_C\to D}\iint\limits_{D_C}f(x,y)\mathrm{d}\sigma=I.$$

否则,称 $\iint\limits_D f(x,y)\mathrm{d}\sigma$ **发散**.

例 9.2.7 设 D 是由全平面构成的,求 $\iint\limits_D e^{-x^2-y^2}\mathrm{d}x\mathrm{d}y$,$\int_{-\infty}^{+\infty}e^{-x^2}\mathrm{d}x$ 及 $\int_0^{+\infty}e^{-x^2}\mathrm{d}x$.

解 设 $D_R:x^2+y^2\leqslant R^2$,由极坐标可得

$$\iint\limits_{D_R} e^{-x^2-y^2}\,dxdy = \int_0^{2\pi} d\theta \int_0^R e^{-r^2}\,r dr = \pi(1-e^{-R^2}),$$

$$\iint\limits_{D} e^{-x^2-y^2}\,dxdy = \lim_{R\to+\infty}\iint\limits_{D_R} e^{-x^2-y^2}\,dxdy = \pi.$$

另外,设 $$D_M: -M\leqslant x\leqslant M, -M\leqslant y\leqslant M,$$

$$\iint\limits_{D_M} e^{-x^2-y^2}\,dxdy = \int_{-M}^{M} dx \int_{-M}^{M} e^{-x^2-y^2}\,dy = \left(\int_{-M}^{M} e^{-x^2}\,dx\right)^2,$$

因此 $$\iint\limits_{D} e^{-x^2-y^2}\,dxdy = \lim_{M\to+\infty}\iint\limits_{D_R} e^{-x^2-y^2}\,dxdy = \left(\int_{-\infty}^{+\infty} e^{-x^2}\,dx\right)^2,$$

所以 $$\int_{-\infty}^{+\infty} e^{-x^2}\,dx = \sqrt{\pi}.$$

又因为 e^{-x^2} 为偶函数,所以

$$\int_0^{+\infty} e^{-x^2}\,dx = \frac{\sqrt{\pi}}{2}.$$

9.3 三重积分

9.3.1 三重积分的概念

与平面薄片质量类似,密度为连续函数 $f(x,y,z)$ 的空间立体 Ω 的质量 M 可以表示为

$$M = \lim_{\lambda\to 0}\sum_{i=1}^{n} f(\xi_i,\eta_i,\zeta_i)\Delta v_i.$$

由此得到三重积分的定义:

定义 设 $f(x,y,z)$ 是空间有界闭区域 Ω 上的有界函数. 将 Ω 任意分成 n 个小闭区域 $\Delta v_1,\Delta v_2,\cdots,\Delta v_n$,其中 Δv_i 表示第 i 个小闭区域,也表示它的体积. 在每个 Δv_i 上任取一点 (ξ_i,η_i,ζ_i),并作和 $\sum\limits_{i=1}^{n} f(\xi_i,\eta_i,\zeta_i)\Delta v_i$. 如果当各小闭区域的直径中的最大值 λ 趋于零时,此和式的极限存在,则称此极限为函数 $f(x,y,z)$ 在闭区域 Ω 上的**三重积分**,记作 $\iiint\limits_{\Omega} f(x,y,z)\,dv$. 即

$$\iiint\limits_{\Omega} f(x,y,z)\,dv = \lim_{\lambda\to 0}\sum_{i=1}^{n} f(\xi_i,\eta_i,\zeta_i)\Delta v_i,$$

其中 $f(x,y,z)$ 称为**被积函数**,$f(x,y,z)dv$ 称为**被积表达式**,dv 称为**体积元素**,x,y,z 称为**积分变量**,Ω 称为**积分区域**.

在直角坐标系中,如果用平行于坐标面的平面来划分 Ω,除了包含 Ω 的边界点的

一些不规则小闭区域外,得到的小闭区域 Δv_i 均为长方体. 设小长方体的边长为 Δx_i, Δy_i, Δz_i,则

$$\Delta v_i = \Delta x_i \Delta y_i \Delta z_i.$$

因此,在直角坐标系中 $\mathrm{d}v$ 记作 $\mathrm{d}x\mathrm{d}y\mathrm{d}z$,于是

$$\iiint\limits_{\Omega} f(x,y,z)\mathrm{d}v = \iiint\limits_{\Omega} f(x,y,z)\mathrm{d}x\mathrm{d}y\mathrm{d}z,$$

其中 $\mathrm{d}x\mathrm{d}y\mathrm{d}z$ 称为直角坐标系中的**体积微元**.

根据定义,密度为 $f(x,y,z)$ 的空间立体 Ω 的质量为

$$M = \iiint\limits_{\Omega} f(x,y,z)\mathrm{d}v.$$

这就是三重积分的物理意义.

三重积分的性质与二重积分类似,这里不再叙述.

当函数 $f(x,y,z)$ 在闭区域 Ω 上连续时,极限 $\lim\limits_{\lambda\to 0}\sum\limits_{i=1}^{n} f(\xi_i,\eta_i,\zeta_i)\Delta v_i$ 总是存在的,因此函数 $f(x,y,z)$ 在闭区域 Ω 上的三重积分是存在的,以后也总假定函数 $f(x,y,z)$ 在闭区域 Ω 上是连续的.

9.3.2 直角坐标系下三重积分的计算

三重积分的计算与二重积分类似,基本思路是将三重积分化成累次积分,下面介绍直角坐标系下三重积分化成累次积分的方法.

为了化三重积分为三次积分,首先要写出闭区域的不等式表示.

假设平行于 z 轴且穿过区域 Ω 内部的直线和闭区域 Ω 的边界曲面的交点不多于两点,Ω 在 xOy 面上的投影区域为 D_{xy},如图 9-15 所示. 以 D_{xy} 的边界曲线为准线作母线平行于 z 轴的柱面,这个柱面与区域 Ω 的边界曲面 S 相交,并将 S 分成上、下两部分 S_2 和 S_1,它们分别为

$$S_1: z = z_1(x,y), \quad S_2: z = z_2(x,y),$$

其中 $z_1(x,y)$ 和 $z_2(x,y)$ 都是 D_{xy} 上的连续函数,且 $z_1(x,y) \leqslant z_2(x,y)$. 于是,积分区域 Ω 可示为

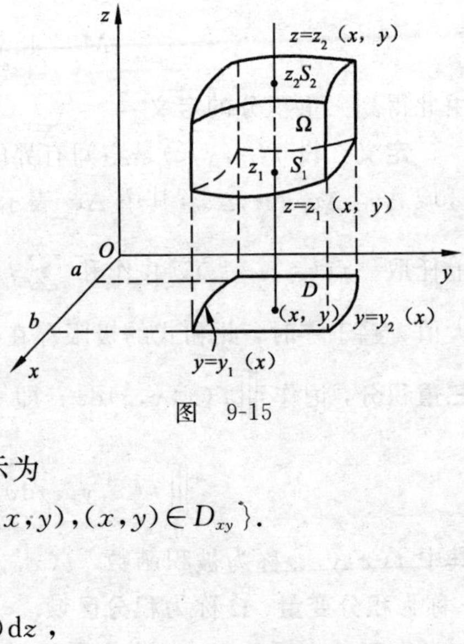

图 9-15

$$\Omega = \{(x,y,z) \mid z_1(x,y) \leqslant z \leqslant z_2(x,y), (x,y) \in D_{xy}\}.$$

将 x,y 看作定值,对 z 作定积分

$$\int_{z_1(x,y)}^{z_2(x,y)} f(x,y,z)\mathrm{d}z,$$

积分的结果是 x,y 的二元函数记为 $F(x,y)$，即

$$F(x,y)=\int_{z_1(x,y)}^{z_2(x,y)}f(x,y,z)\mathrm{d}z.$$

然后计算 $F(x,y)$ 在闭区域 D_{xy} 上的二重积分，如果闭区域 D_{xy} 可以表示为

$$D_{xy}=\{(x,y)\mid y_1(x)\leqslant y\leqslant y_2(x),a\leqslant x\leqslant b\},$$

把这个二重积分化为二次积分，便可得到三重积分化为先对 z，再对 y，最后对 x 的三次积分公式

$$\iiint\limits_{\Omega}f(x,y,z)\mathrm{d}v=\int_a^b\mathrm{d}x\int_{y_1(x)}^{y_2(x)}\mathrm{d}y\int_{z_1(x,y)}^{z_2(x,y)}f(x,y,z)\mathrm{d}z.$$

依次计算三个定积分，就得到三重积分的结果.

当然，也可以根据所给闭区域和被积函数的特点，把三重积分化为其他顺序的三次积分.

例 9.3.1 计算三重积分 $\iiint\limits_{\Omega}y\mathrm{d}x\mathrm{d}y\mathrm{d}z$，其中 Ω 是有三个坐标平面及平面 $x+y+2z=2$ 所围成的闭区域.

解 Ω 的图形如图 9-16 所示.

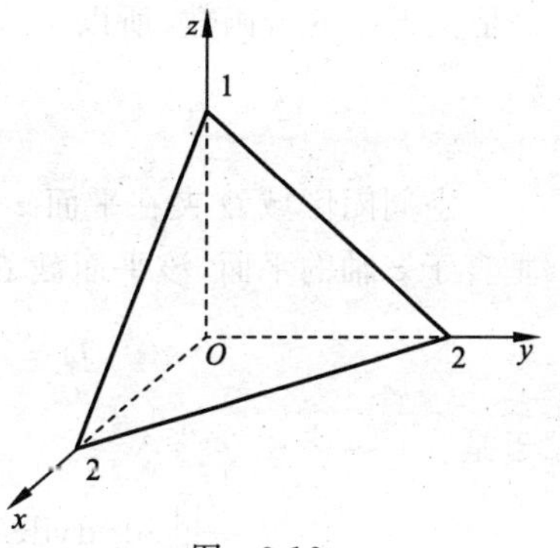

图 9-16

将 Ω 投影到 xOy 面上，得到投影区域 D_{xy} 为三角形闭区域 OAB. 直线 OA，OB 及 AB 的方程分别为 $y=0$，$x=0$ 及 $x+y=2$，所以 $D_{xy}=\{(x,y)\mid 0\leqslant y\leqslant 2-x,0\leqslant x\leqslant 2\}$.

在 D_{xy} 内任取一点 (x,y)，过该点作平行于 z 轴的直线，直线上位于 Ω 内的点的竖坐标满足 $0\leqslant z\leqslant 1-\frac{1}{2}(x+y)$，所以积分区域 Ω 可以表示为

$$\Omega=\left\{(x,y,z)\mid 0\leqslant z\leqslant 1-\frac{1}{2}(x+y),0\leqslant y\leqslant 2-x,0\leqslant x\leqslant 2\right\}.$$

于是，由三重积分的计算公式，可得

$$\begin{aligned}\iiint\limits_{\Omega}y\mathrm{d}x\mathrm{d}y\mathrm{d}z&=\int_0^2\mathrm{d}x\int_0^{2-x}\mathrm{d}y\int_0^{1-\frac{1}{2}(x+y)}y\mathrm{d}z=\int_0^2\mathrm{d}x\int_0^{2-x}[yz]\Big|_0^{1-\frac{1}{2}(x+y)}\mathrm{d}y\\&=\int_0^2\mathrm{d}x\int_0^{2-x}\left[y-\frac{1}{2}(xy+y^2)\right]\mathrm{d}y=\frac{1}{12}\int_0^2(2-x)^3\mathrm{d}x=\frac{1}{3}.\end{aligned}$$

三重积分的计算除了上述先求定积分再求二重积分的方法外，有时也可先求二重积分再求定积分（即先二后一法）.

设空间区域 Ω 夹在两个平行平面 $z=c_1$ 和 $z=c_2$ 之间，不妨设 $c_1<c_2$，过 z 轴上 $[c_1,c_2]$ 内任意一点 z 作垂直于 z 轴的平面，该平面截 Ω 得到平面区域 D_z（见图 9-17），则空间区域 Ω 可表示为

$$\Omega=\{(x,y,z)\mid(x,y)\in D_z,c_1\leqslant z\leqslant c_2\},$$

于是

$$\iiint\limits_{\Omega}y\mathrm{d}x\mathrm{d}y\mathrm{d}z=\int_{c_1}^{c_2}\mathrm{d}z\iint\limits_{D_z}f(x,y,z)\mathrm{d}x\mathrm{d}y.$$

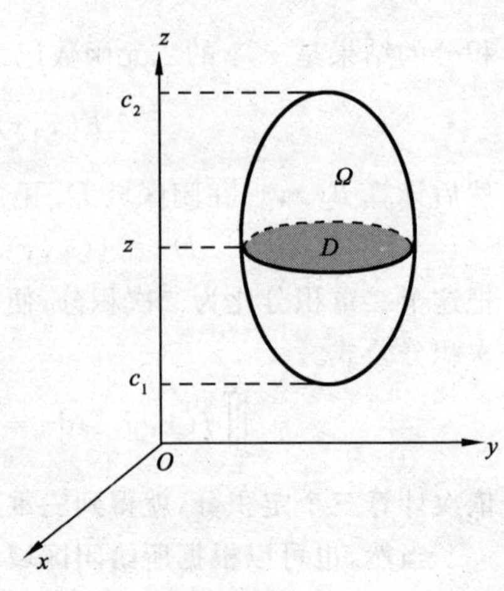

图 9-17

例 9.3.2 计算 $\iiint\limits_{\Omega}(x+z)\mathrm{d}x\mathrm{d}y\mathrm{d}z$，其中

$$\Omega=\left\{(x,y,z)\mid\frac{x^2}{a^2}+\frac{y^2}{b^2}+\frac{z^2}{c^2}\leqslant1,z\geqslant0,a>0,\right.$$

$\left.b>0,c>0\right\}$.

解 $\iiint\limits_{\Omega}(x+z)\mathrm{d}x\mathrm{d}y\mathrm{d}z=\iiint\limits_{\Omega}x\mathrm{d}x\mathrm{d}y\mathrm{d}z+\iiint\limits_{\Omega}z\mathrm{d}x\mathrm{d}y\mathrm{d}z$.

由于 Ω(上半椭球体)关于平面 $x=0$(yOz 坐标面)对称，而被积函数 $f(x,y,z)=x$ 是关于 x 的奇函数，所以

$$\iiint\limits_{\Omega}x\mathrm{d}x\mathrm{d}y\mathrm{d}z=0.$$

空间闭区域 Ω 夹在平面 $z=0$ 与平面 $z=c$ 之间，过 z 轴上 $[0,c]$ 内任意一点 z 作垂直于 z 轴的平面，该平面截 Ω 得到平面区域 D_z：

$$D_z=\left\{(x,y,z)\left|\frac{x^2}{a^2}+\frac{y^2}{b^2}\leqslant1-\frac{z^2}{c^2}\right.\right\}.$$

于是

$$\iiint\limits_{\Omega}z\mathrm{d}x\mathrm{d}y\mathrm{d}z==\int_0^c\mathrm{d}z\iint\limits_{D_z}z\mathrm{d}x\mathrm{d}y=\int_0^c z\mathrm{d}z\iint\limits_{D_z}\mathrm{d}x\mathrm{d}y.$$

而二重积分 $\iint\limits_{D_z}\mathrm{d}x\mathrm{d}y$ 的值等于平面闭区域 D_z 的面积. D_z 是椭圆

$$\frac{x^2}{a^2\left(1-\frac{z^2}{c^2}\right)}+\frac{y^2}{b^2\left(1-\frac{z^2}{c^2}\right)}\leqslant1,$$

所以它的面积为

$$\pi\sqrt{a^2(1-\frac{z^2}{c^2})}\sqrt{b^2(1-\frac{z^2}{c^2})}=\pi ab\left(1-\frac{z^2}{c^2}\right),$$

因此

$$\iiint\limits_{\Omega}z\mathrm{d}x\mathrm{d}y\mathrm{d}z=\int_0^c z\pi ab\left(1-\frac{z^2}{c^2}\right)\mathrm{d}z=\frac{\pi}{4}abc^2.$$

9.3.3 柱面坐标系下三重积分的计算

空间中的点除了用直角坐标表示外，还可以用柱面坐标来表示. 柱面坐标可以看成 xOy 面中的极坐标与直角坐标系中的竖坐标相结合而成的坐标.

设空间中的点 $M(x,y,z)$ 在 xOy 面上的投影为 P 的极坐标为 (ρ,θ)，则数组 (ρ,θ,z) 叫做点 M 的**柱面坐标**（见图 9-18）. 显然空间点 M 的柱面坐标 (ρ,θ,z) 与其直角坐标 (x,y,z) 的关系为

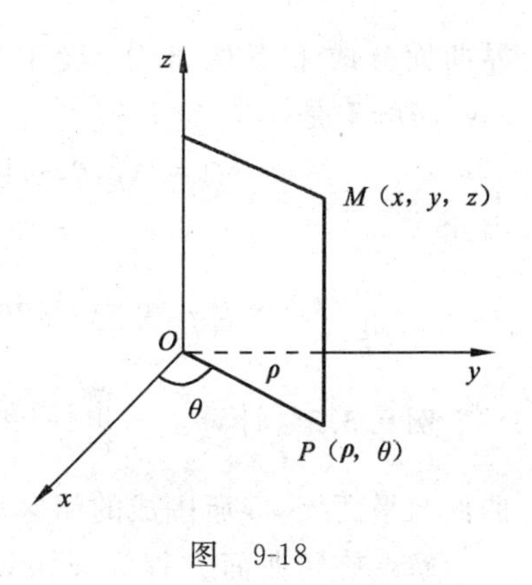

图 9-18

$$x=\rho\cos\theta,\quad y=\rho\sin\theta,\quad z=z,$$

其中

$$0\leqslant\rho<+\infty,\quad 0\leqslant\theta\leqslant 2\pi,\quad -\infty<z<+\infty.$$

柱面坐标系下的坐标平面是：

(1) ρ 为常数，表示以 z 轴为中心轴半径为 ρ 的圆柱面；

(2) θ 为常数，表示过 z 轴的半平面；

(3) z 为常数，表示平行于 xOy 面的平面.

利用柱面坐标来计算三重积分，需要把被积函数 $f(x,y,z)$、积分区域 Ω 和体积微元 $\mathrm{d}v$ 都用柱面坐标来表示. 为了得到柱面坐标系下体积微元 $\mathrm{d}v$，用柱面坐标系下的三组坐标平面去划分积分区域 Ω，设 $\Delta\Omega$（见图 9-19）是由半径为 ρ 和 $\rho+\mathrm{d}\rho$ 的柱面与极角为 θ 和 $\theta+\mathrm{d}\theta$ 的半平面，以及高度为 z 和 $z+\mathrm{d}z$ 的平面所围成的小柱体，其高度为 $\mathrm{d}z$，其底边可看成以 $\mathrm{d}\rho$ 和 $\rho\mathrm{d}\theta$ 为邻边的小矩形，因此体积微元为

$$\mathrm{d}v=\rho\mathrm{d}\rho\mathrm{d}\theta\mathrm{d}z,$$

这就是柱面坐标系下的体积微元. 而三重积分可化为

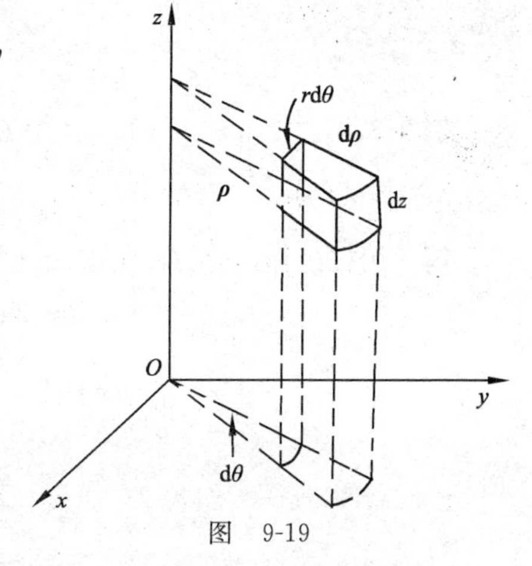

图 9-19

$$\iiint\limits_{\Omega}f(x,y,z)\mathrm{d}x\mathrm{d}y\mathrm{d}z=\iiint\limits_{\Omega}f(\rho\cos\theta,\rho\sin\theta,z)\rho\mathrm{d}\rho\mathrm{d}\theta\mathrm{d}z,$$

其中等式右端的 Ω 也应该用柱面坐标来表示.

上式右端的三重积分也应该化成三次积分进行计算. 假定平行于 z 轴的直线与区域 Ω 的边界最多有两个交点. 设 Ω 在 xOy 上的投影区域为 D，区域 D 用极坐标表示. 以区域 D 的边界曲线为准线平行于 z 轴的直线为母线的柱面将 Ω 的边

界曲面分成上下两部分,设下曲面的方程为 $z=z_1(\rho,\theta)$,上曲面的方程为 $z=z_2(\rho,\theta)$,于是

$$\Omega=\{(\rho,\theta,z)\mid z_1(\rho,\theta)\leqslant z\leqslant z_2(\rho,\theta),(\rho,\theta)\in D\},$$

因此

$$\iiint_{\Omega} f(\rho\cos\theta,\rho\sin\theta,z)\rho\mathrm{d}\rho\mathrm{d}\theta\mathrm{d}z=\iint_{D}\rho\mathrm{d}\rho\mathrm{d}\theta\int_{z_1(\rho,\theta)}^{z_2(\rho,\theta)} f(\rho\cos\theta,\rho\sin\theta,z)\mathrm{d}z.$$

例 9.3.3 计算 $I=\iiint_{\Omega}(z^2+y^2)dv$,其中 Ω 是由曲线 $\begin{cases}y^2=2x\\z=0\end{cases}$ 绕 x 轴旋转而成的曲面与平面 $x=5$ 所围成的闭区域.

解 旋转曲面方程为 $y^2+z^2=2x$,Ω 的图形如图 9-20 所示,显然,Ω 在 yOz 面上的投影区域为 D:$y^2+z^2\leqslant 10$,使用柱坐标计算,令

$$\begin{cases}y=\rho\cos\theta\\z=\rho\sin\theta,\\x=x\end{cases}$$

则 $\mathrm{d}v=\rho\mathrm{d}\rho\mathrm{d}\theta\mathrm{d}x$,故有 $I=\int_0^{2\pi}\mathrm{d}\theta\int_0^{\sqrt{10}}\rho^3\mathrm{d}\rho\int_{\frac{\rho^2}{2}}^{5}\mathrm{d}x=\frac{250}{3}\pi$.

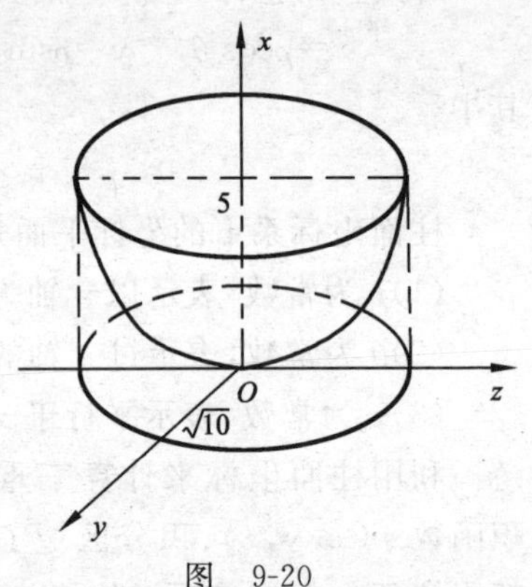

图 9-20

例 9.3.4 求 $\iiint_{\Omega} z\mathrm{d}x\mathrm{d}y\mathrm{d}z$,其中 Ω 由 $z=\sqrt{2-x^2-y^2}$,$z=x^2+y^2$ 围成.

解 用柱坐标, $\Omega:\begin{cases}\rho^2\leqslant z\leqslant\sqrt{2-\rho^2}\\0\leqslant\rho\leqslant 1\\0\leqslant\theta\leqslant 2\pi\end{cases}$,

$$\begin{aligned}\iiint_{\Omega} z\mathrm{d}x\mathrm{d}y\mathrm{d}z&=\int_0^{2\pi}\mathrm{d}\theta\int_0^1\rho\mathrm{d}\rho\int_{\rho^2}^{\sqrt{2-\rho^2}} z\mathrm{d}z\\&=\pi\int_0^1(2\rho-\rho^3-\rho^5)\mathrm{d}\rho\\&=\pi\left(1-\frac{1}{4}-\frac{1}{6}\right)=\frac{7\pi}{12}.\end{aligned}$$

9.3.4 球面坐标系下三重积分的计算

空间中的点可以用球面坐标来表示,空间中的点 $M(x,y,z)$ 也可以用三元有序数组 (r,φ,θ) 来确定,其中 r 表示点 M 到原点 O 的距离,φ 表示向量 $\overrightarrow{OM}$ 与 z 轴正半轴的夹角,设 $\overrightarrow{OM}$ 在 xOy 面上的投影向量为 $\overrightarrow{OP}$,则从 x 轴正半轴按逆时针方向转到 $\overrightarrow{OP}$ 的角度为 θ,如图 9-21 所示,这样的三个数 r,φ,θ 称为点 M **球面坐标**. 这里 r, φ,θ 的取

值范围为

$$0\leqslant r<+\infty,0\leqslant\varphi\leqslant\pi,0\leqslant\theta\leqslant 2\pi.$$

显然，点 M 的直角坐标(x,y,z)和球面坐标(r,φ,θ)之间有如下关系：

$$\begin{cases}x=r\sin\varphi\cos\theta\\y=r\sin\varphi\sin\theta\\z=r\cos\varphi\end{cases}.$$

球面坐标系下坐标平面分别为：

(1)r 为常数，表示圆心在原点的球面；

(2)φ 为常数，表示以原点为顶点 z 轴为对称轴的锥面；

(3)θ 为常数，表示过 z 轴的半平面.

现在考察三重积分在柱面坐标系下的形式. 我们需要把被积函数 $f(x,y,z)$、积分区域 Ω 和体积微元 $\mathrm{d}v$ 都用球面坐标来表示. 为了得到球面坐标系下体积微元 $\mathrm{d}v$，用球面坐标系下的三组坐标平面去划分积分区域 Ω，设 $\Delta\Omega$(见图 9-22)是由半径为 r 和 $r+\mathrm{d}r$的球面，与半顶角角为 φ 和 $\varphi+\mathrm{d}\varphi$ 的圆锥面，以及半平面 θ 和 $\theta+\mathrm{d}\theta$ 所围成的小立体，在不计高阶无穷小时，这个体积可以看作以 $r\mathrm{d}\theta$，$r\sin\varphi\mathrm{d}\varphi$，$\mathrm{d}r$ 为边的长方体，于是得到体积微元为

$$\mathrm{d}v=r^2\sin\varphi\mathrm{d}r\mathrm{d}\varphi\mathrm{d}\theta.$$

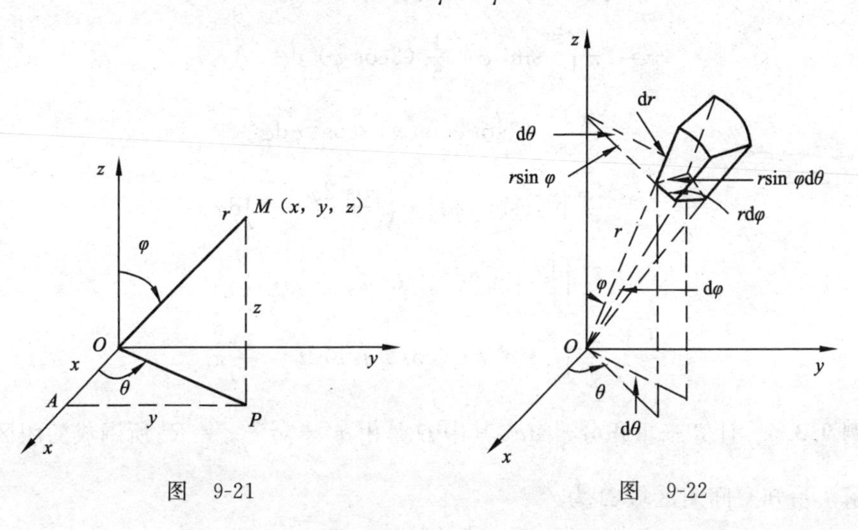

图 9-21　　图 9-22

再利用直角坐标和球面坐标的转化关系，可以得到球面坐标系下三重积分的计算公式

$$\iiint\limits_{\Omega}f(x,y,z)\mathrm{d}x\mathrm{d}y\mathrm{d}z=\iiint\limits_{\Omega}f(r\sin\varphi\cos\theta,r\sin\varphi\sin\theta,r\cos\varphi)r^2\sin\varphi\mathrm{d}r\mathrm{d}\varphi\mathrm{d}\theta.$$

当被积函数含有 $x^2+y^2+z^2$,积分区域是由球面或者球面和锥面所围成的区域时,利用球面坐标进行三重积分的计算往往能够使计算变得简便.

例 9.3.5 计算 $I=\iiint\limits_{\Omega}(x^2+y^2)\mathrm{d}v$,其中 Ω 由曲面 $z=\sqrt{x^2+y^2}$ 与 $z=1+\sqrt{1-x^2-y^2}$ 围成.

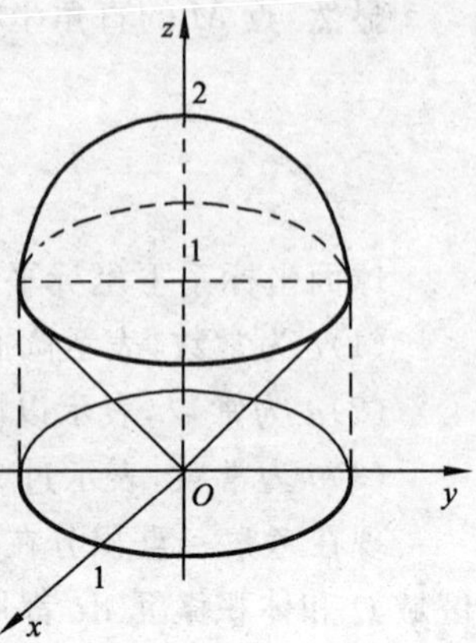

解 积分域 Ω 如图 9-23 所示.

用球坐标计算.

令
$$\begin{cases}x=r\sin\varphi\cos\theta\\ y=r\sin\varphi\sin\theta,\\ z=r\cos\varphi\end{cases}$$

则
$$\mathrm{d}v=r^2\sin\varphi\mathrm{d}r\mathrm{d}\varphi\mathrm{d}\theta,$$

Ω 的球坐标方程为
$$r\leqslant 2\cos\varphi,\quad 0\leqslant\varphi\leqslant\frac{\pi}{4},\quad 0\leqslant\theta\leqslant 2\pi,$$

图 9-23

于是有

$$\begin{aligned}I&=\int_0^{2\pi}\mathrm{d}\theta\int_0^{\frac{\pi}{4}}\sin\varphi\mathrm{d}\varphi\int_0^{2\cos\varphi}r^2\sin^2\varphi\cdot r^2\mathrm{d}r\\&=2\pi\int_0^{\frac{\pi}{4}}\sin^3\varphi\cdot\frac{1}{5}(2\cos\varphi)^5\mathrm{d}\varphi\\&=\frac{8\pi}{5}\int_0^{\frac{\pi}{4}}(2\sin\varphi\cos\varphi)^3\cos^2\varphi\mathrm{d}\varphi\\&=\frac{4\pi}{5}\int_0^{\frac{\pi}{4}}(\sin 2\varphi)^3\cdot\left(\frac{\cos 2\varphi+1}{2}\right)\mathrm{d}\varphi\\&=\frac{\pi}{5}\int_0^{\frac{\pi}{4}}(\sin 2\varphi)^3(\cos 2\varphi+1)\mathrm{d}(2\varphi)\\&\xlongequal{t=2\varphi}\frac{\pi}{5}\int_0^{\frac{\pi}{2}}\sin^3 t\cdot(\cos t+1)\mathrm{d}t=\frac{11}{30}\pi.\end{aligned}$$

例 9.3.6 计算三重积分 $\iiint\limits_{\Omega}\mathrm{d}v$,其中 Ω 是由 $x^2+y^2+z^2=R^2$ 所围成的闭区域.

解 易知空间闭区域 Ω 为
$$\Omega=\{(r,\theta,\varphi)\,|\,0\leqslant r\leqslant R,0\leqslant\varphi\leqslant\pi,0\leqslant\theta\leqslant 2\pi\},$$

于是

$$\begin{aligned}\iiint\limits_{\Omega}\mathrm{d}v&=\int_0^{2\pi}\mathrm{d}\theta\int_0^{\pi}\mathrm{d}\varphi\int_0^{R}\sin\varphi r^2\mathrm{d}r\\&=\int_0^{2\pi}\mathrm{d}\theta\int_0^{\pi}\sin\varphi\mathrm{d}\varphi\int_0^{R}r^2\mathrm{d}r=\frac{4\pi}{3}R^3.\end{aligned}$$

由例 9.3.6 被积函数的几何意义知，积分结果为积分区域的体积，而积分区域为球体，所以得到球体的体积为$\frac{4\pi}{3}R^3$.

例 9.3.7　计算 $I=\iiint\limits_{\Omega}(ax+by+cz)\mathrm{d}v$，其中 Ω 为球体 $x^2+y^2+z^2\leqslant 2z$.

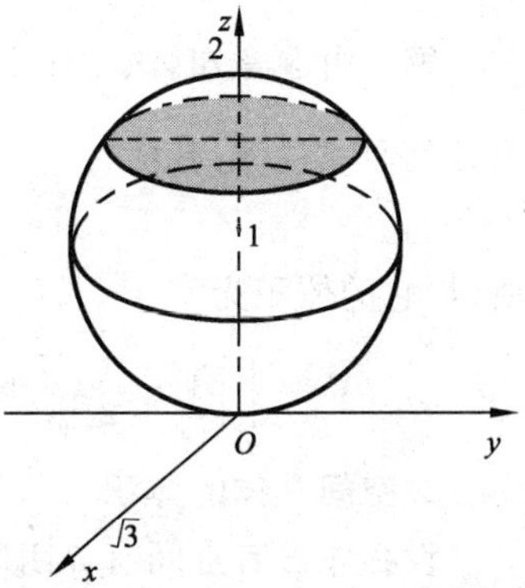

解　积分区域如图 9-24 所示. 注意到积分域 Ω 关于 xOz 面与 yOz 面对称，而 ax 与 by 关于 x 与 y 分别为奇函数，故由对称性定理知 $\iiint\limits_{\Omega}ax\,\mathrm{d}v=\iiint\limits_{\Omega}ay\,\mathrm{d}v=0$.

图　9-24

由于积分域 Ω 为球体，故采用球面坐标计算. 令

$$\begin{cases}x=r\cos\varphi\cos\theta\\ y=r\cos\varphi\sin\theta,\\ z=r\cos\varphi\end{cases}$$

$$\mathrm{d}v=r^2\sin\varphi\mathrm{d}r\mathrm{d}\varphi\mathrm{d}\theta,$$

于是有

$$\begin{aligned}I&=\iiint\limits_{\Omega}cz\,\mathrm{d}v\\&=c\int_0^{2\pi}\mathrm{d}\theta\int_0^{\frac{\pi}{2}}\cos\varphi\sin\varphi\mathrm{d}\varphi\int_0^{2\cos\varphi}r^3\,\mathrm{d}r\\&=2\pi c\int_0^{\frac{\pi}{2}}\cos\varphi\cdot\sin\varphi\cdot\frac{1}{4}(2\cos\varphi)^4\,\mathrm{d}\varphi\\&=8\pi c\int_0^{\frac{\pi}{2}}\cos\varphi\cdot\sin\varphi\mathrm{d}\varphi\\&=\frac{4}{3}\pi c.\end{aligned}$$

9.4　重积分的应用

本节将讨论重积分在几何、物理上的应用，实际上是定积分中元素法的推广.

9.4.1　几何应用

1. 曲顶柱体的体积

由本章第 1 节内容知，当连续函数 $f(x,y)\geqslant 0$ 时，以 xOy 面上的闭区域 D 为底，以曲面 $z=f(x,y)$ 为顶的曲顶柱体的体积 V 可以用二重积分表示，即

$$V=\iint_D f(x,y)\mathrm{d}\sigma .$$

例 9.4.1 求由三个坐标平面和平面 $x+y+2z=1$ 所围成的立体的体积.

解 由题意知,该立体是以 xOy 面上的闭区域 D 为底,以 $z=\frac{1}{2}-\frac{1}{2}(x+y)\geqslant 0$ 为顶的曲顶柱体,其中

$$D=\{(x,y)\mid 0\leqslant x\leqslant 1,0\leqslant y\leqslant 1-x\},$$

所以,它的体积为

$$V=\iint_D\left[1-\frac{1}{2}(x+y)\right]\mathrm{d}\sigma=\int_0^1\mathrm{d}x\int_0^{1-x}\left[1-\frac{1}{2}(x+y)\right]\mathrm{d}y=\frac{1}{12}.$$

2. 空间立体的体积

设物体占有空间有界闭区域 Ω,则它的体积 V 可以用二重积分表示为

$$V=\iint_D[z_2(x,y)-z_1(x,y)]\mathrm{d}\sigma .$$

其中 D 是 Ω 在 xOy 面上的投影区域.以 D 的边界曲线为母线,平行于 z 轴的直线为准线的柱面将区域 D 分成上下两个曲面. $y=z_2(x,y)$ 表示上曲面的方程,$y=z_1(x,y)$ 表示下曲面方程.

另一方面,空间立体 Ω 的体积也可以用三重积分表示为

$$V=\iiint_\Omega \mathrm{d}v .$$

而实际上由三重积分的计算方法,可以看到,上面两种方法在本质上是一致的.

例 9.4.2 求证:半径为 R 的球的体积为 $\frac{4\pi}{3}R^3$.

证 建立坐标系,使球心在原点,球体所占空间 Ω 是由 $x^2+y^2+z^2=R^2$ 所围成的闭区域,由例 9.3.6 可知,半径为 R 的球的体积为 $\frac{4\pi}{3}R^3$.

9.4.2 物理应用

1. 平面薄片、空间物体的质量

由本章第 1 节内容可知,平面薄片的质量 M 是它的面密度函数 $f(x,y)$ 在薄片所占区域 D 上的二重积分,即

$$M=\iint_D f(x,y)\mathrm{d}\sigma .$$

由本章第 3 节内容可知,空间物体的质量 M 是它的体密度函数 $f(x,y,z)$ 在 Ω 上的三重积分,即

$$M=\iiint_{\Omega} f(x,y,z)\,\mathrm{d}v.$$

2. 平面薄片、空间物体的质心

设一块平面薄片的质量分布不均匀，其面密度为 $f(x,y)$，其边界曲线围城的平面区域记为 D. 我们用元素法来得出薄片的质心公式.

在平面区域 D 上任意取一个很小的闭区域 $\Delta\sigma$，设 $P(x,y)$ 为 $\Delta\sigma$ 中的一点，$\Delta\sigma$ 的面积为 $\mathrm{d}\sigma$，则当 $f(x,y)$ 在 D 上连续时，小块薄片 $\Delta\sigma$ 的质量近似等于 $f(x,y)\,\mathrm{d}\sigma$，它对 y 轴的静力矩近似等于 $xf(x,y)\,\mathrm{d}\sigma$，这就是平面薄片对 y 轴的静力矩元素 $\mathrm{d}M_y$，即

$$\mathrm{d}M_y=xf(x,y)\,\mathrm{d}\sigma.$$

用静力矩元素为被积函数，在闭区域 D 上进行二重积分，便得到平面薄片对 y 轴的静力矩

$$M_y=\iint_D xf(x,y)\,\mathrm{d}\sigma.$$

同理，可以得到平面薄片对 x 轴的静力矩

$$M_x=\iint_D yf(x,y)\,\mathrm{d}\sigma.$$

设平面薄片的质心为 $(\overline{x},\overline{y})$，质量为 M. 由静力矩定理知，薄片对某坐标轴的静力矩等于位于质心 $(\overline{x},\overline{y})$ 质量为 M 的质点对该坐标轴的静力矩，即

$$\begin{cases}M_y=\overline{x}M\\ M_x=\overline{y}M\end{cases},$$

由此，可得

$$\begin{cases}\overline{x}=\dfrac{M_y}{M}=\dfrac{\iint_D xf(x,y)\,\mathrm{d}\sigma}{\iint_D f(x,y)\,\mathrm{d}\sigma}\\[2ex] \overline{y}=\dfrac{M_x}{M}=\dfrac{\iint_D yf(x,y)\,\mathrm{d}\sigma}{\iint_D f(x,y)\,\mathrm{d}\sigma}\end{cases}.$$

这就是平面薄片的质心坐标公式.

当薄片是均匀的，即面密度是常数 μ，则它的质心坐标为

$$\overline{x}=\frac{\iint_D x\mu\,\mathrm{d}\sigma}{\iint_D \mu\,\mathrm{d}\sigma}=\frac{\mu\iint_D x\,\mathrm{d}\sigma}{\mu\iint_D \mathrm{d}\sigma}=\frac{1}{A}\iint_D x\,\mathrm{d}\sigma,$$

同理可得

$$\overline{y}=\frac{1}{A}\iint_D y\,\mathrm{d}\sigma,$$

其中 A 表示积分区域 D 的面积,这时,平面薄片的质心就完全由闭区域 D 的形状决定,因而也把该质心叫做这个平面薄片的形心.因此,平面薄片的形心公式为

$$\overline{x}=\frac{1}{A}\iint_D x\,\mathrm{d}\sigma,\quad \overline{y}=\frac{1}{A}\iint_D y\,\mathrm{d}\sigma.$$

如果把对坐标轴的静力矩改成对坐标平面的静力矩,可类似地得到空间物体的质心公式

$$\begin{cases}\overline{x}=\dfrac{\iiint\limits_\Omega xf(x,y,z)\,\mathrm{d}v}{\iiint\limits_\Omega f(x,y,z)\,\mathrm{d}v},\\[2ex]\overline{y}=\dfrac{\iiint\limits_\Omega yf(x,y,z)\,\mathrm{d}v}{\iiint\limits_\Omega f(x,y,z)\,\mathrm{d}v},\\[2ex]\overline{z}=\dfrac{\iiint\limits_\Omega zf(x,y,z)\,\mathrm{d}v}{\iiint\limits_\Omega f(x,y,z)\,\mathrm{d}v}\end{cases}.$$

类似地可得到空间立体的形心公式

$$\overline{x}=\frac{1}{V}\iiint_\Omega x\,\mathrm{d}v,\quad \overline{y}=\frac{1}{V}\iiint_\Omega y\,\mathrm{d}v,\quad \overline{z}=\frac{1}{V}\iiint_\Omega z\,\mathrm{d}v.$$

例 9.4.3 求直线 $x+2y=6$ 与两坐标轴所围成的三角形均匀薄片的形心.

解 因为薄片是均匀的,所以其形心为

$$\overline{x}=\frac{1}{A}\iint_D x\,\mathrm{d}\sigma,\quad \overline{y}=\frac{1}{A}\iint_D y\,\mathrm{d}\sigma.$$

而三角形薄片的面积为 $A=\frac{1}{2}\cdot 3\cdot 6=9$.因此

$$\overline{x}=\frac{1}{9}\iint_D x\,\mathrm{d}\sigma=\frac{1}{9}\int_0^6\mathrm{d}x\int_0^{3-\frac{1}{2}x}x\,\mathrm{d}y=\frac{1}{9}\int_0^6\left(3x-\frac{1}{2}x^2\right)\mathrm{d}x=\frac{4}{3},$$

$$\overline{y}=\frac{1}{9}\iint_D y\,\mathrm{d}\sigma=\frac{1}{9}\int_0^6\mathrm{d}x\int_0^{3-\frac{1}{2}x}y\,\mathrm{d}y=\frac{1}{18}\int_0^6\left(3-\frac{1}{2}x\right)^2\mathrm{d}x=1,$$

所以形心位于点 $\left(\frac{4}{3},1\right)$.

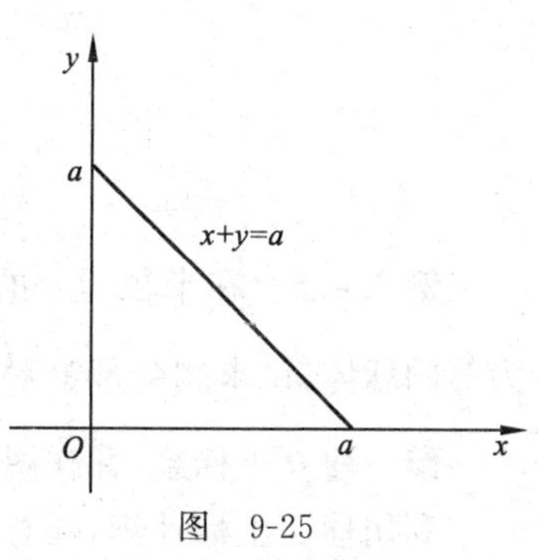

图　9-25

例 9.4.4　设有一等腰直角三角形薄片，腰长为 a，各点处的密度等于该点到直角顶点的距离的平方，求该薄片的重心.

解　如图 9-25 所示，建立直角坐标系并作图. 则薄片上的任一点 (x,y) 处的密度为 $\rho(x,y)=x^2+y^2$，于是

$$M_y=\iint_D x\rho(x,y)\mathrm{d}x\mathrm{d}y=\int_0^a \mathrm{d}y\int_0^{a-y} x(x^2+y^2)\mathrm{d}x=\frac{a^5}{15},$$

$$M_x=\iint_D y\rho(x,y)\mathrm{d}x\mathrm{d}y=\int_0^a \mathrm{d}x\int_0^{a-x} y(x^2+y^2)\mathrm{d}y=\frac{a^5}{15},$$

$$M=\iint_D \rho(x,y)\mathrm{d}x\mathrm{d}y=\int_0^a \mathrm{d}x\int_0^{a-x}(x^2+y^2)\mathrm{d}y=\frac{a^4}{6}.$$

故有　$\bar{x}=\dfrac{M_y}{M}=\dfrac{2a}{5}$，$\bar{y}=\dfrac{M_x}{M}=\dfrac{2a}{5}$，则所求重心为 $\left(\dfrac{2a}{5},\dfrac{2a}{5}\right)$.

3. 转动惯量

位于 xOy 平面上的点 $P(x,y)$ 处，质量为 M 的质点绕 x 轴、y 轴转动惯量分别为

$$I_x=My^2,\quad I_y=Mx^2.$$

下面考察平面薄片绕 x 轴、y 轴转动惯量.

设平面薄片的密度函数为 $f(x,y)$，其边界曲线围成的闭区域为 D. 在 D 内任取小薄片 $\Delta\sigma$，设 $P(x,y)$ 是 $\Delta\sigma$ 中的任意一点，$\Delta\sigma$ 的面积为 $\mathrm{d}\sigma$，若 $f(x,y)$ 是 D 上的连续函数，则 $\Delta\sigma$ 的质量近似等于 $f(x,y)\mathrm{d}\sigma$，它绕 y 轴旋转的转动惯量为 $x^2f(x,y)\mathrm{d}\sigma$，这就是平面薄片绕 y 轴旋转的转动惯量元素，即

$$\mathrm{d}I_y=x^2f(x,y)\mathrm{d}\sigma.$$

用上式在 D 上二重积分，就等到平面薄片绕 y 轴旋转的转动惯量，即

$$I_y=\iint_D x^2f(x,y)\mathrm{d}\sigma;$$

同理可得

$$I_y=\iint_D x^2f(x,y)\mathrm{d}\sigma.$$

对于空间物体，假设其密度函数是 $f(x,y,z)$，所占空间区域为 Ω，类似地可以得到此物体绕 x 轴、y 轴、z 轴、原点的转动惯量分别为

$$I_x=\iint_\Omega (y^2+z^2)f(x,y,z)\mathrm{d}v;$$

$$I_y=\iint_\Omega (x^2+z^2)f(x,y,z)\mathrm{d}v;$$

$$I_z=\iint\limits_{\Omega}(x^2+y^2)f(x,y,z)\mathrm{d}v\,;$$

$$I_o=\iint\limits_{\Omega}(x^2+y^2+z^2)f(x,y,z)\mathrm{d}v\,.$$

例 9.4.5 在半径为 a 的均匀密度($\rho=1$)的球体内部挖去两个互相外切的半径为$\dfrac{a}{2}$的球体,试求剩余部分对于这 3 个球的公共直径的转动惯量.

解 建立坐标系,并作图,如图 9-26 所示.

利用球面坐标计算,注意到对称性,则有

$$\begin{aligned}I_z&=\iiint\limits_{\Omega}(x^2+y^2)\mathrm{d}v\\&=2\int_0^{2\pi}\mathrm{d}\theta\int_0^{\frac{\pi}{2}}\sin^3\varphi\mathrm{d}\varphi\int_{a\cos\varphi}^{a}\rho^4\mathrm{d}\rho\\&=\frac{4}{5}\pi a^5\int_0^{\frac{\pi}{2}}\sin^3\varphi(1-\cos^5\varphi)\mathrm{d}\varphi\\&=\frac{1}{2}\pi a^5.\end{aligned}$$

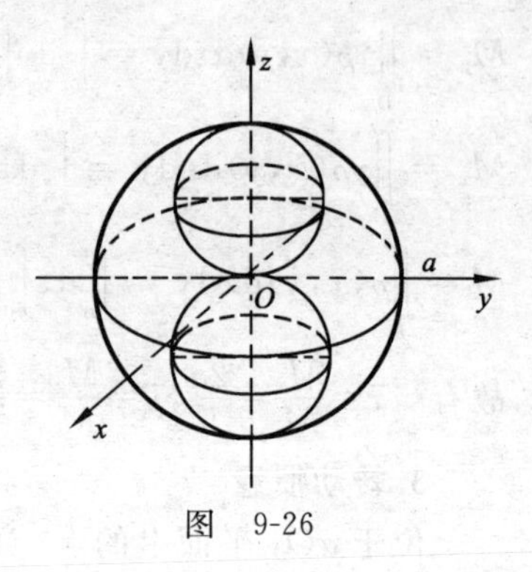

图 9-26

本章小结

一、本章主要知识点

(1)二重积分的概念、性质;

(2)在直角坐标系下计算二重积分;

(3)在极坐标系下计算二重积分;

(4)计算比较简单的反常二重积分;

(5)三重积分的概念;

(6)三重积分的计算(直角坐标、球面坐标、柱面坐标);

(7)重积分的应用.

二、本章教学重点

(1)二重积分的计算;

(2)三重积分的计算.

三、本章教学难点

(1)二重积分化为二次积分的积分限的确定;

(2)球面坐标系和柱面坐标系下三重积分的计算.

四、本章知识体系图

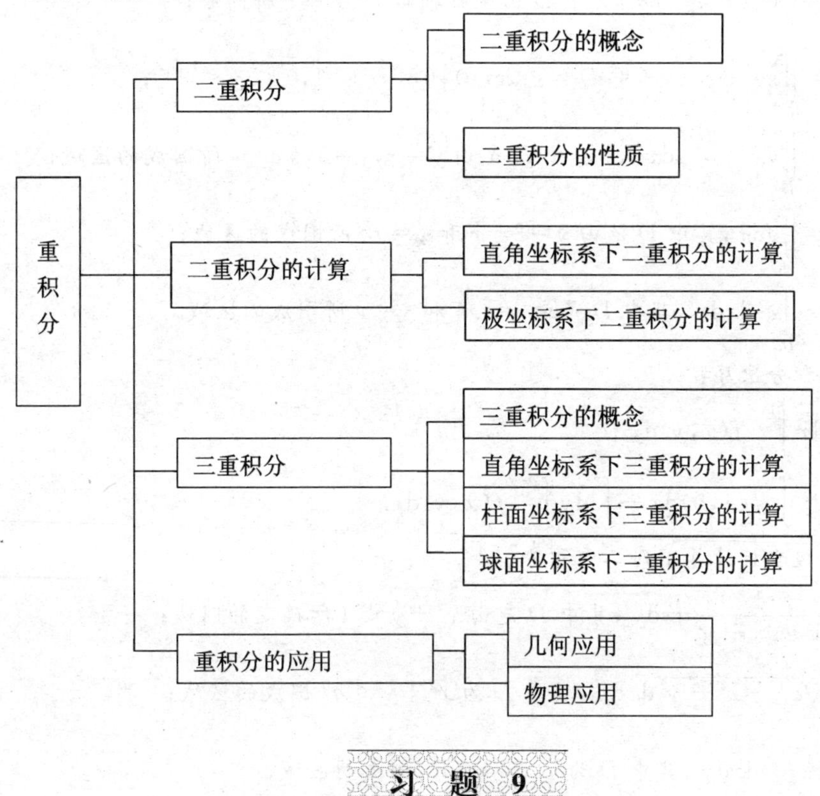

习 题 9

1. 设有一平面薄片(不计其厚度),占有 xOy 面上的闭区域 D,薄片上分布有面密度为 $\mu=\mu(x,y)$ 的电荷,且 $\mu(x,y)$ 在 D 上连续,试用二重积分表示该薄片上的全部电荷.

2. 比较下列各组积分的大小:

(1) $\iint\limits_D \ln(x+y)\mathrm{d}\sigma$ 与 $\iint\limits_D [\ln(x+y)]^2\mathrm{d}\sigma$,其中 $D=\{(x,y)\mid 0\leqslant x\leqslant 3, 3\leqslant y\leqslant 5\}$;

(2) $\iint\limits_D \ln^3(x+y)\mathrm{d}\sigma$ 与 $\iint\limits_D (x+y)^3\mathrm{d}\sigma$,其中 D 是由 $x=0, y=0, x+y=\frac{1}{2}, x+y=1$ 所围成的闭区域;

(3) $\iint\limits_D (x+y)^3\mathrm{d}\sigma$ 与 $\iint\limits_D [\sin(x+y)]^3\mathrm{d}\sigma$,其中 D 是由 $x=0, y=0, x+y=\frac{1}{2}$, $x+y=1$ 所围成的闭区域.

3. 计算下列二重积分:

(1) $I=\iint\limits_D (x^3+3x^2y+y^3)\mathrm{d}\sigma$,其中 $D=\{(x,y)\mid 0\leqslant x\leqslant 1, 0\leqslant y\leqslant 1\}$;

(2) $I=\iint\limits_{D}(3x+2y)\mathrm{d}\sigma$,其中 D 由坐标轴与 $x+y=2$ 所围成;

(3) $I=\iint\limits_{D}x\mathrm{e}^{xy}\mathrm{d}x\mathrm{d}y$,其中 $D=\{(x,y)\mid 0\leqslant x\leqslant 1,0\leqslant y\leqslant 1\}$;

(4) $I=\iint\limits_{D}(x+6y)\mathrm{d}x\mathrm{d}y$,其中 D 是由 $y=x,y=5x,x=1$ 所围成的区域;

(5) $I=\iint\limits_{D}y\mathrm{d}\sigma$,其中 D 是由 $y=2-x$ 和 $y=x^2$ 所围成的区域;

(6) $I=\iint\limits_{D}x^2\mathrm{d}x\mathrm{d}y$,其中 D 是由 $y=x^3$ 和 $y=x$ 所围成的区域.

4. 交换积分次序:

(1) $\int_0^1\mathrm{d}x\int_0^{1-x}f(x,y)\mathrm{d}y$;

(2) $\int_0^1\mathrm{d}y\int_0^y f(x,y)\mathrm{d}x+\int_1^2\mathrm{d}y\int_0^{2-y}f(x,y)\mathrm{d}x$.

5. 利用极坐标计算下列二重积分:

(1) $\iint\limits_{D}\frac{1}{1+x^2+y^2}\mathrm{d}x\mathrm{d}y$,其中 D 是由 $x^2+y^2\leqslant 4$ 所确定的圆域;

(2) $\iint\limits_{D}\sqrt{a^2-x^2-y^2}\mathrm{d}x\mathrm{d}y$,其中 D 为 $x^2+y^2\leqslant a^2$ 围成的区域;

(3) $\iint\limits_{D}\mathrm{e}^{-x^2-y^2}\mathrm{d}x\mathrm{d}y$,其中 D 为 $x^2+y^2\leqslant R^2$ 围成的区域;

(4) $\iint\limits_{D}\sqrt{x^2+y^2}\mathrm{d}x\mathrm{d}y$,其中 D 为围成的区域 $x^2+y^2\leqslant 2y$ 围成的区域.

6. 选择适当的坐标计算下列二重积分:

(1) $\iint\limits_{D}\sin\sqrt{x^2+y^2}\mathrm{d}x\mathrm{d}y$,其中 D 是圆环形闭区域:$\pi^2\leqslant x^2+y^2\leqslant 4\pi^2$;

(2) $\iint\limits_{D}\frac{x^2}{y^2}\mathrm{d}x\mathrm{d}y$,其中 D 是由直线 $x=2,y=x$ 及曲线 $xy=1$ 所围成的闭区域;

(3) $\iint\limits_{D}(x^2+y^2)\mathrm{d}x\mathrm{d}y$,其中 D 是由直线 $y=x,y=x+a,y=a,y=3a(a>0)$ 所围成的闭区域;

(4) $\iint\limits_{D}\sqrt{R^2-x^2-y^2}\mathrm{d}x\mathrm{d}y$,其中 D 是由圆周 $x^2+y^2=Rx$ 所围成的闭区域;

(5) $\iint\limits_{D}(x^2+y^2+2x)\mathrm{d}x\mathrm{d}y$,其中 $D=\{(x,y)\mid x^2+y^2\leqslant 2y\}$.

7. 利用二重积分计算由 $y=x^2,y=\sqrt{x}$ 所围成的区域的面积.

8. 利用二重积分计算由平面 $x=0,y=0,x+y=1$ 所围成的柱体被平面 $z=0$ 及抛物面 $x^2+y^2=6-z$ 所截得的立体的体积.

9. 化 $I=\iiint\limits_{\Omega} f(x,y,z)\mathrm{d}x\mathrm{d}y\mathrm{d}z$ 为三次积分,其中积分区域 Ω 分别是:

(1)由双曲抛物面 $xy=z$ 及平面 $x+y=1,z=0$ 所围成的闭区域.

(2)由曲面 $z=x^2+2y^2$ 及 $z=2-x^2$ 所围成的闭区域.

10. 利用直角坐标计算下列三重积分:

(1) $\iiint\limits_{\Omega} xz\mathrm{d}x\mathrm{d}y\mathrm{d}z$,其中 Ω 是平面 $z=0,z=y,y=1$ 以及抛物柱面 $y=x^2$ 所围成的闭区域;

(2) $\iiint\limits_{\Omega} y\sqrt{1-x^2}\mathrm{d}x\mathrm{d}y\mathrm{d}z$,其中 Ω 为曲面 $y=-\sqrt{1-x^2-z^2}$, $x^2+z^2=1$ 和平面 $y=1$ 所围成的闭区域.

11. 利用柱面坐标计算下列三重积分:

(1) $\iiint\limits_{\Omega} z\mathrm{d}v$,其中 Ω 是由曲面 $z=\sqrt{2-x^2-y^2}$ 及 $z=x^2+y^2$ 所围成的闭区域;

(2) $\iiint\limits_{\Omega} (x^2+y^2)\mathrm{d}v$,其中 Ω 是由曲面 $x^2+y^2=2z$ 及平面 $z=2$ 所围成的闭区域.

12. 利用球面坐标计算下列三重积分:

(1) $\iiint\limits_{\Omega} \sqrt{x^2+y^2+z^2}\mathrm{d}x\mathrm{d}y\mathrm{d}z$,其中 Ω 是由球面 $x^2+y^2+z^2=z$ 所围成的闭区域;

(2) $\iiint\limits_{\Omega} z\mathrm{d}x\mathrm{d}y\mathrm{d}z$,其中 Ω 是由不等式 $x^2+y^2+(z-a)^2\leqslant a^2$, $x^2+y^2\leqslant z^2$ 所确定.

13. 选择适当的坐标计算下列三重积分:

(1) $\iiint\limits_{\Omega} xy\mathrm{d}x\mathrm{d}y\mathrm{d}z$,其中 Ω 是由柱面 $x^2+y^2=1$ 及平面 $z=1,z=0,x=0,y=0$ 所围成的在第一象限内的闭区域;

(2) $\iiint\limits_{\Omega} (x^2+y^2)\mathrm{d}v$,其中 Ω 是由曲面 $4z^2=25(x^2+y^2)$ 及平面 $z=5$ 所围成的闭区域;

(3) $\iiint\limits_{\Omega} (y^2+z^2)\mathrm{d}v$,其中 Ω 是由不等式 $0<a\leqslant\sqrt{x^2+y^2+z^2}\leqslant A, z>0$ 所确定.

14. 利用三重积分计算由曲面 $z=\sqrt{x^2+y^2}$ 及 $z=x^2+y^2$ 所围成的立体的体积.

15.由不等式 $x^2+y^2+(z-1)^2\leqslant 1, x^2+y^2\leqslant z^2$ 所确定的物体,在其上任意一点的体密度 $\mu=z$,求该物体的质量.

16.求半圆形薄板 $x^2+y^2\leqslant a^2(y\geqslant 0)$ 的重心坐标,设它在点 M 的密度与点 M 到原点的距离成正比($a>0$).

17.计算由曲面 $z=x^2+y^2, x+y=a(a>0), x=0, y=0, z=0$ 所围立体的重心(设密度 $\mu=1$).

18.求半径为 R,高为 h 的均匀圆柱体对于过中心而平行于母线的轴的转动惯量(设密度 $\mu=1$)

自测题9

(满分100分,测试时间100分钟)

一、填空题(本题共5个小题,每小题3分,共计15分)

1.设 D 是由曲线 $|x|+|y|=1$ 所围成的闭区域,则二重积分 $\iint\limits_D (1+x+y)\mathrm{d}x\mathrm{d}y=$__________.

2. $\iint\limits_{x^2+y^2\leqslant 4} \mathrm{e}^{x^2+y^2}\mathrm{d}\sigma$ 的值是__________.

3.设 $D=\{(x,y)\,|\,x^2+y^2\leqslant 1\}$,则由估值不等式得______ $\leqslant \iint\limits_D (x^2+4y^2+1)\mathrm{d}x\mathrm{d}y \leqslant$__________.

4.三重积分 $\iiint\limits_{x^2+y^2+z^2\leqslant 1} (2x+3y)^2\mathrm{d}v=$__________.

5.将 $\int_{-1}^{1}\mathrm{d}x\int_{-\sqrt{1-x^2}}^{\sqrt{1-x^2}}\mathrm{d}y\int_{\sqrt{x^2+y^2}}^{1}f(x,y,z)\mathrm{d}z$ 化成先对 x 次对 y 最后对 z 积分的三次积分式为__________.

二、选择题(本题共5个小题,每小题2分,共计10分)

1.设平面区域 D 由 $x=0, y=0, x+y=\dfrac{1}{2}, x+y=1$ 围成,若 $I_1=\iint\limits_D [\ln(x+y)]^7\mathrm{d}x\mathrm{d}y, I_2=\iint\limits_D (x+y)^7\mathrm{d}x\mathrm{d}y, I_3=\iint\limits_D [\sin(x+y)]^7\mathrm{d}x\mathrm{d}y$,则 I_1, I_2, I_3 之间的大小顺序为( ).

A. $I_1<I_2<I_3$　　B. $I_2<I_1<I_3$

C. $I_3<I_1<I_2$　　D. $I_1<I_3<I_2$

2. 设 $D:1\leqslant x^2+y^2\leqslant 2^2$，$f$ 在 D 上连续函数，则二重积分 $\iint_D f(x^2+y^2)\mathrm{d}x\mathrm{d}y$ 在极坐标下等于(　　).

A. $2\pi\int_1^2 \rho f(\rho^2)\mathrm{d}\rho$　　　　B. $2\pi[\int_0^2 \rho f(\rho)\mathrm{d}\rho-\int_0^1 \rho f(\rho)\mathrm{d}\rho]$

C. $2\pi\int_1^2 \rho f(\rho)\mathrm{d}\rho$　　　　D. $2\pi[\int_0^2 f(\rho^2)\mathrm{d}\rho-\int_0^1 f(\rho^2)\mathrm{d}\rho]$

3. 设空间区域 $\Omega_1:x^2+y^2+z^2\leqslant R^2,z\geqslant 0$；$\Omega_2:x^2+y^2+z^2\leqslant R^2,x\geqslant 0,y\geqslant 0,z\geqslant 0$；则下列等式成立的是(　　).

A. $\iiint\limits_{\Omega_1} x\mathrm{d}v=4\iiint\limits_{\Omega_2} x\mathrm{d}v$　　　　B. $\iiint\limits_{\Omega_1} y\mathrm{d}v=4\iiint\limits_{\Omega_2} y\mathrm{d}v$

C. $\iiint\limits_{\Omega_1} z\mathrm{d}v=4\iiint\limits_{\Omega_2} z\mathrm{d}v$　　　　D. $\iiint\limits_{\Omega_1} xyz\mathrm{d}v=4\iiint\limits_{\Omega_2} xyz\mathrm{d}v$

4. 球心在原点，半径为 r 的球体 Ω，在其上任意一点的密度的大小与该点到球心的距离相等，则这一球体的质量为(　　).

A. $\iiint\limits_{\Omega}\mathrm{d}v$　　　　B. $\iiint\limits_{\Omega} x\mu\mathrm{d}v$

C. $\iiint\limits_{\Omega}\sqrt{x^2+y^2+z^2}\mathrm{d}v$　　　　D. $\iiint\limits_{\Omega} r\mathrm{d}v$

5. 设域 Ω 是由平面 $x+y+z=1,x=0,y=0,z=1,x+y=1$ 所围成，则三重积分 $\iiint\limits_{\Omega} f(x,y,z)\mathrm{d}v$ 化为三次积分，正确的是(　　).

A. $\int_0^1\mathrm{d}x\int_0^{1-x}\mathrm{d}y\int_{1-x-y}^1 f(x,y,z)\mathrm{d}z$　　　　B. $\int_0^1\mathrm{d}x\int_0^{1-x}\mathrm{d}y\int_1^{1-x-y} f(x,y,z)\mathrm{d}z$

C. $\int_0^1\mathrm{d}x\int_0^{1-x}\mathrm{d}y\int_0^{1-x-y} f(x,y,z)\mathrm{d}z$　　　　D. $\int_0^1\mathrm{d}x\int_0^{1-x}\mathrm{d}y\int_0^1 f(x,y,z)\mathrm{d}z$

三、计算题(本题共 6 个小题，每小题 10 分，共计 60 分)

1. 求 $\int_0^{\frac{R}{\sqrt{2}}}\mathrm{e}^{-y^2}\mathrm{d}y\int_0^y \mathrm{e}^{-x^2}\mathrm{d}x+\int_{\frac{R}{\sqrt{2}}}^R \mathrm{e}^{-y^2}\mathrm{d}y\int_0^{\sqrt{R^2-y^2}}\mathrm{e}^{-x^2}\mathrm{d}x$.

2. 计算二重积分 $\iint\limits_D |x^2+y^2-2|\mathrm{d}x\mathrm{d}y$，其中 $D:x^2+y^2\leqslant 3$.

3. 计算积分 $I=\int_0^2\mathrm{d}x\int_x^2 \mathrm{e}^{-y^2}\mathrm{d}y$.

4. 计算三重积分 $I=\int_{-R}^R\mathrm{d}x\int_{-\sqrt{R^2-x^2}}^{\sqrt{R^2-x^2}}\mathrm{d}y\int_{-\sqrt{R^2-x^2-y^2}}^0 (x^2+y^2)\mathrm{d}z$.

5. 计算 $I=\iiint\limits_{\Omega}(x+y+z)\mathrm{d}v$，其中 $\Omega:x^2+y^2+z^2\leqslant R^2,x\geqslant 0,y\geqslant 0,z\geqslant 0$.

6. 计算 $I=\iiint\limits_{\Omega} z\mathrm{d}v$，其中 Ω 由球面 $x^2+y^2+z^2=4$ 与抛物面 $x^2+y^2=3z$ 所围成的.

四、应用题(本题共2个小题,第1小题7分,第2小题8分,共计15分)

1. 求球面 $x^2+y^2+z^2=a^2$ 含在柱面 $x^2+y^2=ax(a>0)$ 内部的体积.

2. 由不等式 $x^2+y^2+(z-1)^2\leqslant 1, x^2+y^2\leqslant z^2$ 所确定的物体,在其上任意一点的体密度 $\mu=z$,求该物体质量.

第10章　曲线积分与曲面积分

上一章已经把积分概念从积分范围为数轴上一个区间的情形推广到积分范围为平面或空间内的一个闭区域的情形.本章将把积分概念推广到积分范围为一段曲线弧或一片曲面的情形,并阐明有关这两种积分的一些基本内容.

10.1　对弧长的曲线积分

10.1.1　对弧长的曲线积分的概念与性质

在引入定义之前,先看一个实例.

引例　曲线形构件的质量.设一曲线形构件形如 xOy 面内的一段曲线弧 L,如图10-1所示.L 的端点分别为 A 和 B,在 L 上任一点 (x,y) 处的线密度为 $\mu(x,y)$,且 $\mu(x,y)$ 在曲线 L 上连续,现在要计算 L 的质量 m.

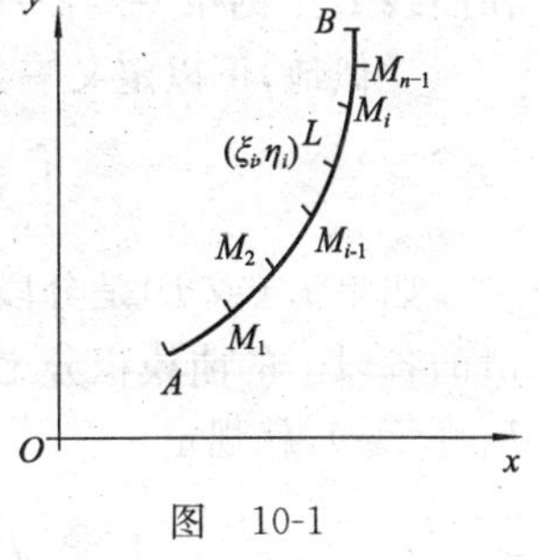

图　10-1

如果曲线构件是均匀分布的(即线密度为常量),则其质量等于线密度与曲线长度的乘积.当构件的线密度 $\mu(x,y)$ 不是常量时.用积分的思想求构件的质量.

首先,用 L 上的点 $M_1,M_2,\cdots,M_{n-1}$ 把 L 分成 n 个小段,取其中一小段构件 $\overset{\frown}{M_{i-1}M_i}$ 来分析.在线密度连续变化的前提下,只要这小段很短,就可以用这小段上任一点 (ξ_i,η_i) 处的线密度代替这小段上其他各点处的线密度,从而得到这小段构件的质量的近似值为

$$\mu(\xi_i,\eta_i)\Delta s_i\ ,$$

其中 Δs_i 表示 $\overset{\frown}{M_{i-1}M_i}$ 的长度.

于是整个曲线形构件的质量

$$m\approx\sum_{i=1}^{n}\mu(\xi_i,\eta_i)\Delta s_i\ .$$

用 λ 表示 n 个小弧段的最大长度.

为了计算 m 的精确值,取上式右端之和当 $\lambda\to 0$ 时的极限,从而得到

$$m=\lim_{\lambda\to 0}\sum_{i=1}^{n}\mu(\xi_i,\eta_i)\Delta s_i\ .$$

抽去上述问题的具体意义,就得到曲线积分的定义.

定义 设 L 为 xOy 面内的一条光滑曲线弧,函数 $f(x,y)$在 L 上有界.在 L 上任意插入一点列 $M_1,M_2,\cdots,M_{n-1}$ 把 L 分成 n 个小段.设第 i 个小段的长度为 Δs_i.又(ξ_i,η_i)为第 i 个小段上任意取定的一点,作乘积 $f(\xi_i,\eta_i)\Delta s_i(i=1,2,\cdots,n)$,并作和 $\sum\limits_{i=1}^{n}f(\xi_i,\eta_i)\Delta s_i$,如果当各小弧段的长度的最大值$\lambda\to 0$ 时,这和的极限总存在,则称此极限为函数 $f(x,y)$在曲线弧 L 上**对弧长的曲线积分**或**第一类曲线积分**,记作$\int_L f(x,y)\mathrm{d}s$,即

$$\int_L f(x,y)\mathrm{d}s=\lim_{\lambda\to 0}\sum_{i=1}^{n}\mu(\xi_i,\eta_i)\Delta s_i,$$

其中 $f(x,y)$ 叫做**被积函数**,L 叫做**积分弧段**.

根据这个定义,前述曲线形构件的质量 m 当线密度 $\mu(x,y)$ 在 L 上连续时,就等于对弧长的曲线积分,即

$$m=\int_L\mu(x,y)\mathrm{d}s.$$

可以证明:若函数 $f(x,y)$ 在光滑曲线 L 或者分段光滑曲线 L 上连续,则 $f(x,y)$ 在曲线 L 上的第一类曲线积分存在.

类似地,可以定义三元函数 $f(x,y,z)$ 沿空间曲线 Γ 的第一类曲线积分

$$\int_\Gamma f(x,y,z)\mathrm{d}s=\lim_{\lambda\to 0}\sum_{i=1}^{n}f(\xi_i,\eta_i,\zeta_i)\Delta s_i.$$

如果 L(或 Γ)是分段光滑的,则规定函数在 L(或 Γ)上的曲线积分等于函数在光滑的各段上的曲线积分之和.例如,设 L 可分成两段光滑曲线弧 L_1 及 L_2(记作 $L=L_1+L_2$),就规定

$$\int_{L_1+L_2}f(x,y)\mathrm{d}s=\int_{L_1}f(x,y)\mathrm{d}s+\int_{L_2}f(x,y)\mathrm{d}s.$$

如果 L 是闭曲线,那么函数 $f(x,y)$ 在闭曲线 L 上对弧长的曲线积分记为 $\oint_L f(x,y)\mathrm{d}s$.

由对弧长的曲线积分的定义可知,它有以下性质.

(1) $\int_L[f(x,y)\pm g(x,y)]\mathrm{d}s=\int_L f(x,y)\mathrm{d}s\pm\int_L g(x,y)\mathrm{d}s$;

(2) $\int_L kf(x,y)\mathrm{d}s=k\int_L f(x,y)\mathrm{d}s$ (k 为常数);

(3) $\int_L f(x,y)\mathrm{d}s=\int_{L_1}f(x,y)\mathrm{d}s+\int_{L_2}f(x,y)\mathrm{d}s$ $(L=L_1+L_2)$;

(4) $\int_L\mathrm{d}s=l$ (l 为曲线弧 L 的长度).

(5)设 L 关于 y 轴对称(L_1 表示 L 在 y 轴右侧的部分),则

$$\int_L f(x,y)\mathrm{d}s=\begin{cases}0 & \text{当 } f(x,y) \text{ 关于 } x \text{ 为奇函数} \\ 2\int_{L_1} f(x,y)\mathrm{d}s & \text{当 } f(x,y) \text{ 关于 } x \text{ 为偶函数}\end{cases};$$

若 L 关于 x 轴对称,则有类似的结论.

10.1.2 对弧长的曲线积分的计算法

定理 设 $f(x,y)$ 在曲线弧 L 上有定义且连续,L 的参数方程为

$$\begin{cases}x=\varphi(t) \\ y=\Psi(t)\end{cases} \quad (\alpha \leqslant t \leqslant \beta),$$

其中 $\varphi(t)$,$\Psi(t)$ 在 $[\alpha,\beta]$ 上具有一阶连续导数,且 $\varphi'^2(t)+\Psi'^2(t)\neq 0$,则曲线积分 $\int_L f(x,y)\mathrm{d}s$ 存在,且

$$\int_L f(x,y)\mathrm{d}s=\int_\alpha^\beta f[\varphi(t),\Psi(t)]\sqrt{\varphi'^2(t)+\Psi'^2(t)}\mathrm{d}t \quad (\alpha<\beta). \quad (10.1.1)$$

证 根据对弧长的曲线积分的定义,有

$$\int_L f(x,y)\mathrm{d}s=\lim_{\lambda\to 0}\sum_{i=1}^n f(\xi_i,\eta_i)\Delta s_i .$$

设各分点对应参数为 t_i $(i=0,1,\cdots,n)$,点 (ξ_i,η_i) 对应参数值 τ_i ,即 $\xi_i=\varphi(\tau_i)$ 、$\eta_i=\Psi(\tau_i)$,这里 $t_{i-1}\leqslant\tau_i\leqslant t_i$. 由弧长的计算公式及定积分的中值定理可得

$$\Delta s_i=\int_{t_{i-1}}^{t_i}\sqrt{\varphi'^2(t)+\Psi'^2(t)}\mathrm{d}t=\sqrt{\varphi'^2(\tau'_i)+\Psi'^2(\tau'_i)}\Delta t_i ,$$

其中 $\tau'_i\in[t_{i-1},t_i]$. 于是

$$\begin{aligned}\int_L f(x,y)\mathrm{d}s&=\lim_{\lambda\to 0}\sum_{i=1}^n f[\varphi(\tau_i),\Psi(\tau_i)]\sqrt{\varphi'^2(\tau'_i)+\Psi'^2(\tau'_i)}\Delta t_i \\ &=\lim_{\lambda\to 0}\sum_{i=1}^n f[\varphi(\tau_i),\Psi(\tau_i)]\sqrt{\varphi'^2(\tau_i)+\Psi'^2(\tau_i)}\Delta t_i \\ &=\int_\alpha^\beta f[\varphi(t),\Psi(t)]\sqrt{\varphi'^2(t)+\Psi'^2(t)}\mathrm{d}t .\end{aligned}$$

这就是第一类曲线积分的计算公式.

公式(10.1.1)可推广到空间曲线弧 Γ 由参数方程

$$\begin{cases}x=\varphi(t) \\ y=\Psi(t) \\ z=\omega(t)\end{cases} \quad (\alpha\leqslant t\leqslant\beta)$$

给出的情形,这时有

$$\int_\Gamma f(x,y,z)\mathrm{d}s=\int_\alpha^\beta f[\varphi(t),\Psi(t),\omega(t)]\sqrt{\varphi'^2(t)+\Psi'^2(t)+\omega'^2(t)}\mathrm{d}t \quad (\alpha<\beta).$$

由于弧长的微分 $\mathrm{d}s$ 总是正的,所以相应的 L 也应当为正的,因此上面等式右边定

积分的下限必须小于上限.

尽管曲线 L 的方程可以有不同的表示形式,但在计算第一类曲线积分时,通常都化为参数方程.例如:

(1)当曲线 L 由方程 $y=y(x)$ ($a\leqslant x\leqslant b$) 给出时,可将 x 视为参数,则

$$\int_L f(x,y)\mathrm{d}s=\int_a^b f[x,y(x)]\sqrt{1+y'^2(x)}\mathrm{d}x.$$

(2)当曲线 L 由方程 $x=x(y)$ ($c\leqslant y\leqslant d$) 给出时,可将 y 视为参数,则

$$\int_L f(x,y)\mathrm{d}s=\int_c^d f[x(y),y]\sqrt{1+x'^2(y)}\mathrm{d}y.$$

(3)当曲线 L 由极坐标方程 $r=r(\theta)$ ($\alpha\leqslant\theta\leqslant\beta$)给出时,利用极坐标和直角坐标的关系 $x=r(\theta)\cos\theta$, $y=r(\theta)\sin\theta$,可将 θ 视为参数,则

$$\int_L f(x,y)\mathrm{d}s=\int_\alpha^\beta f[r(\theta)\cos\theta,r(\theta)\sin\theta]\sqrt{r^2(\theta)+r'^2(\theta)}\mathrm{d}\theta.$$

例 10.1.1 计算 $\oint_L (x^2+y^2)^n\mathrm{d}s$,其中 L 为圆周 $x=a\cos t$, $y=a\sin t(0\leqslant t\leqslant 2\pi$, $a>0)$.

解 由曲线积分计算法,代入参数

$$\begin{aligned}\oint_L (x^2+y^2)^n\mathrm{d}s&=\int_0^{2\pi}(a^2\cos^2 t+a^2\sin^2 t)^n\sqrt{(-a\sin t)^2+(a\cos t)^2}\mathrm{d}t\\&=\int_0^{2\pi}a^{2n+1}\mathrm{d}t=2\pi a^{2n+1}.\end{aligned}$$

例 10.1.2 计算 $\oint_L \mathrm{e}^{\sqrt{x^2+y^2}}\mathrm{d}s$,其中 L 为圆周 $x^2+y^2=a^2$ $(a>0)$,直线 $y=x$ 及 x 轴在第一象限内所围成的扇形的整个边界,图 10-2 所示.

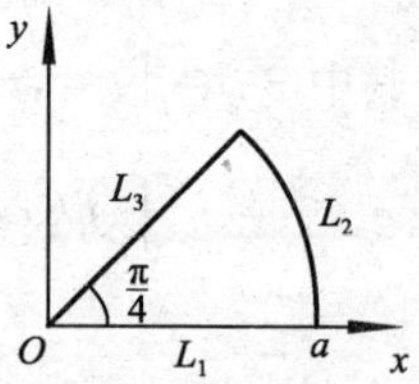

图 10-2

解 $L=L_1\cup L_2\cup L_3$,其中,

L_1 在 x 轴上: $y=0$ ($0\leqslant x\leqslant a$);

$$L_2:\begin{cases}x=a\cos t\\y=a\sin t\end{cases}\quad\left(0\leqslant t\leqslant\frac{\pi}{4}\right);$$

$$L_3:\begin{cases}x=x\\y=x\end{cases}\quad\left(0\leqslant x\leqslant\frac{a}{\sqrt{2}}\right),$$

故

$$\begin{aligned}\oint_L \mathrm{e}^{\sqrt{x^2+y^2}}\mathrm{d}s&=\int_{L_1}\mathrm{e}^{\sqrt{x^2+y^2}}\mathrm{d}x+\int_{L_2}\mathrm{e}^{\sqrt{x^2+y^2}}\mathrm{d}x+\int_{L_3}\mathrm{e}^{\sqrt{x^2+y^2}}\mathrm{d}x\\&=\int_0^a\mathrm{e}^x\mathrm{d}x+\int_0^{\frac{\pi}{4}}a\mathrm{e}^a\mathrm{d}t+\int_0^{\frac{a}{\sqrt{2}}}\mathrm{e}^{\sqrt{2}x}\sqrt{2}\mathrm{d}x\\&=\mathrm{e}^a-1+\frac{\pi}{4}a\mathrm{e}^a+\mathrm{e}^a-1\end{aligned}$$

$$=2(e^a-1)+\frac{\pi}{4}ae^a\,.$$

例 10.1.3　计算 $\oint_L(2xy+3x^2+4y^2)\mathrm{d}s$,其中 L 为椭圆 $\frac{x^2}{4}+\frac{y^2}{3}=1$,其周长记为 $a\ (a>0)$.

解　$$\oint_L(2xy+3x^2+4y^2)\mathrm{d}s=2\oint_L xy\mathrm{d}s+\oint_L(3x^2+4y^2)\mathrm{d}s\,,$$

由奇偶对称性(性质 5),可知

$$\oint_L xy\,\mathrm{d}s=0\,.$$

由 L 的方程知 L 上点的坐标满足 $3x^2+4y^2=12$,因此

$$\oint_L(3x^2+4y^2)\mathrm{d}s=\oint_L 12\mathrm{d}s=12a\,.$$

所以

$$\oint_L(2xy+3x^2+4y^2)\mathrm{d}s=12a\,.$$

例 10.1.4　计算 $\oint_L\sqrt{x^2+y^2}\,\mathrm{d}s$,其中 L 为 $x^2+y^2=ax\ (a>0)$.

解　L 用极坐标方程表示为

$$r=a\cos\theta\quad\left(-\frac{\pi}{2}\leqslant\theta\leqslant\frac{\pi}{2}\right),$$

又

$$\mathrm{d}s=\sqrt{r^2(\theta)+r'^2(\theta)}\,\mathrm{d}\theta=\sqrt{a^2\cos^2\theta+a^2\sin^2\theta}\,\mathrm{d}\theta=a\mathrm{d}\theta\,,$$

所以

$$\oint_L\sqrt{x^2+y^2}\,\mathrm{d}s=\oint_L\sqrt{ax}\,\mathrm{d}s=\int_{-\frac{\pi}{2}}^{\frac{\pi}{2}}\sqrt{a^2\cos^2\theta}\cdot a\mathrm{d}\theta$$

$$=a^2\int_{-\frac{\pi}{2}}^{\frac{\pi}{2}}\cos\theta\mathrm{d}\theta=2a^2\,.$$

10.2　对坐标的曲线积分

10.2.1　对坐标的曲线积分的概念与性质

本节要讨论另一种曲线积分——对坐标的曲线积分,在具体讨论之前先看一个实例.

引例　变力沿曲线所做的功.设质点在变力 $\boldsymbol{F}(x,y)=P(x,y)\boldsymbol{i}+Q(x,y)\boldsymbol{j}$ 的作用下从 A 点沿平面光滑曲线 L 移动到 B 点,现在要计算变力 $\boldsymbol{F}$ 所做的功 W (见图 10-3).

我们知道,如果力 $\boldsymbol{F}$ 是恒力,且质点从 A 沿直线移动到 B ,那么恒力 $\boldsymbol{F}$ 所做的功

$W = \boldsymbol{F} \cdot \overrightarrow{AB}$. 现在 $\boldsymbol{F}(x,y)$ 是变力,且质点沿曲线 L 移动,功 W 不能直接按以上公式计算. 然而第1节中用来处理曲线形构件质量问题的方法,原则上也适用于目前的问题.

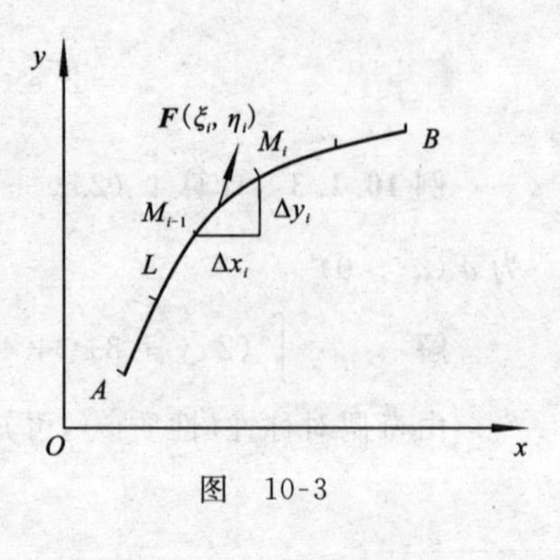

图 10-3

(1)分割.

把 L 分成 n 个小弧段, $\boldsymbol{F}$ 沿 $\overset{\frown}{M_{i-1}M_i}$ 所做的功为 ΔW_i ,则

$$W = \sum_{i=1}^{n} \Delta W_i .$$

(2)近似替代.

有向小弧段 $\overset{\frown}{M_{i-1}M_i}$ 用有向线段 $\overrightarrow{M_{i-1}M_i} = (\Delta x_i, \Delta y_i)$ 近似代替,在 $\overset{\frown}{M_{i-1}M_i}$ 上任取一点 (ξ_i, η_i) ,则有

$$\Delta W_i \approx \boldsymbol{F}(\xi_i, \eta_i) \cdot \overrightarrow{M_{i-1}M_i} = P(\xi_i, \eta_i)\Delta x_i + Q(\xi_i, \eta_i)\Delta y_i .$$

(3)求和.

$$W \approx \sum_{i=1}^{n} [P(\xi_i, \eta_i)\Delta x_i + Q(\xi_i, \eta_i)\Delta y_i].$$

(4)取极限.

$$W = \lim_{\lambda \to 0} \sum_{i=1}^{n} [P(\xi_i, \eta_i)\Delta x_i + Q(\xi_i, \eta_i)\Delta y_i].$$

其中 λ 为 n 个小弧段中的最大长度.

这种和的极限在研究其他问题时也会遇到. 现在引入下面的定义.

定义 设 $P(x,y)$, $Q(x,y)$ 是定义在平面有向光滑曲线 L 上的有界函数,将 L 分成 n 个小段. 设第 i 个小曲线段 $\overset{\frown}{M_{i-1}M_i}$ 在 x 轴和 y 轴上的投影分别是 Δx_i 和 Δy_i ,并在 $\overset{\frown}{M_{i-1}M_i}$ 上任取一点 (ξ_i, η_i) ,作和式 $\sum\limits_{i=1}^{n} P(\xi_i, \eta_i)\Delta x_i$ 与 $\sum\limits_{i=1}^{n} Q(\xi_i, \eta_i)\Delta y_i$. 如果对任何 L 的分法及介点 (ξ_i, η_i) 的取法,只要各个小弧段的长度的最大值 $\lambda \to 0$ 时,上述两个和式的极限存在且有确定的值,则称这两极限之和为向量函数 $P(x,y)$, $Q(x,y)$ 在有向曲线 L 上的**对坐标的曲线积分**,或**第二类曲线积分**,记作

$$\int_L P(x,y)\mathrm{d}x + Q(x,y)\mathrm{d}y .$$

即

$$\int_L P(x,y)\mathrm{d}x + Q(x,y)\mathrm{d}y = \lim_{\lambda \to 0} \sum_{i=1}^{n} P(\xi_i, \eta_i)\Delta x_i + \lim_{\lambda \to 0} \sum_{i=1}^{n} Q(\xi_i, \eta_i)\Delta y_i ,$$

其中 $P(x,y)$, $Q(x,y)$ 称为**被积函数**,曲线 L 称为**积分路径**.

可以证明:若函数 $P(x,y)$, $Q(x,y)$ 分别在有向光滑曲线(或分段光滑曲线) L

上连续,则 $(P(x,y),Q(x,y))$ 在有向曲线上的第二类曲线积分存在.

类似地,可以定义空间向量函数

$$\boldsymbol{F}(x,y,z)=(P(x,y,z),Q(x,y,z),R(x,y,z))$$

沿空间有向光滑曲线 Γ 上的第二类曲线积分

$$\int_\Gamma P(x,y,z)\mathrm{d}x+Q(x,y,z)\mathrm{d}y+R(x,y,z)\mathrm{d}z$$

$$=\lim_{\lambda\to 0}\sum_{i=1}^{n}P(\xi_i,\eta_i,\zeta_i)\Delta x_i+\lim_{\lambda\to 0}\sum_{i=1}^{n}Q(\xi_i,\eta_i,\zeta_i)\Delta y_i+\lim_{\lambda\to 0}\sum_{i=1}^{n}R(\xi_i,\eta_i,\zeta_i)\Delta z_i.$$

设 $\alpha(x,y)$, $\beta(x,y)$ 为平面有向曲线 L 上点 (x,y) 处切线向量的方向角,则由 $\cos\alpha\mathrm{d}s=\mathrm{d}x$, $\cos\beta\mathrm{d}s=\mathrm{d}y$ 可得平面曲线 L 上第一类曲线积分和第二类曲线积分之间的关系式

$$\int_L P\mathrm{d}x+Q\mathrm{d}y=\int_L(P\cos\alpha+Q\cos\beta)\mathrm{d}s.$$

第二类曲线积分有下列性质:

(1) k 为常数,则

$$\int_L k[P(x,y)\mathrm{d}x+Q(x,y)\mathrm{d}y]=k\int_L P(x,y)\mathrm{d}x+Q(x,y)\mathrm{d}y.$$

(2)如果把 L 分成 L_1 和 L_2 (L_1 , L_2 的方向与 L 相同)两段光滑曲线弧,则

$$\int_L P(x,y)\mathrm{d}x+Q(x,y)\mathrm{d}y=\int_{L_1}P(x,y)\mathrm{d}x+Q(x,y)\mathrm{d}y+\int_{L_2}P(x,y)\mathrm{d}x+Q(x,y)\mathrm{d}y.$$

(3)设 L 是有向光滑曲线弧, L^- 是与 L 方向相反的有向曲线,则

$$\int_{L^-}P(x,y)\mathrm{d}x+Q(x,y)\mathrm{d}y=-\int_L P(x,y)\mathrm{d}x+Q(x,y)\mathrm{d}y.$$

10.2.2　对坐标的曲线积分的计算法

定理　设 $P(x,y)$, $Q(x,y)$ 在有向曲线弧 L 上有定义且连续, L 的参数方程为

$$\begin{cases}x=\varphi(t)\\ y=\Psi(t)\end{cases}\quad t:\alpha\to\beta,$$

$t:\alpha\to\beta$ 表示参数 t 单调地由 α 变化到 β ,其中 $\varphi(t)$, $\Psi(t)$ 在以 α 及 β 为端点的闭区间上具有一阶连续导数,且 $\varphi'^2(t)+\Psi'^2(t)\neq 0$,则曲线积分 $\int_L P(x,y)\mathrm{d}x+Q(x,y)\mathrm{d}y$ 存在,且

$$\int_L P(x,y)\mathrm{d}x+Q(x,y)\mathrm{d}y=\int_\alpha^\beta[P(\varphi(t),\Psi(t))\varphi'(t)+Q(\varphi(t),\Psi(t))\Psi'(t)]\mathrm{d}t. \tag{10.2.1}$$

证　设 $\alpha=t_0,t_1,\cdots,t_{n-1},t_n=\beta$ 为一列单调变化的参数值. 根据对坐标的曲线积分的定义,有

$$\int_L P(x,y)\mathrm{d}x = \lim_{\lambda\to 0}\sum_{i=1}^{n} P(\xi_i,\eta_i)\Delta x_i .$$

设 (ξ_i,η_i) 点对应于参数值 τ_i，即 $\xi_i=\varphi(\tau_i)$，$\eta_i=\Psi(\tau_i)$，这里 $t_{i-1}\leqslant\tau_i\leqslant t_i$. 根据拉格朗日中值定理有

$$\Delta x_i = x_i - x_{i-1} = \varphi(t_i)-\varphi(t_{i-1}) = \varphi'(\tau'_i)\Delta t_i ,$$

其中 τ'_i 介于 t_{i-1} 与 t_i 之间. 于是

$$\int_L P(x,y)\mathrm{d}x = \lim_{\lambda\to 0}\sum_{i=1}^{n} P(\varphi(\tau_i),\Psi(\tau_i))\varphi'(\tau'_i)\Delta t_i .$$

因为函数 $\varphi'(t)$ 在闭区间 $[\alpha,\beta]$（或 $[\beta,\alpha]$）上连续，所以可以把上式中 τ'_i 换成 τ_i，从而

$$\begin{aligned}\int_L P(x,y)\mathrm{d}x &= \lim_{\lambda\to 0}\sum_{i=1}^{n} P(\varphi(\tau_i),\Psi(\tau_i))\varphi'(\tau_i)\Delta t_i \\ &= \int_\alpha^\beta P(\varphi(t),\Psi(t))\varphi'(t)\mathrm{d}t .\end{aligned}$$

同理可证

$$\int_L Q(x,y)\mathrm{d}y = \int_\alpha^\beta Q(\varphi(t),\Psi(t))\Psi'(t)\mathrm{d}t ,$$

把以上两式相加，得

$$\int_L P(x,y)\mathrm{d}x + Q(x,y)\mathrm{d}y = \int_\alpha^\beta [P(\varphi(t),\Psi(t))\varphi'(t) + Q(\varphi(t),\Psi(t))\Psi'(t)]\mathrm{d}t ,$$

这里下限 α 对应于 L 的起点，上限 β 对应于 L 的终点.

如果 L 由方程 $y=\Psi(x)\quad x:a\to b$ 给出，可以看做参数方程的特殊情形，从而

$$\int_L P(x,y)\mathrm{d}x + Q(x,y)\mathrm{d}y = \int_a^b [P(x,\Psi(x)) + Q(x,\Psi(x))\Psi'(x)]\mathrm{d}x . \tag{10.2.2}$$

类似地，对于空间光滑曲线 Γ，

$$\begin{cases} x=\varphi(t) \\ y=\Psi(t) \qquad t:\alpha\to\beta , \\ z=\omega(t) \end{cases}$$

有

$$\begin{aligned}&\int_\Gamma P(x,y,z)\mathrm{d}x + Q(x,y,z)\mathrm{d}y + R(x,y,z)\mathrm{d}z \\ =&\int_\alpha^\beta [P(\varphi(t),\Psi(t),\omega(t))\varphi'(t) + Q(\varphi(t),\Psi(t),\omega(t))\Psi'(t) + R(\varphi(t),\Psi(t),\omega(t))\omega'(t)]\mathrm{d}t .\end{aligned}$$

例 10.2.1 计算 $\int_L (x+y)\mathrm{d}x + (y-x)\mathrm{d}y$，其中 L 是：

(1) 抛物线 $y^2=x$ 上从点 $(1,1)$ 到点 $(4,2)$ 的一段弧；

(2)从点 (1,1) 到点 (4,2) 的直线段；

(3)先沿直线从点 (1,1) 到点 (1,2)，再沿直线到点 (4,2) 的折线.

解　(1)曲线参数方程：$x=y^2$，$y=y$，$y:1\to 2$，从而

$$\int_L (x+y)\mathrm{d}x+(y-x)\mathrm{d}y=\int_1^2[(y^2+y)2y+(y-y^2)]\mathrm{d}y$$

$$=\int_1^2(2y^3+y^2+y)\mathrm{d}y=\frac{34}{3}.$$

(2) L 的方程为 $y-1=\dfrac{2-1}{4-1}(x-1)$，即 $x=3y-2$，$y:1\to 2$. 化为对 y 的定积分计算，有

$$\int_L (x+y)\mathrm{d}x+(y-x)\mathrm{d}y=\int_1^2[(3y-2+y)\cdot 3+(y-3y+2)]\mathrm{d}y$$

$$=\int_1^2(10y-4)\mathrm{d}y=11.$$

(3) $L=L_1+L_2$，$L_1:x=1$，$y:1\to 2$；$L_2:y=2$，$x:1\to 4$，从而

$$\int_L (x+y)\mathrm{d}x+(y-x)\mathrm{d}y=\int_1^2(y-1)\mathrm{d}y+\int_1^4(x+2)\mathrm{d}x=14.$$

例 10.2.2　计算 $\int_L y^2\mathrm{d}x$，其中 L 为(见图 10-4)：

(1)半径为 a、圆心为原点、按逆时针方向绕行的上半圆周；

(2)从点 $A(a,0)$ 沿 x 轴到点 $B(-a,0)$ 的直线段.

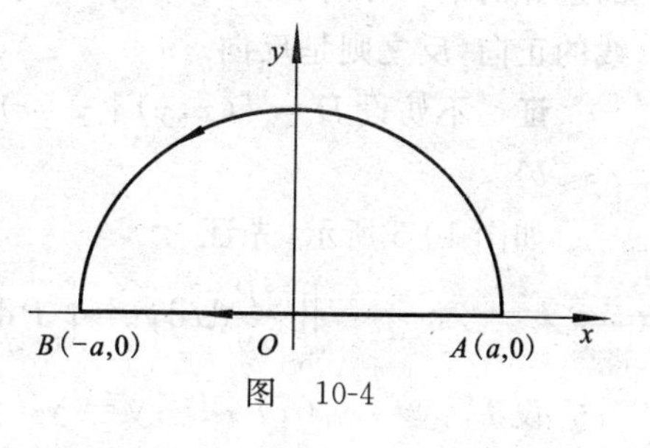

图　10-4

解　(1) L 的参数方程为

$$\begin{cases}x=a\cos\theta\\ y=b\sin\theta\end{cases}.$$

当参数 θ 从 0 变到 π 的曲线弧. 因此

$$\int_L y^2\mathrm{d}x=\int_0^\pi a^2\sin^2\theta(-a\sin\theta)\mathrm{d}\theta$$

$$=a^3\int_0^\pi(1-\cos^2\theta)\mathrm{d}(\cos\theta)$$

$$=a^3\left[\cos\theta-\frac{\cos^3\theta}{3}\right]_0^\pi=-\frac{4}{3}a^3.$$

(2) L 的方程为 $y=0$，$x:a\to -a$，则

$$\int_L y^2\mathrm{d}x=\int_a^{-a}0\mathrm{d}x=0.$$

从例10.2.2看出,虽然两个曲线积分的被积函数相同,起点和终点也相同,但沿不同路径得出的积分值并不相等.

10.3 格林公式及其应用

格林公式揭示了平面区域 D 上的二重积分与 D 的边界上的第二类平面曲线积分的关系,它在理论和应用上都有极其重要的意义.

10.3.1 格林公式

定理10.3.1(格林公式) 设闭区域 D 是由分段光滑的曲线 L 所围成,函数 $P(x,y)$ 及 $Q(x,y)$ 在 D 上具有一阶连续偏导数,则有

$$\iint_D\left(\frac{\partial Q}{\partial x}-\frac{\partial P}{\partial y}\right)\mathrm{d}x\mathrm{d}y=\oint_L P\mathrm{d}x+Q\mathrm{d}y. \tag{10.3.1}$$

其中 L 是 D 的取正向的边界曲线.

区域 D 的**正向**这样确定:设平面区域 D 由一条或者几条封闭曲线所围成,当沿 D 的边界的某一方向前进时,如果区域 D 总在左侧,则称此前进方向为区域 D 的边界曲线的正向,反之则是反向.

证 不妨设 $D=\{(x,y)\mid y_1(x)\leqslant y\leqslant y_2(x),a\leqslant x\leqslant b\}$,

如图10-5所示,先证

$$-\iint_D\frac{\partial P}{\partial y}\mathrm{d}x\mathrm{d}y=\oint_L P\mathrm{d}x.$$

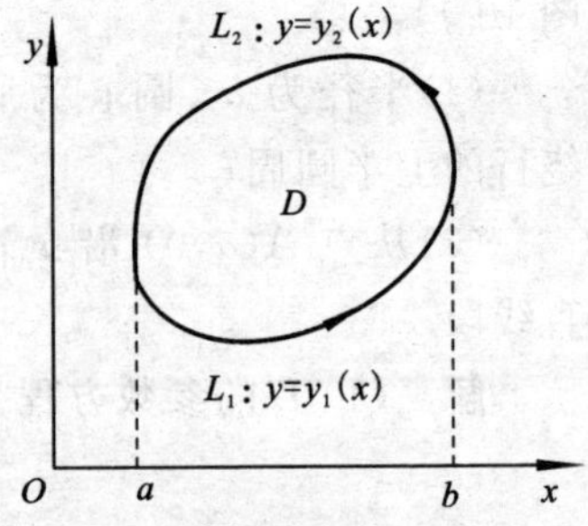

图 10-5

设 $L_1: y=y_1(x)$, $L_2: y=y_2(x)$,由于

$$\begin{aligned}\oint_L P\mathrm{d}x&=\int_{L_1}P\mathrm{d}x+\int_{L_2}P\mathrm{d}x\\&=\int_a^b P(x,y_1(x))\mathrm{d}x+\int_b^a P(x,y_2(x))\mathrm{d}x\\&=\int_a^b[P(x,y_1(x))-P(x,y_2(x))]\mathrm{d}x,\end{aligned}$$

又 $$\iint_D\frac{\partial P}{\partial y}\mathrm{d}x\mathrm{d}y=\int_a^b\mathrm{d}x\int_{y_1(x)}^{y_2(x)}\frac{\partial P}{\partial y}\mathrm{d}y=\int_a^b[P(x,y_2(x))-P(x,y_1(x))]\mathrm{d}x,$$

所以 $$-\iint_D\frac{\partial P}{\partial y}\mathrm{d}x\mathrm{d}y=\oint_L P\mathrm{d}x;$$

同理可证 $$\iint_D\frac{\partial Q}{\partial x}\mathrm{d}x\mathrm{d}y=\oint_L Q\mathrm{d}y.$$

上述两式相加,即得格林公式.

在上述证明中，闭区域 D 限为平行于坐标轴且穿过 D 内部的直线与 D 边界曲线的交点至多是两个，若多于两个，如平面多连通域，则可添加辅助曲线将域 D 分为若干小区域，使每个小区域符合上述条件，由于沿辅助曲线正、反两个方向的曲线积分恰好相抵消，故格林公式仍然成立.

格林公式中，L 取区域 D 的正向边界，函数 $P(x,y)$ 及 $Q(x,y)$ 在 D 上具有一阶连续偏导数这两个条件是重要的，缺一不可. 否则，要变 L 为正向或作辅助曲线，使之符合条件方可应用（参见例 10.3.3 和例 10.3.4）.

下面说明格林公式的一个简单应用.

在公式（10.3.1）中取 $P=-y$，$Q=x$，即得

$$2\iint_D \mathrm{d}x\mathrm{d}y=\oint_L x\mathrm{d}y-y\mathrm{d}x .$$

上式左端是闭区域 D 的面积 A 的两倍，因此有

$$A=\frac{1}{2}\oint_L x\mathrm{d}y-y\mathrm{d}x . \tag{10.3.2}$$

例 10.3.1　求椭圆 $x=a\cos\theta$，$y=b\sin\theta$ 所围成图形的面积 A .

解　根据公式（10.3.2）有

$$A=\frac{1}{2}\oint_L x\mathrm{d}y-y\mathrm{d}x=\frac{1}{2}\int_0^{2\pi}(ab\cos^2\theta+ab\sin^2\theta)\mathrm{d}\theta$$
$$=\frac{1}{2}ab\int_0^{2\pi}\mathrm{d}\theta=\pi ab .$$

例 10.3.2　计算 $\oint_L xy^2\mathrm{d}y-yx^2\mathrm{d}x$，$L$ 为圆周 $x^2+y^2=R^2$，取逆时针方向.

解　由格林公式

$$\oint_L xy^2\mathrm{d}y-yx^2\mathrm{d}x=\iint_D(y^2+x^2)\mathrm{d}x\mathrm{d}y=\int_0^{2\pi}\mathrm{d}\theta\int_0^{R}\rho^3\mathrm{d}\rho=\frac{\pi R^4}{2} .$$

例 10.3.3　计算 $\int_L(\mathrm{e}^x\sin y-y)\mathrm{d}x+(\mathrm{e}^x\cos y-1)\mathrm{d}y$，$L$ 为 $x^2+y^2=ax$ 的上半圆周，取逆时针方向.

解　这里 L 不是闭曲线（见图 10-6），故不能直接应用格林公式，但可添加辅助线 OA，使之成为闭曲线，便可使用公式了.

又　$\dfrac{\partial P}{\partial y}=\mathrm{e}^x\cos y-1$，$\dfrac{\partial Q}{\partial x}=\mathrm{e}^x\cos y$，所以

$$\int_L(\mathrm{e}^x\sin y-y)\mathrm{d}x+(\mathrm{e}^x\cos y-1)\mathrm{d}y$$
$$=\left(\int_{L+OA}-\int_{OA}\right)(\mathrm{e}^x\sin y-y)\mathrm{d}x+(\mathrm{e}^x\cos y-1)\mathrm{d}y$$

$$=\iint\limits_{D}\mathrm{d}x\mathrm{d}y-0=\frac{1}{8}\pi a^{2}.$$

例 10.3.4 计算$\oint_{L}\dfrac{x\mathrm{d}y-y\mathrm{d}x}{x^{2}+y^{2}}$,其中$L$为一条无重点、分段光滑且不经过原点的连续闭曲线,$L$的方向为逆时针方向.

解 令$P=\dfrac{-y}{x^{2}+y^{2}}$,$Q=\dfrac{x}{x^{2}+y^{2}}$.则当$x^{2}+y^{2}\neq 0$时,有

$$\frac{\partial Q}{\partial x}=\frac{y^{2}-x^{2}}{(x^{2}+y^{2})^{2}}=\frac{\partial P}{\partial y}.$$

记L所围成的闭区域为D.当$(0,0)\notin D$时,由格林公式知

$$\oint_{L}\frac{x\mathrm{d}y-y\mathrm{d}x}{x^{2}+y^{2}}=0;$$

当$(0,0)\in D$时,P,Q,P_{y},Q_{x}在D内点$(0,0)$处不连续,为应用格林公式,可选取适当小的$r>0$,作位于D内的圆周$l:x^{2}+y^{2}=r^{2}$,取逆时针方向.记L和l所围成的闭区域为D_{1}(见图 10-7),对区域D_{1}应用格林公式,得

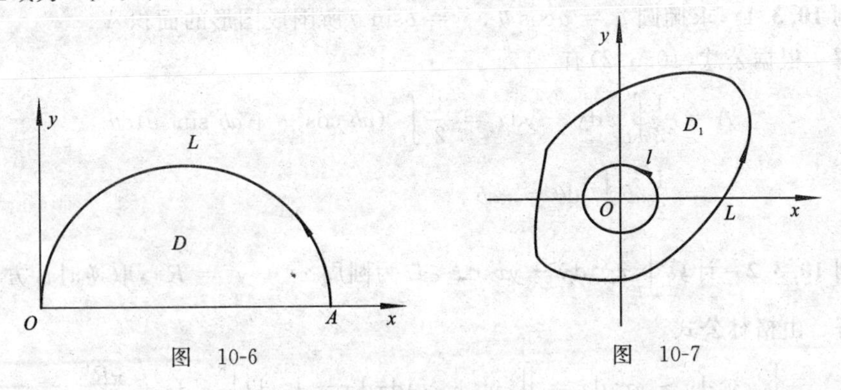

图 10-6　　　图 10-7

$$\oint_{L}\frac{x\mathrm{d}y-y\mathrm{d}x}{x^{2}+y^{2}}-\oint_{l}\frac{x\mathrm{d}y-y\mathrm{d}x}{x^{2}+y^{2}}$$
$$=\oint_{L+l^{-}}\frac{x\mathrm{d}y-y\mathrm{d}x}{x^{2}+y^{2}}=\iint\limits_{D_{1}}0\mathrm{d}x\mathrm{d}y=0,$$

所以

$$\oint_{L}\frac{x\mathrm{d}y-y\mathrm{d}x}{x^{2}+y^{2}}=\oint_{l}\frac{x\mathrm{d}y-y\mathrm{d}x}{x^{2}+y^{2}}=\int_{0}^{2\pi}\frac{r^{2}\cos^{2}\theta+r^{2}\sin^{2}\theta}{r^{2}}\mathrm{d}\theta=2\pi.$$

10.3.2 平面上曲线积分与路径无关的条件

一般来说,曲线积分的值与积分路径有关,但也有例外.所谓平面曲线积分与路径无关,是指

$$\int_{L_1} P\mathrm{d}x + Q\mathrm{d}y = \int_{L_2} P\mathrm{d}x + Q\mathrm{d}y ,$$

其中 L_1 和 L_2 是平面单连通区域 D 内从起点 A 到终点 B 的任意两条曲线，如图 10-8 所示. 下面来分析曲线积分 $\int_L P\mathrm{d}x + Q\mathrm{d}y$ 与路径无关的条件.

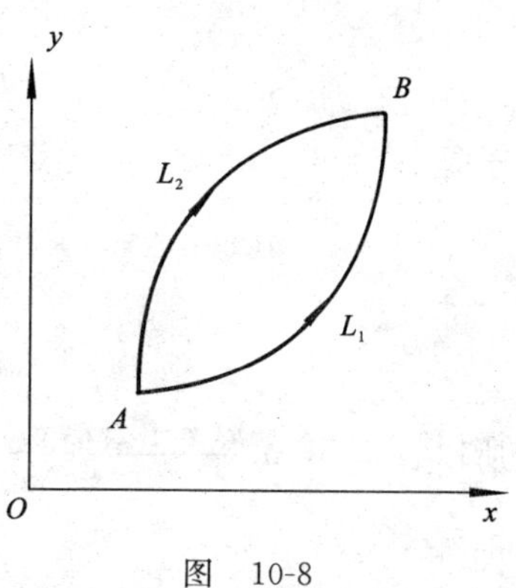

图　10-8

定理 10.3.2　　设 D 为平面单连通区域，若函数 $P(x,y)$，$Q(x,y)$ 在区域 D 上具有连续的一阶偏导数，则下列四个条件等价.

(1)曲线积分 $\int_{L_1} P\mathrm{d}x + Q\mathrm{d}y = \int_{L_2} P\mathrm{d}x + Q\mathrm{d}y$，$L_1$ 和 L_2 为域 D 内从起点 A 到终点 B 的任意两条分段光滑的有向曲线，即 $\int_A^B P\mathrm{d}x + Q\mathrm{d}y$ 与 D 内的积分路径无关.

(2)在区域 D 内存在某函数 $u(x,y)$，使得

$$\mathrm{d}u = P\mathrm{d}x + Q\mathrm{d}y .$$

(3)在 D 内任意点上有

$$\frac{\partial P}{\partial y} = \frac{\partial Q}{\partial x} .$$

(4)沿区域 D 内任一分段光滑的封闭有向曲线 L 有

$$\oint_L P\mathrm{d}x + Q\mathrm{d}y = 0 .$$

证　(1) ⇒ (2).

由于 $\int_L P\mathrm{d}x + Q\mathrm{d}y$ 与路径无关，所以，起点 $A(x_0, y_0)$ 固定后，积分是终点 $B(x,y)$ 的函数. 记为

$$u(x,y) = \int_{(x_0,y_0)}^{(x,y)} P(x,y)\mathrm{d}x + Q(x,y)\mathrm{d}y .$$

下面只要证 $u(x,y)$ 即为所求的连续可微函数，即有

$$\frac{\partial u}{\partial x} = P , \frac{\partial u}{\partial y} = Q .$$

因为 $u(x+\Delta x, y) = \int_{(x_0,y_0)}^{(x_0+\Delta x, y)} P(x,y)\mathrm{d}x + Q(x,y)\mathrm{d}y$ (由于积分与路径无关)，故可取图 10-9 所示的路径，所以

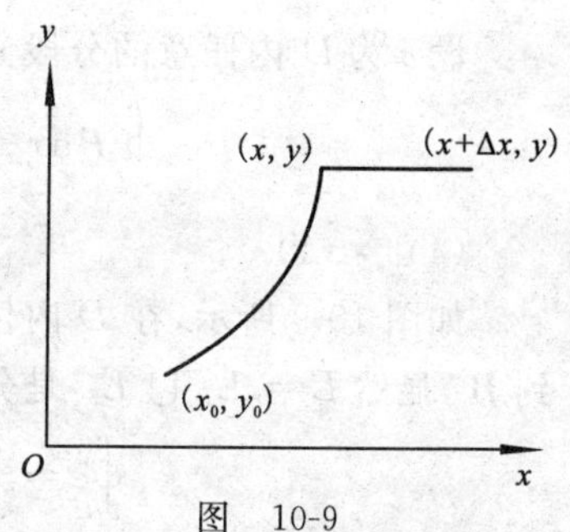

图　10-9

$$u(x+\Delta x,y)=\left(\int_{(x_0,y_0)}^{(x,y)}+\int_{(x,y)}^{(x+\Delta x,y)}\right)P(x,y)\mathrm{d}x+Q(x,y)\mathrm{d}y$$

$$=u(x,y)+\int_{(x,y)}^{(x+\Delta x,y)}P(x,y)\mathrm{d}x+Q(x,y)\mathrm{d}y,$$

于是

$$u(x+\Delta x,y)-u(x,y)=\int_{(x,y)}^{(x+\Delta x,y)}P(x,y)\mathrm{d}x+Q(x,y)\mathrm{d}y$$

$$=\int_{x}^{x+\Delta x}P(x,y)\mathrm{d}x=P(x+\theta\Delta x,y)\Delta x,0\leqslant\theta\leqslant1.$$

所以 $$\lim_{\Delta x\to0}\frac{u(x+\Delta x,y)-u(x,y)}{\Delta x}=\lim_{\Delta x\to0}P(x+\theta\Delta x,y)=P(x,y),$$

即 $$\frac{\partial u}{\partial x}=P(x,y).$$

同理可证 $$\frac{\partial u}{\partial y}=Q(x,y).$$

由定理条件可知 P 和 Q 在 D 内连续,故 $u(x,y)$ 在 D 内可微,且

$$\mathrm{d}u=P\mathrm{d}x+Q\mathrm{d}y.$$

(2) ⇒ (3).

由于 $\mathrm{d}u=P\mathrm{d}x+Q\mathrm{d}y=\frac{\partial u}{\partial x}\mathrm{d}x+\frac{\partial u}{\partial y}\mathrm{d}y$,则

$$P=\frac{\partial u}{\partial x},Q=\frac{\partial u}{\partial y},$$

故 $$\frac{\partial P}{\partial y}=\frac{\partial^2 u}{\partial x\partial y},\frac{\partial Q}{\partial x}=\frac{\partial^2 u}{\partial y\partial x}.$$

又由 $\frac{\partial P}{\partial y}$,$\frac{\partial Q}{\partial x}$ 的连续性,即 $\frac{\partial^2 u}{\partial x\partial y}$,$\frac{\partial^2 u}{\partial y\partial x}$ 连续,从而

$$\frac{\partial P}{\partial y}=\frac{\partial Q}{\partial x}.$$

(3) ⇒ (4).

设 σ 为 D 内任意的分段光滑正向闭曲线 L 所围成的闭区域,由格林公式知

$$\oint_L P\mathrm{d}x+Q\mathrm{d}y=\iint_\sigma\left(\frac{\partial Q}{\partial x}-\frac{\partial P}{\partial y}\right)\mathrm{d}x\mathrm{d}y=0.$$

(4) ⇒ (1).

如图 10-9 所示,在 D 内任作连接起点 A 到终点 B 的光滑曲线 L_1,L_2,方向由 A 到 B,显然 $L=L_1\cup L_2^-$ 是分段光滑闭曲线. 因为

$$\oint_L=\int_{L_1\cup L_2^-}=\int_{L_1}+\int_{L_2^-}=\int_{L_1}-\int_{L_2},$$

所以当 $\oint_L=0$ 时,有

$$\int_{L_1} = \int_{L_2},$$

故曲线积分与路径无关.

由命题(1)、(2)的等价性,可得到由原函数求曲线积分的公式. 事实上,若 $u(x,y)$ 是 $P\mathrm{d}x + Q\mathrm{d}y$ 的一个原函数,又由于

$$\Phi(x,y) = \int_{(x_0,y_0)}^{(x,y)} P\mathrm{d}x + Q\mathrm{d}y$$

也是其一个原函数,故

$$\Phi(x,y) = u(x,y) + C,$$

又 $\Phi(x_0,y_0) = 0$,所以

$$C = -u(x_0,y_0),$$

于是
$$\Phi(x,y) = u(x,y) - u(x_0,y_0),$$

即
$$\int_{(x_0,y_0)}^{(x,y)} P\mathrm{d}x + Q\mathrm{d}y = u(x,y) - u(x_0,y_0) = u(x,y)\Big|_{(x_0,y_0)}^{(x,y)}.$$

此公式类似于计算定积分的牛顿－莱布尼茨公式.

例 10.3.5 计算 $\int_L (x^2 - y)\mathrm{d}x - (x + \sin^2 y)\mathrm{d}y$,其中 L 是圆周 $y = \sqrt{2x - x^2}$ 上由点 $(0,0)$ 到点 $(1,1)$ 的一段弧.

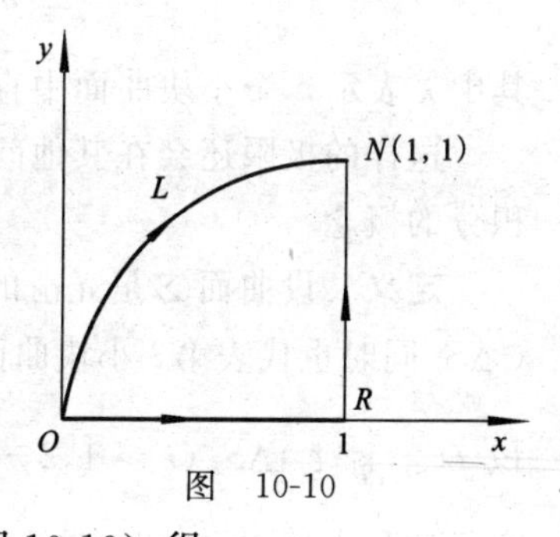

图 10-10

解 由于 $P = x^2 - y$, $Q = -(x + \sin^2 y)$ 在 xOy 面内有一阶连续偏导数,且 $\frac{\partial Q}{\partial x} = -1 = \frac{\partial P}{\partial y}$,故所给曲线积分与路径无关. 于是将原积分路径 L 改为折线路径 ORN ,其中 O 为 $(0,0)$, R 为 $(1,0)$, N 为 $(1,1)$ (见图 10-10),得

$$\begin{aligned}
\int_L (x^2 - y)\mathrm{d}x - (x + \sin^2 y)\mathrm{d}y &= \int_0^1 x^2\mathrm{d}x - \int_0^1 (1 + \sin^2 y)\mathrm{d}y \\
&= \frac{1}{3} - 1 - \int_0^1 \frac{1 - \cos 2y}{2}\mathrm{d}y \\
&= -\frac{2}{3} - \frac{1}{2} + \frac{1}{4}\sin 2 = -\frac{7}{6} + \frac{1}{4}\sin 2.
\end{aligned}$$

例 10.3.6 验证:在整个 xOy 面内, $(x+2y)\mathrm{d}x+(2x+y)\mathrm{d}y$ 是某个函数的全微分,并求出一个这样的函数.

解 现在 $P = x + 2y$, $Q = 2x + y$,且

$$\frac{\partial P}{\partial y} = 2 = \frac{\partial Q}{\partial x}$$

在整个 xOy 面内恒成立,因此在整个 xOy 面内, $(x+2y)\mathrm{d}x+(2x+y)\mathrm{d}y$ 是某个函数的全微分,由定理知

$$u(x,y)=\int_{(0,0)}^{(x,y)}(x+2y)\mathrm{d}x+(2x+y)\mathrm{d}y$$

$$=\int_0^x x\mathrm{d}x+\int_0^y(2x+y)\mathrm{d}y=\frac{x^2}{2}+2xy+\frac{y^2}{2}.$$

10.4 对面积的曲面积分

10.4.1 对面积的曲面积分的概念与性质

先看一个物理学中的实例.

引例 曲面状物体的质量.设有质量分布不均匀的空间曲面状物体 Σ,在其上任一点 $P(x,y,z)$ 处的面密度为 $\mu(x,y,z)$,现要求 Σ 的质量 m.

类似于求曲线状物体的质量,采用“分割、近似替代、求和、取极限”的方法,可得

$$m=\lim_{\lambda\to 0}\sum_{i=1}^{n}\mu(\xi_i,\eta_i,\zeta_i)\Delta S_i.$$

其中 λ 表示 n 个小块曲面中直径的最大值.

这样的极限还会在其他问题中遇到.抽去它们的具体意义,就得出对面积的曲面积分的概念.

定义 设曲面 Σ 是光滑的,函数 $f(x,y,z)$ 在 Σ 上有界.把 Σ 任意分成 n 小块 ΔS_i (ΔS_i 同时也代表第 i 小块曲面的面积),设 (ξ_i,η_i,ζ_i) 是 ΔS_i 上任意取定的一点,作乘积 $f(\xi_i,\eta_i,\zeta_i)\Delta S_i$ $(i=1,2,\cdots,n)$,并作和 $\sum\limits_{i=1}^{n}f(\xi_i,\eta_i,\zeta_i)\Delta S_i$,如果当各小块曲面的直径的最大值 $\lambda\to 0$ 时,这个和的极限总存在,则称此极限为函数 $f(x,y,z)$ 在曲面 Σ 上**对面积的曲面积分**或**第一类曲面积分**,记作 $\iint\limits_{\Sigma}f(x,y,z)\mathrm{d}S$,即

$$\iint\limits_{\Sigma}f(x,y,z)\mathrm{d}S=\lim_{\lambda\to 0}\sum_{i=1}^{n}\mu(\xi_i,\eta_i,\zeta_i)\Delta S_i,$$

其中 $f(x,y,z)$ 叫做**被积函数**, Σ 叫做**积分曲面**.

由定义可知,第一类曲面积分具有和第一类曲线积分相类似的性质,请读者自行叙述.

10.4.2 对面积的曲面积分的计算法

设函数 $f(x,y,z)$ 为定义在光滑曲面上的连续函数,若曲面 Σ 的方程为 $z=z(x,y)$,曲面在坐标平面 xOy 平面上的投影区域为有界闭区域 D_{xy} .由于函数 $f(x,y,z)$ 定义在曲面 Σ:$z=z(x,y)$ 上,因此变量 x,y,z 的变化受曲面方程 $z=z(x,y)$ 的约束,实际上只有两

个独立的变量 x 和 y，即

$$f(x,y,z)=f(x,y,z(x,y)).$$

另外，曲面的微分为 $\mathrm{d}S=\sqrt{1+z_x^2+z_y^2}\mathrm{d}x\mathrm{d}y$，且 x，y 的变化范围是 Σ 在 xOy 平面上的投影 D_{xy}. 于是，以 $f(x,y,z(x,y))$，$\sqrt{1+z_x^2+z_y^2}\mathrm{d}x\mathrm{d}y$ 和 D_{xy} 分别代替 $f(x,y,z)$，$\mathrm{d}s$ 和 Σ，即又可得第一类曲面积分化为二重积分的计算公式

$$\iint_{\Sigma} f(x,y,z)\mathrm{d}s=\iint_{D_{xy}} f(x,y,z(x,y))\sqrt{1+z_x^2(x,y)+z_y^2(x,y)}\mathrm{d}x\mathrm{d}y. \quad (10.4.1)$$

如果积分曲面 Σ 由方程 $x=x(y,z)$ 或 $y=y(z,x)$ 给出，也可类似地把对面积的曲面积分化为相应的二重积分.

例 10.4.1　计算 $\iint_{\Sigma}\left(z+2x+\frac{4}{3}y\right)\mathrm{d}S$，其中 Σ 为平面 $\frac{x}{2}+\frac{y}{3}+\frac{z}{4}=1$ 在第一卦限的部分.

解　在 Σ 上，$z=4-2x-\frac{4}{3}y$. Σ 在 xOy 平面上的投影 D_{xy} 为由 x 轴、y 轴和直线 $\frac{x}{2}+\frac{y}{3}=1$ 所围成的三角形闭区域，如图 10-11 所示. 因此

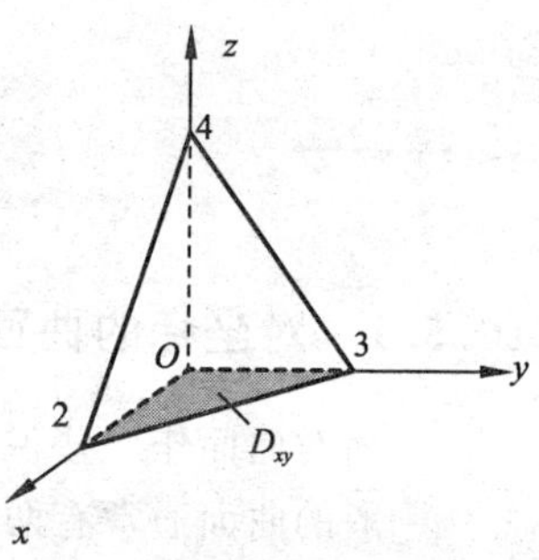

图　10-11

$$\iint_{\Sigma}\left(z+2x+\frac{4}{3}y\right)\mathrm{d}S=\iint_{D_{xy}}\left[\left(4-2x-\frac{4}{3}y\right)+2x+\frac{4}{3}y\right]\sqrt{1+(-2)^2+\left(-\frac{4}{3}\right)^2}\mathrm{d}x\mathrm{d}y$$

$$=\iint_{D_{xy}}4\cdot\frac{\sqrt{61}}{3}\mathrm{d}x\mathrm{d}y=\frac{4\sqrt{61}}{3}\cdot\left(\frac{1}{2}\times 2\times 3\right)$$

$$=4\sqrt{61}.$$

例 10.4.2　计算 $\iint_{\Sigma}(x^2+y^2)\mathrm{d}S$，其中 Σ 为锥面 $z=\sqrt{x^2+y^2}$ 及平面 $z=1$ 所围成的区域的整个边界曲面.

解　Σ 由 Σ_1 和 Σ_2 组成，其中 Σ_1 为平面 $z=1$ 上被圆周 $x^2+y^2=1$ 所围的部分；Σ_2 为锥面 $z=\sqrt{x^2+y^2}$ $(0\leqslant z\leqslant 1)$.

在 Σ_1 上，$\mathrm{d}S=\mathrm{d}x\mathrm{d}y$；

在 Σ_2 上，$\mathrm{d}S=\sqrt{1+z_x^2+z_y^2}\mathrm{d}x\mathrm{d}y=\sqrt{2}\mathrm{d}x\mathrm{d}y$.

Σ_1 和 Σ_2 在 xOy 面上的投影 D_{xy} 均为 $x^2+y^2\leqslant 1$，如图 10-12 所示.

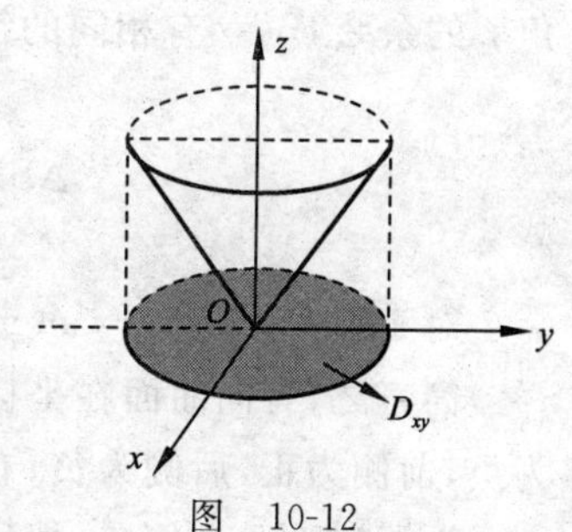

图　10-12

因此
$$\iint_{\Sigma}(x^2+y^2)\mathrm{d}S=\iint_{\Sigma_1}(x^2+y^2)\mathrm{d}S+\iint_{\Sigma_2}(x^2+y^2)\mathrm{d}S$$
$$=\iint_{D_{xy}}(x^2+y^2)\mathrm{d}x\mathrm{d}y+\iint_{D_{xy}}(x^2+y^2)\sqrt{2}\mathrm{d}x\mathrm{d}y$$
$$=(\sqrt{2}+1)\iint_{D_{xy}}(x^2+y^2)\mathrm{d}x\mathrm{d}y$$
$$=(\sqrt{2}+1)\int_0^{2\pi}\mathrm{d}\theta\int_0^1\rho^3\mathrm{d}\rho$$
$$=\frac{\sqrt{2}+1}{2}\pi.$$

10.5 对坐标的曲面积分

10.5.1 对坐标的曲面积分的概念与性质

下面对曲面作一些说明.这里假定曲面是光滑的.

一般的曲面通常有两侧,称为**双侧曲面**.所谓双侧曲面,即在规定了曲面上一点的法线正向后,当该点沿曲面上任一条不越过曲面边界的闭曲线移动而回到原来位置时,法线正方向保持不变.与之相反,若回到原来位置时,法线正方向与出发时的方向相反,则称此曲面为单侧曲面.今后,我们只讨论双侧曲面,并用曲面上法向量 $\boldsymbol{n}$ 的指向来确定曲面的侧,选定了侧的曲面称为**有向曲面**.习惯上,规定曲面 $z=z(x,y)$ 的法向量 $\boldsymbol{n}$ 指向朝上为曲面的上侧,相反为下侧;曲面 $x=x(y,z)$ 的 $\boldsymbol{n}$ 指向向前为曲面前侧,向后为后侧;曲面 $y=y(z,x)$ 的 $\boldsymbol{n}$ 指向向右为曲面右侧,相反为左侧;对于封闭曲面,规定法向量 $\boldsymbol{n}$ 指向朝外为曲面的外侧,相反为内侧.

设有向曲面 $\Sigma: z=z(x,y)$,在 Σ 上取小块曲面 ΔS,把 ΔS 投影到 xOy 面上得一投影区域,这投影区域的面积记为 $(\Delta\sigma)_{xy}$.假定 ΔS 上各点处的法向量与 z 轴的夹角 γ 的余弦 $\cos\gamma$ 有相同的符号.规定 ΔS 在 xOy 面上的**投影** $(\Delta S)_{xy}$ 为

$$(\Delta S)_{xy}=\begin{cases}(\Delta\sigma)_{xy} & 当\cos\gamma>0\\ -(\Delta\sigma)_{xy} & 当\cos\gamma<0.\\ 0 & 当\cos\gamma=0\end{cases}$$

对于有向曲面 $x=x(y,z)$,$y=y(z,x)$ 也有类似的情形.

简言之,有向曲面在坐标上的投影有正、负之别.具体地说,曲面的上侧为正,下侧为负;前侧为正,后侧为负;右侧为正,左侧为负.

下面讨论一个例子,然后引进对坐标的曲面积分的概念.

引例 设稳定流动的不可压缩流体(假定密度为 1)的速度场为

$$\boldsymbol{v}=(P(x,y,z),Q(x,y,z),R(x,y,z)),$$

其中 Σ 是场域中的光滑有向曲面，求单位时间内流体流向曲面 Σ 指定的一侧的质量，即流量 Φ.

如果流体流过平面上面积为 S 的一个闭区域，且流体在这闭区域上各点处的流速为(常向量)$\boldsymbol{v}$，又设 $\boldsymbol{n}$ 为该平面的单位法向量，$\boldsymbol{v}$ 与 $\boldsymbol{n}$ 的夹角为 θ，那么在单位时间内流过这闭区域的流体组成一个底面积为 S、斜高为 $|\boldsymbol{v}|$ 的斜柱体，从而流量

$$\Phi=S|\boldsymbol{v}|\cos\theta=S\boldsymbol{v}\cdot\boldsymbol{n}.$$

对一般的有向曲面 Σ，对稳定流动的不可压缩流体的速度场 $\boldsymbol{v}=(P(x,y,z),Q(x,y,z),R(x,y,z))$，用“分割、近似替代、求和、取极限”进行分析可得

$$\Phi=\lim_{\lambda\to 0}\sum_{i=1}^{n}\boldsymbol{v}_i\cdot\boldsymbol{n}_i\Delta S_i,$$

其中 λ 为各小曲面直径的最大值.

设 $\boldsymbol{n}_i=(\cos\alpha_i,\cos\beta_i,\cos\gamma_i)$，则流量

$$\begin{aligned}\Phi&=\lim_{\lambda\to 0}\sum_{i=1}^{n}[P(\xi_i,\eta_i,\zeta_i)\cos\alpha_i+Q(\xi_i,\eta_i,\zeta_i)\cos\beta_i+R(\xi_i,\eta_i,\zeta_i)\cos\gamma_i]\Delta S_i\\&=\lim_{\lambda\to 0}\sum_{i=1}^{n}[P(\xi_i,\eta_i,\zeta_i)(\Delta S_i)_{yz}+Q(\xi_i,\eta_i,\zeta_i)(\Delta S_i)_{zx}+R(\xi_i,\eta_i,\zeta_i)(\Delta S_i)_{xy}].\end{aligned}$$

这样的极限还会在其他问题中遇到. 抽去它们的具体意义，就得出下列对坐标的曲面积分的概念.

定义　设 Σ 为光滑的有向曲面，函数 $R(x,y,z)$ 在 Σ 上有界. 把 Σ 任意分成 n 块小曲面 ΔS_i（ΔS_i 同时又表示第 i 块小曲面的面积），ΔS_i 在 xOy 面上的投影为 $(\Delta S_i)_{xy}$，(ξ_i,η_i,ζ_i) 是 ΔS_i 上任意取定的一点. 当各小块曲面的直径的最大值 $\lambda\to 0$ 时，

$$\lim_{\lambda\to 0}\sum_{i=1}^{n}R(\xi_i,\eta_i,\zeta_i)(\Delta S_i)_{xy}$$

总存在，则称此极限为函数 $R(x,y,z)$ 在有向曲面 Σ 上**对坐标 x，y 的曲面积分**，记作 $\iint\limits_{\Sigma}R(x,y,z)\mathrm{d}x\mathrm{d}y$，即

$$\iint\limits_{\Sigma}R(x,y,z)\mathrm{d}x\mathrm{d}y=\lim_{\lambda\to 0}\sum_{i=1}^{n}R(\xi_i,\eta_i,\zeta_i)(\Delta S_i)_{xy},$$

其中 $R(x,y,z)$ 叫做**被积函数**，Σ 叫做**积分曲面**.

类似地，可以定义函数 $P(x,y,z)$ 在有向曲面 Σ 上**对坐标 y，z 的曲面积分** $\iint\limits_{\Sigma}P(x,y,z)\mathrm{d}y\mathrm{d}z$ 及函数 $Q(x,y,z)$ 在有向曲面 Σ 上**对坐标 z，x 的曲面积分** $\iint\limits_{\Sigma}Q(x,y,z)\mathrm{d}z\mathrm{d}x$ 分别为

$$\iint\limits_{\Sigma}P(x,y,z)\mathrm{d}y\mathrm{d}z=\lim_{\lambda\to 0}\sum_{i=1}^{n}P(\xi_i,\eta_i,\zeta_i)(\Delta S_i)_{yz},$$

$$\iint_{\Sigma} Q(x,y,z)\mathrm{d}z\mathrm{d}x = \lim_{\lambda\to 0}\sum_{i=1}^{n} Q(\xi_i,\eta_i,\zeta_i)(\Delta S_i)_{zx}.$$

以上三个曲面积分也称**第二类曲面积分**.

当 $P(x,y,z)$，$Q(x,y,z)$，$R(x,y,z)$ 在有向光滑曲面 Σ 上连续时,对坐标的曲面积分是存在的.以后总假定 P，Q，R 在 Σ 上连续.

在应用上出现较多的是

$$\iint_{\Sigma} P(x,y,z)\mathrm{d}y\mathrm{d}z + \iint_{\Sigma} Q(x,y,z)\mathrm{d}z\mathrm{d}x + \iint_{\Sigma} R(x,y,z)\mathrm{d}x\mathrm{d}y$$

这种合并起来的形式.为简便起见,把它写成

$$\iint_{\Sigma} P(x,y,z)\mathrm{d}y\mathrm{d}z + Q(x,y,z)\mathrm{d}z\mathrm{d}x + R(x,y,z)\mathrm{d}x\mathrm{d}y.$$

第二类曲面积分也有与第二类曲线积分相类似的性质,即有线性性质、区域可加性和方向性.

10.5.2 对坐标的曲面积分的计算法

定理 设光滑曲面 $\Sigma: z = z(x,y)$，$(x,y)\in D_{xy}$ 取上侧，$R(x,y,z)$ 是 Σ 上的连续函数,则

$$\iint_{\Sigma} R(x,y,z)\mathrm{d}x\mathrm{d}y = \iint_{D_{xy}} R(x,y,z(x,y))\mathrm{d}x\mathrm{d}y. \tag{10.5.1}$$

证 由对坐标的曲面积分的定义,有

$$\iint_{\Sigma} R(x,y,z)\mathrm{d}x\mathrm{d}y = \lim_{\lambda\to 0}\sum_{i=1}^{n} R(\xi_i,\eta_i,\zeta_i)(\Delta S_i)_{xy}.$$

因为 Σ 取上侧，$\cos\gamma > 0$，所以

$$(\Delta S_i)_{xy} = (\Delta\sigma_i)_{xy}.$$

又因 (ξ_i,η_i,ζ_i) 是 Σ 上的一点,故 $\zeta_i = z(\xi_i,\eta_i)$.从而有

$$\begin{aligned}\iint_{\Sigma} R(x,y,z)\mathrm{d}x\mathrm{d}y &= \lim_{\lambda\to 0}\sum_{i=1}^{n} R(\xi_i,\eta_i,z(\xi_i,\eta_i))(\Delta\sigma_i)_{xy}\\ &= \iint_{D_{xy}} R(x,y,z(x,y))\mathrm{d}x\mathrm{d}y.\end{aligned}$$

公式(10.5.1)的曲面积分是取曲面 Σ 上侧的;如果曲面积分取在 Σ 的下侧,这时 $\cos\gamma < 0$，那么

$$(\Delta S_i)_{xy} = -(\Delta\sigma_i)_{xy},$$

从而有

$$\iint_{\Sigma} R(x,y,z)\mathrm{d}x\mathrm{d}y = -\iint_{D_{xy}} R(x,y,z(x,y))\mathrm{d}x\mathrm{d}y.$$

类似地，有

$$\iint_{\Sigma} P(x,y,z)\mathrm{d}y\mathrm{d}z = \pm \iint_{D_{yz}} P(x(y,z),y,z)\mathrm{d}y\mathrm{d}z,$$

其中有向曲面 Σ 的方程为 $x = x(y,z)$，D_{yz} 为 Σ 在 yOz 平面上的投影.

$$\iint_{\Sigma} Q(x,y,z)\mathrm{d}z\mathrm{d}x = \pm \iint_{D_{zx}} Q(x,y(z,x),z)\mathrm{d}z\mathrm{d}x,$$

其中有向曲面 Σ 的方程为 $y = y(z,x)$，D_{zx} 为 Σ 在 zOx 平面上的投影.

例 10.5.1 计算曲面积分 $\iint_{\Sigma} x^2y^2z\mathrm{d}x\mathrm{d}y$，其中 Σ 是球面 $x^2+y^2+z^2=R^2$ 的下半部的下侧.

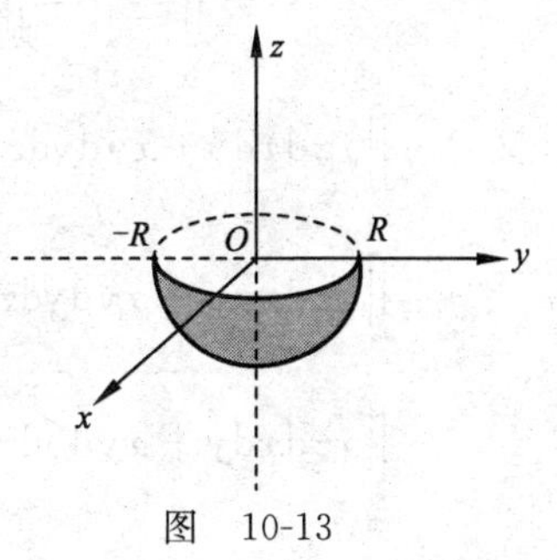

图 10-13

解 当 Σ 是球面 $x^2+y^2+z^2=R^2$ 的下半部分时，$z=-\sqrt{R^2-x^2-y^2}$，D_{xy} 为圆域 $x^2+y^2\leqslant R^2$，如图 10-13 所示. 由于 Σ 取的是下侧，所以将所给积分化为二重积分时取负号. 于是

$$\begin{aligned}\iint_{\Sigma} x^2y^2z\mathrm{d}x\mathrm{d}y &= -\iint_{D_{xy}} x^2y^2(-\sqrt{R^2-x^2-y^2})\mathrm{d}x\mathrm{d}y \\ &= \iint_{D_{xy}} x^2y^2\sqrt{R^2-x^2-y^2}\mathrm{d}x\mathrm{d}y \\ &= \int_0^{2\pi}\mathrm{d}\theta\int_0^R \rho^4\cos^2\theta\sin^2\theta\sqrt{R^2-\rho^2}\rho\mathrm{d}\rho \\ &= \int_0^{2\pi}(\cos^2\theta\cdot\sin^2\theta)\mathrm{d}\theta\int_0^R\rho^5\sqrt{R^2-\rho^2}\mathrm{d}\rho \\ &= \int_0^{2\pi}\frac{1}{4}\sin^2 2\theta\mathrm{d}\theta\int_0^R\rho^5\sqrt{R^2-\rho^2}\mathrm{d}\rho.\end{aligned}$$

令 $\rho = R\sin t, |t|\leqslant\frac{\pi}{2}$，上式转化为

$$\begin{aligned}&\frac{\pi}{4}\int_0^{\frac{\pi}{2}} R^5\sin^5 t\cdot R\cos t\cdot R\cos t\mathrm{d}t \\ &= \frac{\pi}{4}R^7\int_0^{\frac{\pi}{2}}(\sin^5 t-\sin^7 t)\mathrm{d}t \\ &= \frac{\pi}{4}R^7\left(\frac{4}{5}\cdot\frac{2}{3}-\frac{6}{7}\cdot\frac{4}{5}\cdot\frac{2}{3}\right) = \frac{2}{105}\pi R^7.\end{aligned}$$

例 10.5.2 计算曲面积分 $\oiint_{\Sigma} xz\mathrm{d}x\mathrm{d}y + xy\mathrm{d}y\mathrm{d}z + yz\mathrm{d}z\mathrm{d}x$，其中 Σ 是平面 $x=0$，$y=0$，$z=0$，$x+y+z=1$ 所围成的空间区域的整个边界曲面的外侧.

解 如图 10-14 所示，把有向曲面 Σ 分成以下四个部分：

$\Sigma_1: z=0(x+y\leqslant 1)$ 取下侧;

$\Sigma_2: x=0(y+z\leqslant 1)$ 取后侧;

$\Sigma_3: y=0(x+z\leqslant 1)$ 取左侧;

$\Sigma_4: x+y+z=1(x>0, y>0, z>0)$ 取上侧.

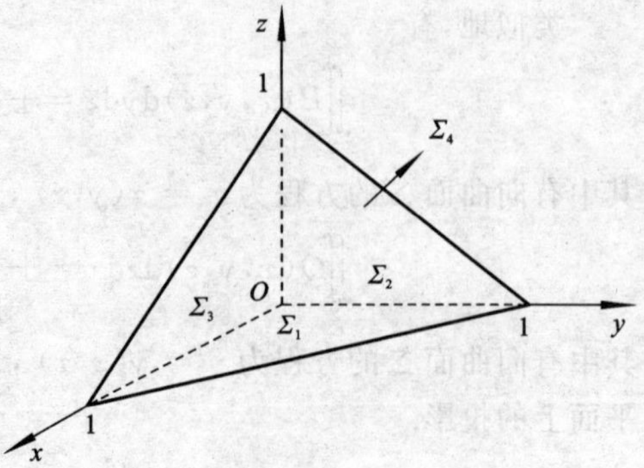

$$\oiint_{\Sigma}=\iint_{\Sigma_1}+\iint_{\Sigma_2}+\iint_{\Sigma_3}+\iint_{\Sigma_4}$$

图 10-14

又
$$\iint_{\Sigma_1} xz\,\mathrm{d}x\mathrm{d}y+xy\,\mathrm{d}y\mathrm{d}z+yz\,\mathrm{d}z\mathrm{d}x=0,$$
$$\iint_{\Sigma_2} xz\,\mathrm{d}x\mathrm{d}y+xy\,\mathrm{d}y\mathrm{d}z+yz\,\mathrm{d}z\mathrm{d}x=0,$$
$$\iint_{\Sigma_3} xz\,\mathrm{d}x\mathrm{d}y+xy\,\mathrm{d}y\mathrm{d}z+yz\,\mathrm{d}z\mathrm{d}x=0,$$

故

$$\oiint_{\Sigma} xz\,\mathrm{d}x\mathrm{d}y+xy\,\mathrm{d}y\mathrm{d}z+yz\,\mathrm{d}z\mathrm{d}x=\iint_{\Sigma_4} xz\,\mathrm{d}x\mathrm{d}y+xy\,\mathrm{d}y\mathrm{d}z+yz\,\mathrm{d}z\mathrm{d}x$$
$$=\iint_{D_{xy}} x(1-x-y)\,\mathrm{d}x\mathrm{d}y+\iint_{D_{yz}} y(1-z-y)\,\mathrm{d}y\mathrm{d}z+\iint_{D_{zx}} z(1-x-y)\,\mathrm{d}z\mathrm{d}x.$$

由于 D_{xy} , D_{yz} 和 D_{xz} 都是直角边为 1 的等腰直角三角形区域,所以

$$\oiint_{\Sigma} xz\,\mathrm{d}x\mathrm{d}y+xy\,\mathrm{d}y\mathrm{d}z+yz\,\mathrm{d}z\mathrm{d}x$$
$$=3\iint_{D_{xy}} x(1-x-y)\,\mathrm{d}x\mathrm{d}y$$
$$=3\int_0^1 x\,\mathrm{d}x\int_0^{1-x}(1-x-y)\,\mathrm{d}y$$
$$=\frac{1}{8}.$$

10.6 高斯公式与斯托克斯公式

10.6.1 高斯公式

格林公式表达了平面闭区域上的二重积分与其边界曲线上的曲线积分之间的关系,而高斯(Gauss)公式表达了空间闭区域上的三重积分与其边界曲面上的曲面积分之间的关系,这个关系可陈述如下:

定理 10.6.1　设有界空间闭区域 Ω 是由分片光滑有向曲面 Σ（取外侧）所围成，函数 $P(x,y,z)$，$Q(x,y,z)$，$R(x,y,z)$ 在 Ω 上具有一阶连续偏导数，则

$$\iiint\limits_{\Omega}\left(\frac{\partial P}{\partial x}+\frac{\partial Q}{\partial y}+\frac{\partial R}{\partial z}\right)\mathrm{d}x\mathrm{d}y\mathrm{d}z=\oiint\limits_{\Sigma}P\,\mathrm{d}y\mathrm{d}z+Q\mathrm{d}z\mathrm{d}x+R\mathrm{d}x\mathrm{d}y. \tag{10.6.1}$$

证　先证

$$\iiint\limits_{\Omega}\frac{\partial R}{\partial z}\mathrm{d}x\mathrm{d}y\mathrm{d}z=\oiint\limits_{\Sigma}R\,\mathrm{d}x\mathrm{d}y.$$

设空间区域 Ω 如图 10-15 所示，由边界曲面

$\Sigma_1: z=z_1(x,y)$，$\Sigma_2: z=z_2(x,y)$ 和以 Ω 的投影区域 D_{xy} 的边界为准线，母线平行于 z 轴的柱面 Σ_3 所围成，且有

$$z_1(x,y)\leqslant z_2(x,y).$$

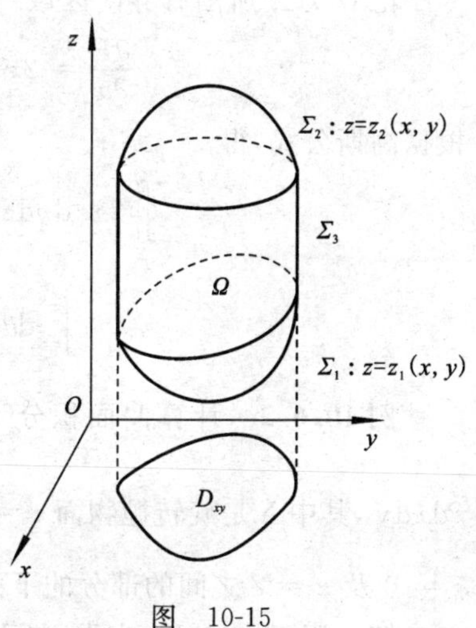

图　10-15

由三重积分的计算法知

$$\begin{aligned}\iiint\limits_{\Omega}\frac{\partial R}{\partial z}\mathrm{d}x\mathrm{d}y\mathrm{d}z&=\iint\limits_{D_{xy}}\mathrm{d}x\mathrm{d}y\int_{z_1(x,y)}^{z_2(x,y)}\frac{\partial R}{\partial z}\mathrm{d}z\\&=\iint\limits_{D_{xy}}[R(x,y,z_2(x,y))-\\&\quad R(x,y,z_1(x,y))]\mathrm{d}x\mathrm{d}y;\end{aligned}$$

又由曲面积分的计算法可得

$$\begin{aligned}\oiint\limits_{\Sigma}R\,\mathrm{d}x\mathrm{d}y&=\left(\iint\limits_{\Sigma_1}+\iint\limits_{\Sigma_2}+\iint\limits_{\Sigma_3}\right)R\mathrm{d}x\mathrm{d}y\\&=-\iint\limits_{D_{xy}}R(x,y,z_1(x,y))\mathrm{d}x\mathrm{d}y+\\&\quad\iint\limits_{D_{xy}}R(x,y,z_2(x,y))\mathrm{d}x\mathrm{d}y+0.\end{aligned}$$

所以

$$\iiint\limits_{\Omega}\frac{\partial R}{\partial z}\mathrm{d}x\mathrm{d}y\mathrm{d}z=\oiint\limits_{\Sigma}R\,\mathrm{d}x\mathrm{d}y.$$

同理可证

$$\iiint\limits_{\Omega}\frac{\partial Q}{\partial y}\mathrm{d}x\mathrm{d}y\mathrm{d}z=\oiint\limits_{\Sigma}Q\mathrm{d}z\mathrm{d}x,$$

$$\iiint\limits_{\Omega}\frac{\partial P}{\partial x}\mathrm{d}x\mathrm{d}y\mathrm{d}z=\oiint\limits_{\Sigma}P\,\mathrm{d}y\mathrm{d}z,$$

三式相加即得式(10.6.1).

上述证明中，对空间区域 Ω 要求穿过 Ω 内且平行于坐标轴的直线与 Ω 的边界曲面 Σ 的交点至多是两个. 如果 Ω 不满足该条件，则可用平行于坐标面的平面片将 Ω 分为若干满足上述条件的闭区域，然后在各个区域上应用高斯公式，再把各个结果相加，

由于沿辅助曲面两侧的曲面积分刚好抵消,故高斯公式仍成立.

例 10.6.1 计算曲面积分 $\oiint\limits_{\Sigma} 2xz\,\mathrm{d}y\mathrm{d}z + yz\,\mathrm{d}z\mathrm{d}x - z^2\,\mathrm{d}x\mathrm{d}y$,其中 Σ 是由曲面 $z = \sqrt{x^2+y^2}$ 与 $z=\sqrt{2-x^2-y^2}$ 所围立体的表面外侧.

解 此积分为闭曲面上的积分且被积函数为二次多项式,求偏导数后最多为一次的,所以用高斯公式化为三重积分后被积函数简单,易积分.

记 Ω 为 Σ 所围有界闭区域. 由 $P=2xz$, $Q=yz$, $R=-z^2$,有

$$\frac{\partial P}{\partial x}=2z,\quad \frac{\partial Q}{\partial y}=z,\quad \frac{\partial R}{\partial z}=-2z,$$

根据高斯公式,得

$$\oiint\limits_{\Sigma} 2xz\,\mathrm{d}y\mathrm{d}z + yz\,\mathrm{d}z\mathrm{d}x - z^2\,\mathrm{d}x\mathrm{d}y = \iiint\limits_{\Omega} z\,\mathrm{d}x\mathrm{d}y\mathrm{d}z$$

$$= \int_0^{2\pi}\mathrm{d}\theta\int_0^{\frac{\pi}{4}}\mathrm{d}\varphi\int_0^{\sqrt{2}} r\cos\varphi\cdot r^2\sin\varphi\,\mathrm{d}r = \frac{\pi}{2}.$$

例 10.6.2 计算曲面积分 $I=\iint\limits_{\Sigma}(z^2+x)\mathrm{d}y\mathrm{d}z - z\mathrm{d}x\mathrm{d}y$,其中 Σ 是旋转抛物面 $z=\frac{1}{2}(x^2+y^2)$ 介于平面 $z=0$ 及 $z=2$ 之间的部分的下侧,如图 10-16 所示.

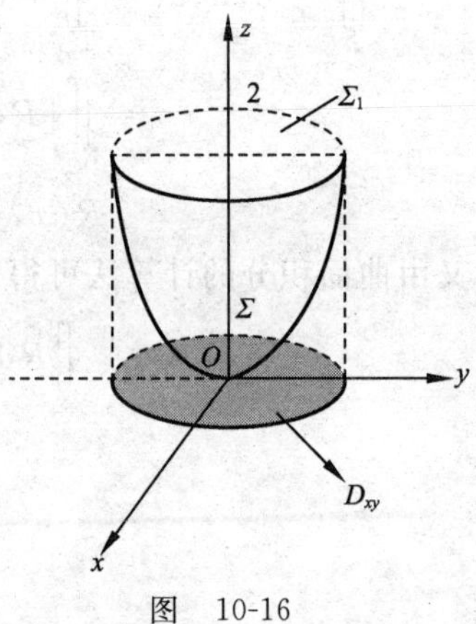

图 10-16

解 用"封口法". 利用高斯公式把这个曲面积分化为一个三重积分和另一个曲面积分.

记曲面 $\Sigma_1: z=2\,(x^2+y^2\leqslant 4)$ 取上侧,投影域 $D_{xy}: x^2+y^2\leqslant 4$. 设 Σ 与 Σ_1 所围区域记为 Ω. 根据高斯公式,有

$$I = \oiint\limits_{\Sigma+\Sigma_1} - \iint\limits_{\Sigma_1}$$

$$= \iiint\limits_{\Omega}(1-1)\mathrm{d}x\mathrm{d}y\mathrm{d}z - \iint\limits_{\Sigma_1}(z^2+x)\mathrm{d}y\mathrm{d}z - z\mathrm{d}x\mathrm{d}y$$

$$= 0 - 0 + \iint\limits_{\Sigma_1} z\,\mathrm{d}x\mathrm{d}y$$

$$= \iint\limits_{D_{xy}} 2\,\mathrm{d}x\mathrm{d}y$$

$$= 8\pi.$$

10.6.2　斯托克斯公式

斯托克斯(Stokes)公式是格林公式的推广.格林公式表达了平面闭区域上的二重积分与其边界曲线上的曲线积分间的关系,而斯托克斯公式则把曲面Σ上的曲面积分与沿着Σ的边界曲线的曲线积分联系起来.这个联系可陈述如下:

定理 10.6.2　设Γ为分段光滑的空间有向闭曲线,Σ是以Γ为边界的分片光滑的有向曲面,Γ的正向与Σ的侧符合右手规则[①],函数$P(x,y,z)$,$Q(x,y,z)$,$R(x,y,z)$在曲面Σ(连同边界Γ)上具有一阶连续偏导数,则

$$\oint_{\Gamma} P\,\mathrm{d}x+Q\mathrm{d}y+R\mathrm{d}z=\iint_{\Sigma}\left(\frac{\partial R}{\partial y}-\frac{\partial Q}{\partial z}\right)\mathrm{d}y\mathrm{d}z+\left(\frac{\partial P}{\partial z}-\frac{\partial R}{\partial x}\right)\mathrm{d}z\mathrm{d}x+\left(\frac{\partial Q}{\partial x}-\frac{\partial P}{\partial y}\right)\mathrm{d}x\mathrm{d}y. \tag{10.6.2}$$

证明从略.

如果L是xOy平面上的闭曲线,Σ为L所围成的平面区域D,那么斯托克斯公式便变为格林公式

$$\oint_{L} P\,\mathrm{d}x+Q\mathrm{d}y=\iint_{D}\left(\frac{\partial Q}{\partial x}-\frac{\partial P}{\partial y}\right)\mathrm{d}x\mathrm{d}y.$$

为便于记忆,公式还可记为

$$\oint_{\Gamma} P\,\mathrm{d}x+Q\mathrm{d}y+R\mathrm{d}z=\iint_{\Sigma}\begin{vmatrix}\mathrm{d}y\mathrm{d}z & \mathrm{d}z\mathrm{d}x & \mathrm{d}x\mathrm{d}y\\ \dfrac{\partial}{\partial x} & \dfrac{\partial}{\partial y} & \dfrac{\partial}{\partial z}\\ P & Q & R\end{vmatrix}.$$

例 10.6.3　利用斯托克斯公式计算曲线积分$\oint_{\Gamma} 2y\mathrm{d}x+3x\mathrm{d}y-z^2\mathrm{d}z$,其中$\Gamma$是圆周$x^2+y^2+z^2=9$,$z=0$,若从$z$轴正向看去,该圆周是取逆时针方向.

解　Γ即为xOy面上的圆周$x^2+y^2=9$,取Σ为圆域$x^2+y^2\leqslant 9$的上侧,则由斯托克斯公式

$$\oint_{\Gamma} 2y\mathrm{d}x+3x\mathrm{d}y-z^2\mathrm{d}z=\iint_{\Sigma}\begin{vmatrix}\mathrm{d}y\mathrm{d}z & \mathrm{d}z\mathrm{d}x & \mathrm{d}x\mathrm{d}y\\ \dfrac{\partial}{\partial x} & \dfrac{\partial}{\partial y} & \dfrac{\partial}{\partial z}\\ 2y & 3x & -z^2\end{vmatrix}$$

$$=\iint_{\Sigma}\mathrm{d}x\mathrm{d}y=\iint_{D_{xy}}\mathrm{d}x\mathrm{d}y=9\pi.$$

---

① 右手规则:右手除拇指之外的四指依Γ的绕行方向时,拇指所指的方向与Σ上法向量的指向相同.这时称Γ是有向曲面Σ的正向边界曲线.

本章小结

一、本章主要知识点

(1)两类曲线积分的概念、性质及计算法;

(2)两类曲面积分的概念、性质及计算法;

(3)格林公式、高斯公式及斯托克斯公式.

二、本章教学重点

(1)两类曲线积分的计算法;

(2)两类曲面积分的计算法;

(3)格林公式.

三、本章教学难点

(1)第二类曲线积分;

(2)第二类曲面积分;

(3)格林公式和与路径无关定理及其应用.

四、本章知识体系图

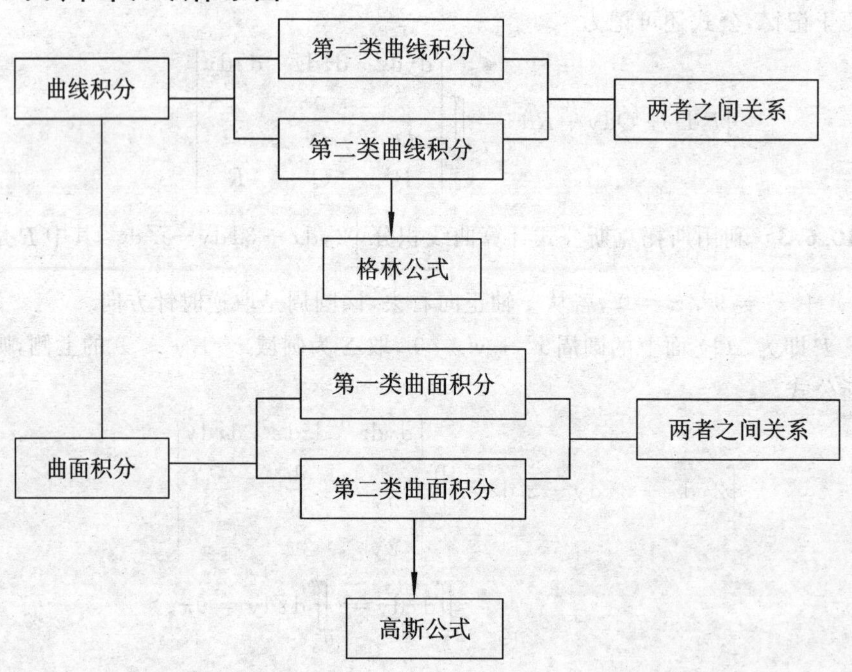

习　题　10

1.计算下列第一类曲线积分：

(1) $\int_L xy\,\mathrm{d}s$，其是 L 为圆周 $x^2+y^2=a^2$ 在第一象限内的部分；

(2) $\int_L \sqrt{y}\,\mathrm{d}s$，其中 L 是抛物线 $y=x^2$ 上点 $O(0,0)$ 与点 $B(1,1)$ 之间的一段弧；

(3) $\int_L y^2\,\mathrm{d}s$，其中 L 为摆线 $x=a(t-\sin t)$，$y=a(1-\cos t)$ 的一拱（$a>0$，$0\leqslant t\leqslant 2\pi$）.

2.计算下列第二类曲线积分：

(1) $\int_L xy\,\mathrm{d}x$，其中 L 为抛物线 $y^2=x$ 上从点 $A(1,-1)$ 到 $B(1,1)$ 的一段弧；

(2) $\oint_L \dfrac{(x+y)\,\mathrm{d}x-(x-y)\,\mathrm{d}y}{x^2+y^2}$，其中 L 为圆周 $x^2+y^2=a^2$（按逆时针方向绕行）；

(3) $\int_L x\,\mathrm{d}y-y\,\mathrm{d}x$，其中 L 是沿摆线 $x=t-\sin t$，$y=1-\cos t$ 的从 $O(0,0)$ 到 $A(2\pi,0)$ 的一段路径；

(4) $\int_\Gamma x\,\mathrm{d}x+y\,\mathrm{d}y+(x+y-1)\,\mathrm{d}z$，其中 Γ 是从点 $(1,1,1)$ 到点 $(2,3,4)$ 的一段直线.

3.计算 $\int_L y\,\mathrm{d}x+x\,\mathrm{d}y$，其中 L 是：

(1)沿抛物线 $y=2x^2$ 上从点 $(0,0)$ 到点 $(1,2)$ 的一段弧；

(2)沿直线 $y=2x$ 从点 $(0,0)$ 到点 $(1,2)$ 的一段；

(3)先沿直线从点 $(0,0)$ 到点 $(1,0)$，然后再沿直线到点 $(1,2)$ 的折线.

4.利用曲线积分，求椭圆 $9x^2+16y^2=144$ 所围成的图形的面积.

5.利用格林公式，计算下列曲线积分：

(1) $\oint_L (\mathrm{e}^{x^2}-x^2y)\,\mathrm{d}x+(xy^2-\sin y^2)\,\mathrm{d}y$，其中 L 是圆周 $x^2+y^2=a^2$ 按逆时针方向（$a>0$）；

(2) $\oint_L \mathrm{e}^{x^3}\,\mathrm{d}x+xy\,\mathrm{d}y$，其中 L 为 x 轴、y 轴及直线 $x+y=1$ 所围成区域的正向边界曲线；

(3) $\oint_L (4y-\mathrm{e}^{\cos x})\,\mathrm{d}x+(6x+\sqrt{y^8+\mathrm{e}})\,\mathrm{d}y$，其中 L 为椭圆 $\dfrac{x^2}{a^2}+\dfrac{y^2}{b^2}=1$ 的正向边界曲线；

(4) $\int_L (x^2-y)\mathrm{d}x-(x+\sin^2 y)\mathrm{d}y$，其中 L 是在圆周 $y=\sqrt{2x-x^2}$ 上由点 $(0,0)$ 到点 $(1,1)$ 的一段弧.

6. 证明曲线积分 $\int_{(1,1)}^{(2,3)} (x+y)\mathrm{d}x+(x-y)\mathrm{d}y$ 在整个 xOy 面内与路径无关，并计算积分值.

7. 计算下列第一类曲面积分：

(1) $\iint\limits_{\Sigma} \mathrm{d}S$，其中 Σ 为抛物面 $z=2-(x^2+y^2)$ 在 xOy 面上方的部分；

(2) $\oiint\limits_{\Sigma} xyz\,\mathrm{d}S$，其中 Σ 是由平面 $x=0$，$y=0$，$z=0$ 及 $x+y+z=1$ 所围成的四面体的整个边界曲面；

(3) $\iint\limits_{\Sigma} \left(\frac{x^2}{2}+\frac{y^2}{3}+\frac{z^2}{4}\right)\mathrm{d}S$，其中 Σ 是球面 $x^2+y^2+z^2=1$.

8. 计算下列第二类曲面积分：

(1) $\iint\limits_{\Sigma} x\,\mathrm{d}y\mathrm{d}z+y\mathrm{d}z\mathrm{d}x+z\mathrm{d}x\mathrm{d}y$，其中 Σ 是球面 $x^2+y^2+z^2=R^2$ 在第一卦限部分的上侧；

(2) $\iint\limits_{\Sigma} x\,\mathrm{d}y\mathrm{d}z+y\mathrm{d}z\mathrm{d}x+z\mathrm{d}x\mathrm{d}y$，其中 Σ 是柱面 $x^2+y^2=1$，平面 $z=0$ 和 $z=3$ 所围成的立体外侧表面中柱面部分；

(3) $\iint\limits_{\Sigma} (x^2+y^2)\mathrm{d}x\mathrm{d}y$，其中 Σ：$z=0$（$x^2+y^2\leqslant R^2$）取下侧；

(4) $\iint\limits_{\Sigma} \mathrm{d}y\mathrm{d}z+\mathrm{d}z\mathrm{d}x+\mathrm{d}x\mathrm{d}y$，其中 Σ 是半球面 $z=\sqrt{1-x^2-y^2}$ 的上侧.

9. 利用高斯公式计算曲面积分：

(1) $\oiint\limits_{\Sigma} x\,\mathrm{d}y\mathrm{d}z+y\mathrm{d}z\mathrm{d}x+z\mathrm{d}x\mathrm{d}y$，其中 Σ 是介于 $z=0$ 和 $z=3$ 之间的圆柱体 $x^2+y^2\leqslant 9$ 的整个表面的外侧；

(2) $\oiint\limits_{\Sigma} x^3\mathrm{d}y\mathrm{d}z+y^3\mathrm{d}z\mathrm{d}x+z^3\mathrm{d}x\mathrm{d}y$，其中 Σ 为球面 $x^2+y^2+z^2=a^2$ 的内侧；

(3) $\iint\limits_{\Sigma} x(1+x^2z)\mathrm{d}y\mathrm{d}z+y(1-x^2z)\mathrm{d}z\mathrm{d}x+z(1-x^2z)\mathrm{d}x\mathrm{d}y$，其中 Σ 为曲面 $z=\sqrt{x^2+y^2}$（$0\leqslant z\leqslant 1$）的下侧.

10. 利用斯托克斯公式计算曲线积分 $\oint_{\Gamma} z\,\mathrm{d}x+x\mathrm{d}y+y\mathrm{d}z$，其中 Γ 是平面 $x+y+z=1$ 被三个坐标面所截成的三角形的整个边界，若从 z 轴正向看去，取逆时针方向.

自测题 10

（满分 100 分，测试时间 100 分钟）

一、填空题（本题共 5 个小题，每小题 4 分，共计 20 分）

1. 设 L 为连接 $(1,0)$ 及 $(0,1)$ 两点的直线段，则 $\int_L (x+y)\mathrm{d}s =$ ______.

2. 设 L 为取正向的圆周 $x^2+y^2=9$，则 $\oint_L (2xy-2y)\mathrm{d}x+(x^2-4x)\mathrm{d}y$ $=$ ______.

3. 设 Σ 为 xOy 平面内一闭区域时，曲面积分 $I=\iint\limits_{\Sigma} R(x,y,z)\mathrm{d}x\mathrm{d}y$ 化为二重积分为______.

4. 设 Σ 为球面 $x^2+y^2+z^2=a^2$，则 $\oiint\limits_{\Sigma}(x^2+y^2+z^2)\mathrm{d}s=$ ______.

5. 设 Σ 是曲面 $z=x^2+y^2$（$0\leqslant z\leqslant 1$）的下侧，则 $\iint\limits_{\Sigma} 2(1-x^2)\mathrm{d}y\mathrm{d}z+8xy\mathrm{d}z\mathrm{d}x-4xz\mathrm{d}x\mathrm{d}y=$ ______.

二、选择题（本题共 5 个小题，每小题 4 分，共计 20 分）

1. $\oint_L \dfrac{(x+y)\mathrm{d}x-(x-y)\mathrm{d}y}{x^2+y^2}=$（　　）　（其中 $L: x^2+y^2=R^2$ 的正向）.

A. 2π　　B. -2π　　C. 0　　D. π

2. 设 L 是摆线 $x=t-\sin t-\pi$，$y=1-\cos t$ 上从 $t=0$ 到 $t=2\pi$ 的一段，则 $\int_L \dfrac{(x-y)\mathrm{d}x+(x+y)\mathrm{d}y}{x^2+y^2}=$（　　）.

A. $-\pi$　　B. π　　C. 2π　　D. -2π

3. 设 Σ 是锥面 $z=\sqrt{x^2+y^2}$ 被平面 $z=0$，$z=1$ 所截得部分的外侧，则 $\iint\limits_{\Sigma} x\mathrm{d}y\mathrm{d}z+y\mathrm{d}z\mathrm{d}x+z\mathrm{d}x\mathrm{d}y=$（　　）.

A. $-\dfrac{3\pi}{2}$　　B. 0　　C. $\dfrac{2\pi}{3}$　　D. $\dfrac{3\pi}{2}$

4. 设 $I=\oint_L \sqrt{x^2+y^2}\mathrm{d}x+[x+y\ln(x+\sqrt{x^2+y^2})]\mathrm{d}y$，其中 L 为正向圆周 $(x-1)^2+(y-1)^2=1$，则 I 的值为（　　）.

A. π^2　　B. 2π　　C. π　　D. $-\pi$

5. 设 Σ 是平面块：$y=x, 0\leqslant x\leqslant 1, 0\leqslant z\leqslant 1$ 的右侧，则 $\iint\limits_{\Sigma} y\mathrm{d}x\mathrm{d}z=$ (　　).

A. 1　　　　B. 2　　　　C. $\frac{1}{2}$　　　　D. $-\frac{1}{2}$

三、计算题(本题共 6 个小题，每小题 10 分，共计 60 分)

1. 计算 $\oint_L x\mathrm{d}s$，其中 L 为由直线 $y=x$ 及抛物线 $y=x^2$ 所围成的区域的整个边界.

2. 计算 $\int_L 2xy\mathrm{d}x+x^2\mathrm{d}y$，其中 L 为

(1)沿抛物线 $y=x^2$ 上从点 $(0,0)$ 到点 $(1,1)$ 的一段弧；

(2)沿抛物线 $x=y^2$ 从点 $(0,0)$ 到点 $(1,1)$ 的一段；

(3)先沿直线从点 $(0,0)$ 到点 $(1,0)$，然后再沿直线到点 $(1,1)$ 的折线.

3. 计算 $\oint_L \frac{\mathrm{e}^{x^2}-x^2y}{x^2+y^2}\mathrm{d}x+\frac{xy^2-\sin y^2}{x^2+y^2}\mathrm{d}y$，其中 L 是 $x^2+y^2=a^2$，顺时针方向.

4. 计算 $\int_L (2xy^3-y^2\cos x)\mathrm{d}x+(1-2y\sin x+3x^2y^2)\mathrm{d}y$，其中 L 为在抛物线 $2x=\pi y^2$ 上由点 $(0,0)$ 到 $\left(\frac{\pi}{2},1\right)$ 的一段弧.

5. 计算 $\iint\limits_{\Sigma}\frac{1}{z}\mathrm{d}S$，其中 Σ 为锥面 $z=\sqrt{x^2+y^2}$ 介于 $z=1$ 和 $z=2$ 的部分.

6. 计算 $\oiint\limits_{\Sigma}(x+y)\mathrm{d}y\mathrm{d}z+(y+z)\mathrm{d}z\mathrm{d}x+(z+x)\mathrm{d}x\mathrm{d}y$，其中 Σ 是以原点为中心，边长为 a 的正立方体的整个表面的外侧.

第11章　无穷级数

无穷级数是高等数学的一个重要组成部分，是表示函数、研究函数的性质以及进行数值计算的有力工具，在科学技术的很多领域有着广泛的应用.

本章首先介绍常数项级数的一些基本概念、性质和判断其敛散性的方法，然后讨论函数项级数，并研究如何将函数展开成幂级数和三角级数.

11.1　常数项级数的概念和性质

11.1.1　常数项级数的概念

人们认识事物在数量方面的特性，往往有一个由近似到精确的过程. 在这种认识过程中，会遇到由有限个数量相加到无穷多个数量相加的问题.

我国古代哲学家庄周所著的《庄子·天下篇》中有这样一句话："一尺之棰，日取其半，万世不竭". 其含义是一根一尺长的木棒，每天截下一半，这样的过程可以无限制地进行下去. 如果把每天截下来的那一部分长度"加"起来，得到

$$\frac{1}{2}+\frac{1}{2^2}+\frac{1}{2^3}+\cdots+\frac{1}{2^n}+\cdots.$$

这就是"无穷多个数相加"，从直观上可以看到，它的和是 1.

定义 11.1.1　一般地，给定一个数列

$$u_1,u_2,\cdots,u_n,\cdots,$$

由这个数列构成的表达式

$$u_1+u_2+\cdots+u_n+\cdots$$

称为**(常数项)无穷级数**，简称**(常数项)级数**，记为 $\sum\limits_{n=1}^{\infty}u_n$，即

$$\sum_{n=1}^{\infty}u_n=u_1+u_2+\cdots+u_n+\cdots,$$

其中第 n 项 u_n 称为**级数的一般项**.

例如：

$$\sum_{n=1}^{\infty}n=1+2+3+\cdots+n+\cdots,$$

$$\sum_{n=1}^{\infty}\frac{1}{n^2}=1+\frac{1}{2^2}+\cdots+\frac{1}{n^2}+\cdots,$$

$$\sum_{n=1}^{\infty}(-1)^{n-1}\frac{1}{n}=1-\frac{1}{2}+\cdots+(-1)^{n-1}\frac{1}{n}+\cdots$$

等都是常数项级数.

上述定义只是形式上表示无穷多个数相加,它与有限多个数相加有着本质的区别.我们知道,有限个实数 $u_1,u_2,\cdots,u_n$ 相加,其结果是一个实数,但是无穷多个数相加的"和"却可能并不存在.应如何理解级数中无穷多个数量的相加呢?它并不是简单的一项又一项地累加,因为这样的累加是无法完成的,它实际上是一个极限过程.

一种自然而合理的想法是先算出级数 $\sum\limits_{n=1}^{\infty}u_n$ 前 n 项的和

$$s_n=u_1+u_2+\cdots+u_n,$$

再求 $\{s_n\}$ 的极限,为此引入部分和的概念.

定义 11.1.2 级数 $\sum\limits_{n=1}^{\infty}u_n$ 的前 n 项的和

$$s_n=u_1+u_2+\cdots+u_n$$

称为级数 $\sum\limits_{n=1}^{\infty}u_n$ 的**部分和**.当 n 依次取 $1,2,\cdots,n,\cdots$ 时,部分和构成一个新的数列

$$s_1=u_1,$$
$$s_2=u_1+u_2,$$
$$\cdots\cdots$$
$$s_n=u_1+u_2+\cdots+u_n,$$
$$\cdots\cdots$$

称此数列为级数 $\sum\limits_{n=1}^{\infty}u_n$ 的**部分和数列**,记为 $\{s_n\}$.

根据部分和数列有没有极限,给出无穷级数 $\sum\limits_{n=1}^{\infty}u_n$ 收敛与发散的概念.

定义 11.1.3 如果级数 $\sum\limits_{n=1}^{\infty}u_n$ 的部分和数列 $\{s_n\}$ 有极限 s,即

$$\lim_{n\to\infty}s_n=s,$$

则称**无穷级数** $\sum\limits_{n=1}^{\infty}u_n$ **收敛**,s 称为**级数的和**,并记为

$$s=u_1+u_2+\cdots+u_n+\cdots \quad 或 \quad s=\sum_{n=1}^{\infty}u_n.$$

此时,也称级数 $\sum\limits_{n=1}^{\infty}u_n$ **收敛于** s.如果部分和数列 $\{s_n\}$ 没有极限,则称无穷级数 $\sum\limits_{n=1}^{\infty}u_n$ **发散**.

当无穷级数 $\sum_{n=1}^{\infty} u_n$ 收敛时，其和 s 与部分和 s_n 的差值

$$r_n = s - s_n = u_{n+1} + u_{n+2} + \cdots$$

称为**级数的余项**，且 $\lim_{n\to\infty} r_n = 0$.

由定义 11.1.3 可知，收敛的级数有和值 s，发散的级数没有"和".

收敛与发散是级数最基本的概念.判断级数 $\sum_{n=1}^{\infty} u_n$ 是否收敛以及在收敛的情况下如何求出它的和，这是级数理论的两个基本问题，其中判断级数的敛散性是首要问题.如果级数 $\sum_{n=1}^{\infty} u_n$ 发散，那么它无和可言；如果级数 $\sum_{n=1}^{\infty} u_n$ 收敛，即使无法求出其和的精确值 s，也可以利用部分和 s_n 求出它的近似值，且由 $\lim_{n\to\infty} r_n = 0$ 可知，近似值可以达到任意精确度以满足实际应用的需要.因此，判别级数的敛散性是我们要重点讨论的问题.

判别级数 $\sum_{n=1}^{\infty} u_n$ 的敛散性实质上就是判别它的部分和数列的敛散性，求级数的和实质上就是求部分和数列的极限，这是研究级数的一个基本思想方法.

例 11.1.1 证明级数 $\sum_{n=1}^{\infty} n = 1 + 2 + 3 + \cdots + n + \cdots$ 发散.

证 级数的部分和为

$$s_n = 1 + 2 + 3 + \cdots + n = \frac{n(n+1)}{2}.$$

显然，$\lim_{n\to\infty} \frac{n(n+1)}{2} = +\infty$，因此级数 $\sum_{n=1}^{\infty} n = 1 + 2 + 3 + \cdots + n + \cdots$ 发散.

例 11.1.2 证明级数 $\sum_{n=1}^{\infty} \frac{1}{n} = 1 + \frac{1}{2} + \frac{1}{3} + \cdots + \frac{1}{n} + \cdots$ 发散.

证 (反证法)假设级数是收敛的，且其和为 s，则有

$$\lim_{n\to\infty} s_n = s, \quad \lim_{n\to\infty} s_{2n} = s,$$

即 $\lim_{n\to\infty} (s_{2n} - s_n) = 0$，与

$$s_{2n} - s_n = \frac{1}{n+1} + \frac{1}{n+2} + \cdots + \frac{1}{2n} > \frac{1}{2n} + \frac{1}{2n} + \cdots + \frac{1}{2n} = \frac{1}{2}$$

矛盾，故假设不成立，级数 $\sum_{n=1}^{\infty} \frac{1}{n} = 1 + \frac{1}{2} + \frac{1}{3} + \cdots + \frac{1}{n} + \cdots$ 是发散的.

级数 $\sum_{n=1}^{\infty} \frac{1}{n}$ 称为**调和级数**，是一个很重要的发散级数.

例 11.1.3 证明无穷级数

$$\sum_{n=1}^{\infty} \frac{1}{n(n+1)} = \frac{1}{1 \cdot 2} + \frac{1}{2 \cdot 3} + \cdots + \frac{1}{n(n+1)} + \cdots$$

收敛,且其和 $s=1$.

证 因为 $$u_n=\frac{1}{n(n+1)}=\frac{1}{n}-\frac{1}{n+1}\quad (n=1,2,\cdots)$$

所以

$$s_n=\frac{1}{1\cdot 2}+\frac{1}{2\cdot 3}+\cdots+\frac{1}{n(n+1)}=\left(1-\frac{1}{2}\right)+\left(\frac{1}{2}-\frac{1}{3}\right)+\cdots+\left(\frac{1}{n}-\frac{1}{n+1}\right)$$

$$=1-\frac{1}{n+1},$$

从而

$$\lim_{n\to\infty}s_n=\lim_{n\to\infty}\left(1-\frac{1}{n+1}\right)=1,$$

故级数 $\sum\limits_{n=1}^{\infty}\frac{1}{n(n+1)}$ 收敛,且其和为 1.

例 11.1.4 讨论等比级数(几何级数)

$$\sum_{n=1}^{\infty}aq^{n-1}=a+aq+aq^2+\cdots+aq^{n-1}+\cdots$$

的敛散性,其中 $a\neq 0$,q 是级数的公比.

解 级数的部分和为

$$s_n=a+aq+aq^2+\cdots+aq^{n-1}=\begin{cases}\dfrac{a(1-q^n)}{1-q} & 当\ q\neq 1\\ na & 当\ q=1\end{cases}.$$

当 $|q|<1$ 时,$\lim\limits_{n\to\infty}s_n=\lim\limits_{n\to\infty}\frac{a(1-q^n)}{1-q}=\frac{a}{1-q}$,级数收敛,且和为 $\frac{a}{1-q}$;

当 $|q|>1$ 时,$\lim\limits_{n\to\infty}s_n=\infty$,级数发散;

当 $q=1$ 时,部分和 $s_n=na$,$\lim\limits_{n\to\infty}s_n=\infty$,级数发散;

当 $q=-1$ 时,部分和 $s_n=\begin{cases}a & 当\ n\ 为奇数\\ 0 & 当\ n\ 为偶数\end{cases}$,$\lim\limits_{n\to\infty}s_n$ 不存在,级数发散.

综上所述,等比级数 $\sum\limits_{n=1}^{\infty}aq^{n-1}$ 当 $|q|<1$ 时收敛,其和为 $\frac{a}{1-q}$;当 $|q|\geqslant 1$ 时发散.

11.1.2 无穷级数的基本性质

一般来说,根据极限 $\lim\limits_{n\to\infty}s_n$ 是否存在来判断级数的敛散性是比较困难的. 由于级数的敛散性归结为部分和数列的敛散性,因此可以利用数列极限的有关性质推导出级数的一些基本性质,用于判断一些级数的敛散性.

定理(级数收敛的必要条件) 如果级数 $\sum\limits_{n=1}^{\infty}u_n$ 收敛,则它的一般项 u_n 趋于 0,即

$$\lim_{n\to\infty} u_n = 0.$$

证 由于级数 $\sum_{n=1}^{\infty} u_n$ 收敛,故其部分和数列 $\{s_n\}$ 有极限 s,即 $\lim_{n\to\infty} s_n = s$. 所以

$$\lim_{n\to\infty} u_n = \lim_{n\to\infty}(s_n - s_{n-1}) = s - s = 0.$$

注 11.1.1 $\lim_{n\to\infty} u_n = 0$ 仅是级数收敛的**必要条件**,由该条件不能判定级数收敛.

例如,调和级数

$$\sum_{n=1}^{\infty} \frac{1}{n} = 1 + \frac{1}{2} + \frac{1}{3} + \cdots + \frac{1}{n} + \cdots$$

的一般项 $\lim_{n\to\infty} \frac{1}{n} = 0$,但调和级数是发散的.

由定理可知,若 $\lim_{n\to\infty} u_n \neq 0$,则级数 $\sum_{n=1}^{\infty} u_n$ 一定发散.

例 11.1.5 判定级数 $\sum_{n=1}^{\infty} \left(\frac{n}{n+1}\right)^n$ 的敛散性.

解
$$\lim_{n\to\infty} u_n = \lim_{n\to\infty} \left(\frac{n}{n+1}\right)^n = \frac{1}{\mathrm{e}} \neq 0,$$

所以级数 $\sum_{n=1}^{\infty} \left(\frac{n}{n+1}\right)^n$ 发散.

性质 11.1.1 如果级数 $\sum_{n=1}^{\infty} u_n$ 收敛于和 s,则对于任意常数 k,级数 $\sum_{n=1}^{\infty} ku_n$ 也收敛,且其和为 ks.

证 设级数 $\sum_{n=1}^{\infty} u_n$ 与级数 $\sum_{n=1}^{\infty} ku_n$ 的部分和分别为 s_n 与 σ_n,则

$$\sigma_n = ku_1 + ku_2 + \cdots + ku_n = ks_n,$$

于是
$$\lim_{n\to\infty} \sigma_n = \lim_{n\to\infty} ks_n = k\lim_{n\to\infty} s_n = ks.$$

所以级数 $\sum_{n=1}^{\infty} ku_n$ 收敛,且和为 ks.

由于极限 $\lim_{n\to\infty} \sigma_n$ 与 $\lim_{n\to\infty} s_n$ 同时存在或同时不存在,所以有下面的结论:

推论 级数 $\sum_{n=1}^{\infty} u_n$ 与 $\sum_{n=1}^{\infty} ku_n$ (其中 k 为非零常数)有相同的敛散性.

性质 11.1.2 如果级数 $\sum_{n=1}^{\infty} u_n$ 与 $\sum_{n=1}^{\infty} v_n$ 分别收敛于 s 和 σ,则级数 $\sum_{n=1}^{\infty} (u_n \pm v_n)$ 也收敛,且其和为 $s \pm \sigma$.

证 设级数 $\sum_{n=1}^{\infty} u_n$ 与 $\sum_{n=1}^{\infty} v_n$ 的部分和分别为 s_n 与 σ_n,则级数 $\sum_{n=1}^{\infty} (u_n \pm v_n)$ 的部分和

$$\tau_n = (u_1 \pm v_1) + (u_2 \pm v_2) + \cdots + (u_n \pm v_n)$$
$$= (u_1 + u_2 + \cdots + u_n) \pm (v_1 + v_2 + \cdots + v_n) = s_n \pm \sigma_n ,$$

于是

$$\lim_{n\to\infty}\tau_n = \lim_{n\to\infty}(s_n \pm \sigma_n) = s \pm \sigma .$$

所以级数 $\sum_{n=1}^{\infty}(u_n \pm v_n)$ 收敛,且和为 $s \pm \sigma$.

性质 11.1.2 表明,两个收敛级数可以逐项相加与逐项相减.

由性质 11.1.2 可以得到以下几个常用结论:

(1)若级数 $\sum_{n=1}^{\infty}u_n$ 与 $\sum_{n=1}^{\infty}v_n$ 收敛,则

$$\sum_{n=1}^{\infty}(u_n \pm v_n) = \sum_{n=1}^{\infty}u_n \pm \sum_{n=1}^{\infty}v_n .$$

(2)若级数 $\sum_{n=1}^{\infty}u_n$ 收敛,而级数 $\sum_{n=1}^{\infty}v_n$ 发散,则级数 $\sum_{n=1}^{\infty}(u_n \pm v_n)$ 必发散.

(3)若级数 $\sum_{n=1}^{\infty}u_n$ 与 $\sum_{n=1}^{\infty}v_n$ 均发散,则级数 $\sum_{n=1}^{\infty}(u_n \pm v_n)$ 可能收敛,也可能发散.

性质 11.1.3 在级数中去掉、加上或改变有限项,不会改变级数的敛散性.

证 只需证明"在级数的前面部分去掉、加上或改变有限项,不会改变级数的敛散性",因为其他情形都可以看成在级数的前面部分先去掉有限项,然后再加上有限项的结果.

不妨设在级数 $\sum_{n=1}^{\infty}u_n$ 中去掉前 k 项,则得级数

$$u_{k+1} + u_{k+2} + \cdots + u_{k+n} + \cdots ,$$

新级数的部分和为

$$\sigma_n = u_{k+1} + u_{k+2} + \cdots + u_{k+n} = s_{k+n} - s_k ,$$

因为 s_k 是常数,所以极限 $\lim_{n\to\infty}\sigma_n$ 与 $\lim_{n\to\infty}s_{k+n}$ 同时存在或同时不存在,从而级数 $\sum_{n=1}^{\infty}u_n$ 与 $\sum_{n=k+1}^{\infty}u_n$ 具有相同的敛散性.

类似地,可以证明加上或改变级数的有限项,不会改变级数的敛散性.

性质 11.1.4 如果级数 $\sum_{n=1}^{\infty}u_n$ 收敛,则对这个级数的项任意加括号后所得的级数收敛,且其和不变.

证 设级数 $\sum_{n=1}^{\infty}u_n$ 的部分和为 s_n,任意加括号后所成的新级数为

$$(u_1 + \cdots + u_{n_1}) + (u_{n_1+1} + \cdots + u_{n_2}) + \cdots + (u_{n_{k-1}+1} + \cdots + u_{n_k}) + \cdots ,$$

则其部分和数列为

$$\sigma_1 = u_1 + \cdots + u_{n_1} = s_{n_1},$$

$$\sigma_2 = (u_1 + \cdots + u_{n_1}) + (u_{n_1+1} + \cdots + u_{n_2}) = s_{n_2},$$

……

$$\sigma_k = (u_1 + \cdots + u_{n_1}) + (u_{n_1+1} + \cdots + u_{n_2}) + \cdots + (u_{n_{k-1}+1} + \cdots + u_{n_k}) = s_{n_k}$$

……

可见,数列 $\{\sigma_k\}$ 是数列 $\{s_n\}$ 的一个子数列. 由 $\{s_n\}$ 的收敛性可知,其子数列 $\{\sigma_k\}$ 也收敛,且有

$$\lim_{k\to\infty}\sigma_k = \lim_{n\to\infty}s_n,$$

即加括号后所成的数列收敛,且其和不变.

由性质 11.1.4 可知,如果加括号后所成的级数发散,则原级数必发散(反证法).

注 11.1.2 如果加括号后所得的级数收敛,不能断定原级数收敛.

这是因为数列的一个子列收敛时,该数列未必收敛.

例如,级数

$$(1-1)+(1-1)+(1-1)+\cdots$$

收敛于 0,但是去掉括号后的级数

$$1-1+1-1+1-1+\cdots$$

却是发散的.

例 11.1.6 判定级数 $\frac{1}{10}+\frac{1}{20}+\frac{1}{30}+\cdots$ 的敛散性.

解 由于

$$\frac{1}{10}+\frac{1}{20}+\frac{1}{30}+\cdots = \frac{1}{10}\left(1+\frac{1}{2}+\frac{1}{3}+\cdots\right) = \frac{1}{10}\sum_{n=1}^{\infty}\frac{1}{n},$$

而调和级数 $\sum_{n=1}^{\infty}\frac{1}{n}$ 发散,所以级数 $\frac{1}{10}+\frac{1}{20}+\frac{1}{30}+\cdots$ 发散.

例 11.1.7 判定级数 $\sum_{n=1}^{\infty}\left(\frac{1}{2^n}+\frac{2}{3^n}\right)$ 的敛散性. 若收敛,求其和.

解 由于等比级数 $\sum_{n=1}^{\infty}\frac{1}{2^n}$ 与 $\sum_{n=1}^{\infty}\frac{2}{3^n}$ 均收敛,且

$$\sum_{n=1}^{\infty}\frac{1}{2^n} = \frac{\frac{1}{2}}{1-\frac{1}{2}} = 1, \quad \sum_{n=1}^{\infty}\frac{2}{3^n} = 2\sum_{n=1}^{\infty}\frac{1}{3^n} = 2\cdot\frac{\frac{1}{3}}{1-\frac{1}{3}} = 1,$$

所以级数 $\sum_{n=1}^{\infty}\left(\frac{1}{2^n}+\frac{2}{3^n}\right)$ 收敛,其和为 $1+1=2$.

11.2 正项级数的审敛法

研究级数的首要问题是判别级数的敛散性,而仅仅利用定义或性质判定级数的敛散性是不够的,需要建立一些简便有效的判别方法.下面先来研究正项级数的敛散性判别法.

定义 如果级数

$$\sum_{n=1}^{\infty} u_n = u_1 + u_2 + \cdots + u_n + \cdots$$

中的各项都满足条件 $u_n \geqslant 0(n = 1,2,\cdots)$,则称此级数为**正项级数**.

这是一类重要的级数,在实际应用中经常会遇到正项级数,并且一般级数的敛散性判别问题,往往可以归结为正项级数的敛散性判别问题.本节所指级数均为正项级数.

由于正项级数 $\sum_{n=1}^{\infty} u_n$ 的各项均非负,因此,其部分和数列 $\{s_n\}$ 是一个单调递增的数列,即

$$s_1 \leqslant s_2 \leqslant \cdots \leqslant s_n \leqslant \cdots.$$

如果部分和数列 $\{s_n\}$ 有界,即存在某个常数 $M>0$,使 $s_n \leqslant M$,由单调有界数列必有极限的收敛准则可知,极限 $\lim\limits_{n\to\infty} s_n$ 存在,故正项级数 $\sum_{n=1}^{\infty} u_n$ 收敛;

反之,若部分和数列 $\{s_n\}$ 无界,则有 $\lim\limits_{n\to\infty} s_n = +\infty$,因而正项级数 $\sum_{n=1}^{\infty} u_n$ 发散.由此,得到如下的重要结论:

定理 11.2.1 正项级数 $\sum_{n=1}^{\infty} u_n$ 收敛的充分必要条件是它的部分和数列 $\{s_n\}$ 有界.

定理 11.2.1 是判断正项级数收敛的基本定理.根据定理 11.2.1 可以得到判别正项级数敛散性的比较审敛法.

定理 11.2.2(比较审敛法) 设级数 $\sum_{n=1}^{\infty} u_n$ 和 $\sum_{n=1}^{\infty} v_n$ 都是正项级数,且

$$u_n \leqslant v_n \quad (n = 1,2,\cdots).$$

(1)若级数 $\sum_{n=1}^{\infty} v_n$ 收敛,则级数 $\sum_{n=1}^{\infty} u_n$ 也收敛;

(2)若级数 $\sum_{n=1}^{\infty} u_n$ 发散,则级数 $\sum_{n=1}^{\infty} v_n$ 也发散.

证　(1)设级数 $\sum_{n=1}^{\infty} v_n$ 收敛于σ，则级数 $\sum_{n=1}^{\infty} u_n$ 的部分和

$$s_n = u_1 + u_2 + \cdots + u_n \leqslant v_1 + v_2 + \cdots + v_n \leqslant \sigma \quad (n = 1,2,\cdots),$$

即部分和数列 $\{s_n\}$ 有界，由定理 11.2.1 可知，级数 $\sum_{n=1}^{\infty} u_n$ 收敛.

(2)如果级数 $\sum_{n=1}^{\infty} u_n$ 发散，假设级数 $\sum_{n=1}^{\infty} v_n$ 收敛，则由(1)可知，级数 $\sum_{n=1}^{\infty} u_n$ 也收敛，与题设矛盾，故级数 $\sum_{n=1}^{\infty} v_n$ 发散.

注　(1)由于级数前面部分去掉有限项不改变级数的敛散性，所以定理 11.2.2 中的条件 $u_n \leqslant v_n$ 只要从某项起成立即可.

(2)使用比较审敛法的关键是要找到一个敛散性已知的正项级数与之比较.常用来作比较的级数有等比级数、调和级数和 $p-$级数.

例 11.2.1　讨论 $p-$级数

$$\sum_{n=1}^{\infty} \frac{1}{n^p} = 1 + \frac{1}{2^p} + \frac{1}{3^p} + \cdots + \frac{1}{n^p} + \cdots$$

的敛散性，其中常数 $p > 0$.

解　当 $p \leqslant 1$ 时，$\frac{1}{n^p} \geqslant \frac{1}{n}$. 由于调和级数 $\sum_{n=1}^{\infty} \frac{1}{n}$ 发散，由定理 11.2.2 可知，级数 $\sum_{n=1}^{\infty} \frac{1}{n^p}$ 发散.

当 $p>1$ 时，因为当 $k-1 \leqslant x \leqslant k$ 时，有 $\frac{1}{k^p} \leqslant \frac{1}{x^p}$，所以

$$\frac{1}{k^p} = \int_{k-1}^{k} \frac{1}{k^p}\mathrm{d}x \leqslant \int_{k-1}^{k} \frac{1}{x^p}\mathrm{d}x \quad (k = 2,3,\cdots),$$

从而级数 $\sum_{n=1}^{\infty} \frac{1}{n^p}$ 的部分和

$$\begin{aligned} s_n &= 1 + \sum_{k=2}^{n} \frac{1}{k^p} \leqslant 1 + \sum_{k=2}^{n} \int_{k-1}^{k} \frac{1}{x^p}\mathrm{d}x = 1 + \int_{1}^{n} \frac{1}{x^p}\mathrm{d}x \\ &= 1 + \frac{1}{p-1}\left(1 - \frac{1}{n^{p-1}}\right) < 1 + \frac{1}{p-1} \quad (n = 2,3,\cdots) \end{aligned}$$

即数列 $\{s_n\}$ 有界，由定理 11.2.2 可知，级数 $\sum_{n=1}^{\infty} \frac{1}{n^p}$ 收敛.

综上所述，当 $p>1$ 时，$p-$级数 $\sum_{n=1}^{\infty} \frac{1}{n^p}$ 收敛；当 $p \leqslant 1$ 时，$p-$级数 $\sum_{n=1}^{\infty} \frac{1}{n^p}$ 发散.

例 11.2.2　判别级数 $\sum_{n=1}^{\infty} \frac{1}{\sqrt{n(n+1)}}$ 的敛散性.

解 由于

$$\frac{1}{\sqrt{n(n+1)}} > \frac{1}{n+1},$$

而级数

$$\sum_{n=1}^{\infty} \frac{1}{n+1} = \frac{1}{2} + \frac{1}{3} + \cdots + \frac{1}{n+1} + \cdots$$

发散,由比较审敛法可知,级数 $\sum_{n=1}^{\infty} \frac{1}{\sqrt{n(n+1)}}$ 发散.

例 11.2.3 判别级数 $\sum_{n=1}^{\infty} \frac{n+3}{2n^3-n}$ 的敛散性.

解 当 $n>3$ 时,有

$$\frac{n+3}{2n^3-n} < \frac{n+n}{2n^3-n} = \frac{2}{2n^2-1} < \frac{2}{n^2}.$$

而级数 $\sum_{n=1}^{\infty} \frac{2}{n^2} = 2\sum_{n=1}^{\infty} \frac{1}{n^2}$ 收敛,由比较审敛法可知,级数 $\sum_{n=1}^{\infty} \frac{n+3}{2n^3-n}$ 收敛.

在实际应用中,比较审敛法的极限形式往往更为方便.

定理 11.2.3(比较审敛法的极限形式) 设级数 $\sum_{n=1}^{\infty} u_n$ 和 $\sum_{n=1}^{\infty} v_n$ 都是正项级数,且 $\lim_{n\to\infty} \frac{u_n}{v_n} = l$,

(1)如果 $0<l<+\infty$,则 $\sum_{n=1}^{\infty} u_n$ 与 $\sum_{n=1}^{\infty} v_n$ 同时收敛或同时发散;

(2)如果 $l=0$,且 $\sum_{n=1}^{\infty} v_n$ 收敛,则 $\sum_{n=1}^{\infty} u_n$ 也收敛;

(3)如果 $l=+\infty$,且 $\sum_{n=1}^{\infty} v_n$ 发散,则 $\sum_{n=1}^{\infty} u_n$ 也发散.

证 (1)由极限的定义可知,对 $\varepsilon = \frac{l}{2} > 0$,存在正整数 N,当 $n>N$ 时,有

$$\left|\frac{u_n}{v_n} - l\right| < \varepsilon,$$

即

$$\frac{l}{2} v_n < u_n < \frac{3l}{2} v_n.$$

由级数的性质和比较审敛法可知,$\sum_{n=1}^{\infty} u_n$ 与 $\sum_{n=1}^{\infty} v_n$ 同时收敛或同时发散.

(2)由于 $\lim_{n\to\infty} \frac{u_n}{v_n} = 0$,对 $\varepsilon = 1$,存在正整数 N,当 $n>N$ 时,有

$$\left|\frac{u_n}{v_n}\right| = \frac{u_n}{v_n} < 1\ ,$$

即 $u_n < v_n$. 所以当 $\sum\limits_{n=1}^{\infty} v_n$ 收敛时，$\sum\limits_{n=1}^{\infty} u_n$ 也收敛.

(3)由于 $\lim\limits_{n\to\infty}\frac{u_n}{v_n} = +\infty$,对 $M = 1$,存在正整数 N ,当 $n > N$ 时,有 $\frac{u_n}{v_n} > 1$,即 $u_n > v_n$. 所以当 $\sum\limits_{n=1}^{\infty} v_n$ 发散时，$\sum\limits_{n=1}^{\infty} u_n$ 也发散.

极限形式的比较审敛法,在两个正项级数的一般项 u_n, v_n 均趋于零的情况下,其实是比较它们的一般项作为无穷小的阶. 定理 11.2.3 表明,当 $n\to\infty$ 时,如果 u_n 是与 v_n 同阶或是比 v_n 高阶的无穷小,而级数 $\sum\limits_{n=1}^{\infty} v_n$ 收敛,则级数 $\sum\limits_{n=1}^{\infty} u_n$ 收敛;如果 u_n 是与 v_n 同阶或是比 v_n 低阶的无穷小,而级数 $\sum\limits_{n=1}^{\infty} v_n$ 发散,则级数 $\sum\limits_{n=1}^{\infty} u_n$ 发散.

因此,在判别正项级数 $\sum\limits_{n=1}^{\infty} u_n$ 的敛散性时,可将该级数的通项 u_n 或其部分因子用等价无穷小代换,得到的新级数与级数 $\sum\limits_{n=1}^{\infty} u_n$ 的敛散性相同.

例 11.2.4　判别级数 $\sum\limits_{n=1}^{\infty} \sin\frac{1}{n}$ 的敛散性.

解　因为

$$\lim_{n\to\infty}\frac{\sin\frac{1}{n}}{\frac{1}{n}} = 1,$$

而调和级数 $\sum\limits_{n=1}^{\infty} \frac{1}{n}$ 发散,由比较审敛法的极限形式可知,级数 $\sum\limits_{n=1}^{\infty} \sin\frac{1}{n}$ 发散.

例 11.2.5　判别级数 $\sum\limits_{n=1}^{\infty} \ln\left(1+\frac{2}{n^3}\right)$ 的敛散性.

解　因为

$$\lim_{n\to\infty}\frac{\ln\left(1+\frac{2}{n^3}\right)}{\frac{1}{n^3}} = \lim_{n\to\infty}\frac{\frac{2}{n^3}}{\frac{1}{n^3}} = 2\ ,$$

而级数 $\sum\limits_{n=1}^{\infty} \frac{1}{n^3}$ 收敛,由比较审敛法的极限形式可知,级数 $\sum\limits_{n=1}^{\infty} \ln\left(1+\frac{2}{n^3}\right)$ 收敛.

例 11.2.6　判别级数 $\sum\limits_{n=1}^{\infty} 2^n \sin\frac{\pi}{3^n}$ 的敛散性.

解 1 这是正项级数. 因为

$$\lim_{n\to\infty}\frac{2^n\sin\frac{\pi}{3^n}}{\left(\frac{2}{3}\right)^n}=\lim_{n\to\infty}\frac{2^n\cdot\frac{\pi}{3^n}}{\left(\frac{2}{3}\right)^n}=\pi,$$

而级数 $\sum_{n=1}^{\infty}\left(\frac{2}{3}\right)^n$ 收敛,由比较审敛法的极限形式可知,级数 $\sum_{n=1}^{\infty}2^n\sin\frac{\pi}{3^n}$ 收敛.

解 2 当 $n\to\infty$ 时, $\sin\frac{\pi}{3^n}\sim\frac{\pi}{3^n}$,而级数 $\sum_{n=1}^{\infty}2^n\cdot\frac{\pi}{3^n}=\sum_{n=1}^{\infty}\pi\left(\frac{2}{3}\right)^n$ 收敛,故原级数收敛.

从以上的例题可以看出,无论是比较审敛法还是其极限形式,在使用的时候都必须借助于一个敛散性为已知的参照级数,因此很不方便,有时甚至非常困难. 例如,判别级数 $\sum_{n=1}^{\infty}\frac{n}{10^n}$ 的敛散性,就不容易找到参照级数. 下面介绍的两个审敛法,都是通过级数一般项本身的性质来判断其敛散性的.

定理 11.2.4(比值审敛法,达朗贝尔判别法) 设 $\sum_{n=1}^{\infty}u_n\ (u_n>0)$ 为正项级数,如果 $\lim_{n\to\infty}\frac{u_{n+1}}{u_n}=\rho$,则

(1)当 $\rho<1$ 时,级数收敛;

(2)当 $\rho>1$ (或 $\lim_{n\to\infty}\frac{u_{n+1}}{u_n}=+\infty$)时,级数发散;

(3)当 $\rho=1$ 时,级数可能收敛也可能发散.

证 (1)当 $\rho<1$ 时,选取一个适当小的正数 $\varepsilon=\frac{1-\rho}{2}>0$,因为

$$\lim_{n\to\infty}\frac{u_{n+1}}{u_n}=\rho,$$

所以存在正整数 N ,当 $n>N$ 时,有

$$\left|\frac{u_{n+1}}{u_n}-\rho\right|<\varepsilon$$

因此
$$\frac{u_{n+1}}{u_n}<\rho+\varepsilon=\frac{1+\rho}{2}.$$

记 $q=\frac{1+\rho}{2}$,则 $q<1$,且

$$u_{N+1}=u_{N+1},$$
$$u_{N+2}<u_{N+1}\cdot q,$$
$$u_{N+3}<u_{N+2}\cdot q<u_{N+1}\cdot q^2,$$

$$\cdots\cdots$$

$$u_{N+k} < u_{N+k-1} \cdot q < \cdots < u_{N+1} \cdot q^{k-1},$$

$$\cdots\cdots$$

由于 $q < 1$，所以等比级数 $\sum_{k=1}^{\infty} u_{N+1} \cdot q^{k-1}$ 收敛.由比较审敛法可知，级数

$$\sum_{k=1}^{\infty} u_{N+k} = \sum_{n=N+1}^{\infty} u_n$$

收敛，故级数 $\sum_{n=1}^{\infty} u_n$ 收敛.

(2)当 $\lim\limits_{n\to\infty} \frac{u_{n+1}}{u_n} = \rho > 1$ 或 $\lim\limits_{n\to\infty} \frac{u_{n+1}}{u_n} = +\infty$ 时，由极限的保号性可知，存在正整数 N，当 $n > N$ 时，有

$$\frac{u_{n+1}}{u_n} > 1, \quad \text{即} \quad u_{n+1} > u_n > 0.$$

因此 $\lim\limits_{n\to\infty} u_n \neq 0$，所以级数 $\sum_{n=1}^{\infty} u_n$ 发散.

(3)当 $\rho = 1$ 时级数可能收敛也可能发散.这个结论从 $p-$ 级数 $\sum_{n=1}^{\infty} \frac{1}{n^p}$ 就可以看出.

事实上，无论 $p > 0$ 为何值，都有

$$\lim_{n\to\infty} \frac{u_{n+1}}{u_n} = \lim_{n\to\infty} \frac{\frac{1}{(n+1)^p}}{\frac{1}{n^p}} = \lim_{n\to\infty} \left(\frac{n}{n+1}\right)^p = 1,$$

但我们知道，当 $p > 1$ 时级数收敛，当 $p \leqslant 1$ 时级数发散.

这是由于比值审敛法的实质是将所给级数与等比级数进行比较，而等比级数的一般项收敛速度比较快，所以当被考察级数的一般项收敛速度较慢时，比值审敛法就失效了.

例 11.2.7　判别级数

$$\sum_{n=1}^{\infty} \frac{1}{n!} = 1 + \frac{1}{1 \cdot 2} + \frac{1}{1 \cdot 2 \cdot 3} + \cdots + \frac{1}{n!} + \cdots$$

的敛散性.

解　因为

$$\lim_{n\to\infty} \frac{u_{n+1}}{u_n} = \lim_{n\to\infty} \frac{\frac{1}{(n+1)!}}{\frac{1}{n!}} = \lim_{n\to\infty} \frac{n!}{(n+1)!} = \lim_{n\to\infty} \frac{1}{n+1} = 0 < 1,$$

由比值审敛法可知,级数 $\sum_{n=1}^{\infty}\frac{1}{n!}$ 收敛.

例 11.2.8 判别级数

$$\frac{1}{10}+\frac{1\cdot 2}{10^2}+\frac{1\cdot 2\cdot 3}{10^3}+\cdots+\frac{n!}{10^n}+\cdots$$

的敛散性.

解 因为

$$\lim_{n\to\infty}\frac{u_{n+1}}{u_n}=\lim_{n\to\infty}\frac{\frac{(n+1)!}{10^{n+1}}}{\frac{n!}{10^n}}=\lim_{n\to\infty}\frac{n+1}{10}=+\infty,$$

由比值审敛法可知,级数 $\frac{1}{10}+\frac{1\cdot 2}{10^2}+\frac{1\cdot 2\cdot 3}{10^3}+\cdots+\frac{n!}{10^n}+\cdots$ 发散.

例 11.2.9 判别级数

$$\sum_{n-1}^{\infty}\frac{n^{100}}{2^n}=\frac{1}{2}+\frac{2^{100}}{2^2}+\frac{3^{100}}{2^3}+\cdots+\frac{n^{100}}{2^n}+\cdots$$

的敛散性.

解 因为

$$\lim_{n\to\infty}\frac{u_{n+1}}{u_n}=\lim_{n\to\infty}\frac{\frac{(n+1)^{100}}{2^{n+1}}}{\frac{n^{100}}{2^n}}=\frac{1}{2}\lim_{n\to\infty}\left(\frac{n+1}{n}\right)^{100}=\frac{1}{2}<1,$$

由比值审敛法可知,级数 $\sum_{n=1}^{\infty}\frac{n^{100}}{2^n}$ 收敛.

定理 11.2.5(根值审敛法,柯西判别法) 设 $\sum_{n=1}^{\infty}u_n$ 为正项级数,如果

$$\lim_{n\to\infty}\sqrt[n]{u_n}=\rho,$$

则当 $\rho<1$ 时级数收敛;当 $\rho>1$(或 $\lim_{n\to\infty}\sqrt[n]{u_n}=+\infty$)时级数发散;当 $\rho=1$ 时级数可能收敛也可能发散.

定理 11.2.5 的证明与定理 11.2.4 相仿,这里从略.

例 11.2.10 判别级数 $\sum_{n=1}^{\infty}\frac{2+(-1)^n}{2^n}$ 的敛散性.

解 因为

$$\lim_{n\to\infty}\sqrt[n]{u_n}=\lim_{n\to\infty}\sqrt[n]{\frac{2+(-1)^n}{2^n}}=\frac{1}{2}\lim_{n\to\infty}\sqrt[n]{2+(-1)^n}=\frac{1}{2}<1,$$

由根值审敛法可知,级数 $\sum_{n=1}^{\infty}\frac{2+(-1)^n}{2^n}$ 收敛.

例 11.2.11　判别级数 $\sum_{n=1}^{\infty}\left(\frac{an}{2n+2}\right)^n (a>0)$ 的敛散性.

解　因为

$$\lim_{n\to\infty}\sqrt[n]{u_n}=\lim_{n\to\infty}\sqrt[n]{\left(\frac{an}{2n+2}\right)^n}=\lim_{n\to\infty}\frac{an}{2n+2}=\frac{a}{2},$$

由根值审敛法可知:

当 $\frac{a}{2}<1$,即 $0<a<2$ 时,级数 $\sum_{n=1}^{\infty}\left(\frac{an}{2n+2}\right)^n$ 收敛;

当 $\frac{a}{2}>1$,即 $a>2$ 时,级数 $\sum_{n=1}^{\infty}\left(\frac{an}{2n+2}\right)^n$ 发散;

当 $\frac{a}{2}=1$,即 $a=2$ 时,根值审敛法失效.由于

$$\lim_{n\to\infty}\left(\frac{2n}{2n+2}\right)^n=\lim_{n\to\infty}\left(\frac{n}{n+1}\right)^n=\frac{1}{\mathrm{e}}\neq 0,$$

由级数收敛的必要条件可知,级数 $\sum_{n=1}^{\infty}\left(\frac{an}{2n+2}\right)^n$ 发散.

11.3　任意项级数

前面讨论了正项级数敛散性的判别法,本节介绍任意项级数.如果一个级数中仅有有限项是正数或有限项是负数,那么可以将它归结为正项级数来判别其敛散性.若级数 $\sum_{n=1}^{\infty}u_n$ 中有无穷多个正项和无穷多个负项,则称之为**任意项级数**,即级数 $\sum_{n=1}^{\infty}u_n=u_1+u_2+\cdots+u_n+\cdots$ 中的各项 $u_n(n=1,2,\cdots)$ 为任意实数.

在任意项级数中交错级数是一类很重要的级数,首先来讨论交错级数敛散性的判别法.

11.3.1　交错级数及其审敛法

定义 11.3.1　如果 $u_n>0(n=1,2,\cdots)$,则级数

$$\sum_{n=1}^{\infty}(-1)^{n-1}u_n=u_1-u_2+u_3-u_4+\cdots+(-1)^{n-1}u_n+\cdots \tag{11.3.1}$$

或

$$\sum_{n=1}^{\infty}(-1)^{n}u_n=-u_1+u_2-u_3+u_4-\cdots+(-1)^{n}u_n+\cdots \tag{11.3.2}$$

称为**交错级数**.

因为对于交错级数(11.3.2)的各项均乘以 -1 后就得到级数(11.3.1),且不改变

原级数的敛散性(只是和变为原来的相反数),所以,只需讨论级数(11.3.1)的敛散性.

定理 11.3.1(莱布尼茨定理) 如果交错级数 $\sum\limits_{n=1}^{\infty}(-1)^{n-1}u_n(u_n>0)$ 满足

(1) $u_n \geqslant u_{n+1}, n=1,2,\cdots$;

(2) $\lim\limits_{n\to\infty}u_n=0$,

则级数收敛,且其和 $s \leqslant u_1$,余项 r_n 的绝对值 $|r_n| \leqslant u_{n+1}$.

证 为了证明级数的部分和有极限,我们先考虑级数的前 $2n$ 项的和 s_{2n}. 由条件(1)可知

$$s_{2n}=(u_1-u_2)+(u_3-u_4)+\cdots+(u_{2n-1}-u_{2n})$$

是单调增加的. 又因为

$$s_{2n}=u_1-(u_2-u_3)-(u_4-u_5)-\cdots-(u_{2n-2}-u_{2n-1})-u_{2n}\leqslant u_1,$$

根据单调有界数列必有极限的收敛准则可知

$$\lim_{n\to\infty}s_{2n}=s\leqslant u_1.$$

下面证明级数的前 $2n+1$ 项的和 s_{2n+1} 的极限也是 s.

因为

$$s_{2n+1}=s_{2n}+u_{2n+1},$$

由条件(2)可知 $\lim\limits_{n\to\infty}u_{2n+1}=0$,于是有

$$\lim_{n\to\infty}s_{2n+1}=\lim_{n\to\infty}(s_{2n}+u_{2n+1})=s.$$

因此得 $\lim\limits_{n\to\infty}s_n=s$,即级数 $\sum\limits_{n=1}^{\infty}(-1)^{n-1}u_n$ 收敛于 s,且 $s\leqslant u_1$.

余项 r_n 可写作

$$r_n=\pm(u_{n+1}-u_{n+2}+\cdots),$$

其绝对值

$$|r_n|=u_{n+1}-u_{n+2}+\cdots$$

也是一个交错级数,且满足收敛的两个条件,所以其和不超过第一项,即 $|r_n|\leqslant u_{n+1}$.

例如,交错级数 $\sum\limits_{n=1}^{\infty}(-1)^{n-1}\dfrac{1}{n}$,$\sum\limits_{n=1}^{\infty}(-1)^{n-1}\dfrac{1}{\sqrt{n}}$,$\sum\limits_{n=1}^{\infty}(-1)^{n}\dfrac{1}{\ln(n+1)}$ 都是收敛的,可以用莱布尼茨定理来证明其收敛性.

例 11.3.1 判别级数 $\sum\limits_{n=1}^{\infty}(-1)^{n-1}\dfrac{1}{n}$ 的敛散性.

解 由于级数 $\sum\limits_{n=1}^{\infty}(-1)^{n-1}\dfrac{1}{n}$ 满足

$$u_n=\frac{1}{n}>\frac{1}{n+1}=u_{n+1},\quad 且 \lim_{n\to\infty}u_n=\lim_{n\to\infty}\frac{1}{n}=0,$$

所以由莱布尼茨定理可知,级数 $\sum_{n=1}^{\infty}(-1)^{n-1}\frac{1}{n}$ 收敛.

例 11.3.2 判别级数 $\sum_{n=1}^{\infty}(-1)^{n-1}\frac{1}{\sqrt{n}}$ 的敛散性.

解 由于级数 $\sum_{n=1}^{\infty}(-1)^{n-1}\frac{1}{\sqrt{n}}$ 满足

$$u_n=\frac{1}{\sqrt{n}}>\frac{1}{\sqrt{n+1}}=u_{n+1},\quad \text{且}\ \lim_{n\to\infty}u_n=\lim_{n\to\infty}\frac{1}{\sqrt{n}}=0,$$

所以由莱布尼茨定理可知,级数 $\sum_{n=1}^{\infty}(-1)^{n-1}\frac{1}{\sqrt{n}}$ 收敛.

例 11.3.3 判别级数 $\sum_{n=1}^{\infty}(-1)^{n}\frac{1}{\ln(n+1)}$ 的敛散性.

解 由于级数 $\sum_{n=1}^{\infty}(-1)^{n}\frac{1}{\ln(n+1)}$ 满足

$$u_n=\frac{1}{\ln(n+1)}>\frac{1}{\ln(n+2)}=u_{n+1},\quad \text{且}\ \lim_{n\to\infty}u_n=\lim_{n\to\infty}\frac{1}{\ln(n+1)}=0,$$

所以由莱布尼茨定理可知,级数 $\sum_{n=1}^{\infty}(-1)^{n}\frac{1}{\ln(n+1)}$ 收敛.

11.3.2 绝对收敛与条件收敛

定义 11.3.2 对任意项级数

$$\sum_{n=1}^{\infty}u_n=u_1+u_2+\cdots+u_n+\cdots\quad(\text{其中 }u_n\text{ 为任意实数},n=1,2,\cdots)\tag{11.3.3}$$

各项取绝对值后得到的正项级数

$$\sum_{n=1}^{\infty}|u_n|=|u_1|+|u_2|+\cdots+|u_n|+\cdots\tag{11.3.4}$$

称为对应于级数(11.3.3)的**绝对值级数**.

这两个级数的敛散性有着下面的关系:

定理 11.3.2 如果级数 $\sum_{n=1}^{\infty}|u_n|$ 收敛,则级数 $\sum_{n=1}^{\infty}u_n$ 必收敛.

证 设

$$v_n=\frac{1}{2}(u_n+|u_n|)\quad(n=1,2,\cdots)$$

则 $0\leqslant v_n\leqslant|u_n|$. 由 $\sum_{n=1}^{\infty}|u_n|$ 收敛及比较审敛法可知,正项级数 $\sum_{n=1}^{\infty}v_n$ 收敛,从而级

数 $\sum_{n=1}^{\infty} 2v_n$ 也收敛.而 $u_n = 2v_n - |u_n|$，由收敛级数的基本性质得

$$\sum_{n=1}^{\infty} u_n = \sum_{n=1}^{\infty} 2v_n - \sum_{n=1}^{\infty} |u_n|,$$

所以级数 $\sum_{n=1}^{\infty} u_n$ 收敛.

定义 11.3.3 设 $\sum_{n=1}^{\infty} u_n$ 为任意项级数,若正项级数 $\sum_{n=1}^{\infty} |u_n|$ 收敛,则称级数 $\sum_{n=1}^{\infty} u_n$ **绝对收敛**;若级数 $\sum_{n=1}^{\infty} u_n$ 收敛,而正项级数 $\sum_{n=1}^{\infty} |u_n|$ 发散,则称级数 $\sum_{n=1}^{\infty} u_n$ **条件收敛**.

例如,$\sum_{n=1}^{\infty} (-1)^{n-1} \frac{1}{n}$ 条件收敛,$\sum_{n=1}^{\infty} (-1)^{n-1} \frac{1}{n^2}$ 绝对收敛.

例 11.3.4 判定级数 $\sum_{n=1}^{\infty} \frac{\sin n\alpha}{n^4}$ 的敛散性,若收敛,指出是条件收敛还是绝对收敛.

解 因为 $\left|\frac{\sin n\alpha}{n^4}\right| \leqslant \frac{1}{n^4}$,而正项级数 $\sum_{n=1}^{\infty} \frac{1}{n^4}$ 收敛,故级数 $\sum_{n=1}^{\infty} \left|\frac{\sin n\alpha}{n^4}\right|$ 收敛,所以级数 $\sum_{n=1}^{\infty} \frac{\sin n\alpha}{n^4}$ 绝对收敛.

例 11.3.5 判定级数 $\sum_{n=1}^{\infty} (-1)^n \frac{2}{3n+1}$ 的敛散性,若收敛,指出是条件收敛还是绝对收敛.

解 由于级数 $\sum_{n=1}^{\infty} (-1)^n \frac{2}{3n+1}$ 满足

$$\frac{2}{3n+1} > \frac{2}{3(n+1)+1}, \quad \text{且} \lim_{n\to\infty} \frac{2}{3n+1} = 0,$$

所以由莱布尼茨定理可知,级数 $\sum_{n=1}^{\infty} (-1)^n \frac{2}{3n+1}$ 收敛.但是

$$\sum_{n=1}^{\infty} \left|(-1)^n \frac{2}{3n+1}\right| = \sum_{n=1}^{\infty} \frac{2}{3n+1}$$

是发散的,所以,级数 $\sum_{n=1}^{\infty} (-1)^n \frac{2}{3n+1}$ 条件收敛.

因为绝对值级数是正项级数,所以正项级数敛散性的判别法都可以用来判定任意项级数是否绝对收敛,而绝对收敛的级数一定收敛,这就使得一大类级数的敛散性判别问题,转化成正项级数敛散性的判别问题.

一般说来，如果级数 $\sum\limits_{n=1}^{\infty}|u_n|$ 发散，不能断定级数 $\sum\limits_{n=1}^{\infty}u_n$ 也发散. 但是，若采用比值审敛法或根值审敛法，根据 $\lim\limits_{n\to\infty}\left|\dfrac{u_{n+1}}{u_n}\right|=\rho>1$ 或 $\lim\limits_{n\to\infty}\sqrt[n]{|u_n|}=\rho>1$ 判定级数 $\sum\limits_{n=1}^{\infty}|u_n|$ 发散，则可以断定级数 $\sum\limits_{n=1}^{\infty}u_n$ 也发散. 这是因为当 $\rho>1$ 时，必有 $\dfrac{|u_{n+1}|}{|u_n|}>1$，所以 $\lim\limits_{n\to\infty}|u_n|\neq 0$，从而 $\lim\limits_{n\to\infty}u_n\neq 0$，由级数收敛的必要条件可知，级数 $\sum\limits_{n=1}^{\infty}u_n$ 发散. 由此可得下面的定理：

定理 11.3.3　设

$$\sum_{n=1}^{\infty}u_n=u_1+u_2+\cdots+u_n+\cdots$$

为任意项级数，记

$$\lim_{n\to\infty}\left|\frac{u_{n+1}}{u_n}\right|=\rho\quad\left(\text{或}\lim_{n\to\infty}\sqrt[n]{|u_n|}=\rho\right)$$

则当 $\rho<1$ 时，级数绝对收敛；当 $\rho>1$ 时，级数发散.

例 11.3.6　判定级数 $\sum\limits_{n=1}^{\infty}\dfrac{(-1)^{n-1}n!}{n^n}$ 的敛散性.

解　由于

$$\lim_{n\to\infty}\left|\frac{u_{n+1}}{u_n}\right|=\lim_{n\to\infty}\frac{(n+1)!}{(n+1)^{n+1}}\cdot\frac{n^n}{n!}$$

$$=\lim_{n\to\infty}\left(\frac{n}{n+1}\right)^n=\frac{1}{\mathrm{e}}<1,$$

所以该级数绝对收敛.

例 11.3.7　判定级数 $\sum\limits_{n=1}^{\infty}(-1)^n\dfrac{1}{2^n}\left(1+\dfrac{1}{n}\right)^{n^2}$ 的敛散性.

解　由于

$$\lim_{n\to\infty}\sqrt[n]{|u_n|}=\frac{1}{2}\lim_{n\to\infty}\left(1+\frac{1}{n}\right)^n=\frac{\mathrm{e}}{2}>1,$$

所以级数 $\sum\limits_{n=1}^{\infty}(-1)^n\dfrac{1}{2^n}\left(1+\dfrac{1}{n}\right)^{n^2}$ 发散.

例 11.3.8　判定级数 $\sum\limits_{n=1}^{\infty}nx^{n-1}$ 的敛散性.

解　因 x 可取任意实数，这是任意项级数. 由于

$$\lim_{n\to\infty}\left|\frac{u_{n+1}}{u_n}\right|=\lim_{n\to\infty}\frac{(n+1)\ |x|^n}{n\ |x|^{n-1}}=|x|\lim_{n\to\infty}\left(1+\frac{1}{n}\right)=|x|,$$

所以当 $|x|<1$ 时，级数绝对收敛；当 $|x|>1$ 时，级数发散；

当 $|x|=1$ 时,级数的一般项不趋于零,故级数发散.

综上可知,当 $|x|<1$ 时,级数绝对收敛;当 $|x|\geqslant 1$ 时,级数发散.

11.4 幂 级 数

11.4.1 函数项级数的概念

前面讨论了数项级数,其中的每一项都是实数.本节讨论每一项都是函数的级数,这就是函数项级数.

定义 11.4.1 给定一个定义在区间 I 上的函数列

$$u_1(x),u_2(x),\cdots,u_n(x),\cdots,$$

则表达式

$$\sum_{n=1}^{\infty}u_n(x)=u_1(x)+u_2(x)+\cdots+u_n(x)+\cdots \tag{11.4.1}$$

称为定义在区间 I 上的**函数项无穷级数**,简称**函数项级数**.

对于每一个 $x_0\in I$,函数项级数(11.4.1)成为常数项级数

$$\sum_{n=1}^{\infty}u_n(x_0)=u_1(x_0)+u_2(x_0)+\cdots+u_n(x_0)+\cdots, \tag{11.4.2}$$

这个级数可能收敛也可能发散.

定义 11.4.2 如果常数项级数(11.4.2)收敛,则称 x_0 为函数项级数(11.4.1)的**收敛点**;如果常数项级数(11.4.2)发散,则称 x_0 为函数项级数(11.4.1)的**发散点**.函数项级数 $\sum\limits_{n=1}^{\infty}u_n(x)$ 的收敛点的全体称为它的**收敛域**,发散点的全体称为它的**发散域**.

定义 11.4.3 对于函数项级数(11.4.1)收敛域内的任意点 x,都有一个确定的和 $s(x)$ 与之对应,这样就构成了定义在收敛域上的函数 $s(x)$,称为函数项级数(11.4.1)的**和函数**,记作

$$s(x)=u_1(x)+u_2(x)+\cdots+u_n(x)+\cdots.$$

和函数 $s(x)$ 的定义域就是级数(11.4.1)的收敛域.

设函数项级数 $\sum\limits_{n=1}^{\infty}u_n(x)$ 的前 n 项和为 $s_n(x)$,则在收敛域上有

$$\lim_{n\to\infty}s_n(x)=s(x).$$

记 $r_n(x)=s(x)-s_n(x)$ 为函数项级数 $\sum\limits_{n=1}^{\infty}u_n(x)$ 的余项,则在函数项级数 $\sum\limits_{n=1}^{\infty}u_n(x)$ 的收敛域上有

$$\lim_{n\to\infty}r_n(x)=0.$$

例 11.4.1 求定义在区间 $(-\infty,+\infty)$ 上的函数项级数

$$\sum_{n=0}^{\infty} x^n = 1 + x + x^2 + \cdots + x^{n-1} + \cdots$$

的收敛域与和函数 $s(x)$.

解 当 $x \neq 1$ 时,级数的部分和函数 $s_n(x) = \dfrac{1-x^n}{1-x}$.

当 $|x| < 1$ 时,有 $s(x) = \lim\limits_{n\to\infty} s_n(x) = \dfrac{1}{1-x}$;

当 $|x| > 1$ 时,级数发散;

当 $x = \pm 1$ 时,级数也发散.

综上所述,等比级数 $\sum\limits_{n=0}^{\infty} x^n$ 的收敛域为开区间 $(-1,1)$,和函数 $s(x) = \dfrac{1}{1-x}$,即

$$\frac{1}{1-x} = 1 + x + x^2 + \cdots + x^{n-1} + \cdots \quad (-1 < x < 1).$$

11.4.2 幂级数及其收敛性

在函数项级数中,应用最广泛也最重要的两类级数是幂级数与将在本章第 6 节中讨论的三角级数.

定义 11.4.4 每一项都是幂函数的级数,即形如

$$\sum_{n=0}^{\infty} a_n (x-x_0)^n = a_0 + a_1(x-x_0) + a_2(x-x_0)^2 + \cdots + a_n(x-x_0)^n + \cdots \tag{11.4.3}$$

的函数项级数称为**幂级数**,其中 $a_0, a_1, a_2, \cdots, a_n, \cdots$ 称为**幂级数的系数**.

特别地,当 $x_0 = 0$ 时,幂级数(11.4.3)成为如下形式

$$\sum_{n=0}^{\infty} a_n x^n = a_0 + a_1 x + a_2 x^2 + \cdots + a_n x^n + \cdots. \tag{11.4.4}$$

例如:

$$1 + x + x^2 + \cdots + x^n + \cdots,$$

$$1 + x + \frac{1}{2!}x^2 + \frac{1}{3!}x^3 + \cdots + \frac{1}{n!}x^n + \cdots,$$

$$x + \frac{1}{3!}x^3 + \frac{1}{5!}x^5 + \cdots + \frac{1}{(2n-1)!}x^{2n-1} + \cdots.$$

注意到只要把幂级数(11.4.4)中的 x 换成 $x-x_0$ 就可以得到幂级数(11.4.3),于是我们着重研究(11.4.4)的情形.

对于幂级数,首先要讨论它的收敛域.

显然,幂级数(11.4.4)在点 $x=0$ 处收敛.

如果(11.4.4)有非零的收敛点,下面的定理告诉我们,它的收敛域是一个区间.

定理 11.4.1(阿贝尔(Abel)定理) 如果幂级数 $\sum\limits_{n=0}^{\infty}a_nx^n$ 在 $x_0(x_0\neq 0)$ 处收敛,则当 $|x|<|x_0|$ 时,幂级数 $\sum\limits_{n=0}^{\infty}a_nx^n$ 绝对收敛;如果幂级数 $\sum\limits_{n=0}^{\infty}a_nx^n$ 在 $x_0(x_0\neq 0)$ 处发散,则当 $|x|>|x_0|$ 时,幂级数 $\sum\limits_{n=0}^{\infty}a_nx^n$ 都发散.

证 因为 $\sum\limits_{n=0}^{\infty}a_nx_0^n$ 收敛,根据级数收敛的必要条件,有 $\lim\limits_{n\to\infty}a_nx_0^n=0$,于是存在一个常数 M,使得

$$|a_nx_0^n|\leqslant M \quad (n=0,1,2,\cdots)$$

级数 $\sum\limits_{n=0}^{\infty}a_nx^n$ 的一般项的绝对值满足

$$|a_nx^n|=|a_nx_0^n|\left|\frac{x}{x_0}\right|^n\leqslant M\left|\frac{x}{x_0}\right|^n \quad (n=0,1,2,\cdots).$$

当 $|x|<|x_0|$ 时,$\sum\limits_{n=0}^{\infty}M\left|\frac{x}{x_0}\right|^n$ 是公比为 $\left|\frac{x}{x_0}\right|<1$ 的等比级数,故收敛,所以级数 $\sum\limits_{n=0}^{\infty}|a_nx^n|$ 收敛,也就是级数 $\sum\limits_{n=0}^{\infty}a_nx^n$ 绝对收敛.

若级数(11.4.4)在 x_0 处发散,如有 $|x_1|>|x_0|$ 使得级数 $\sum\limits_{n=0}^{\infty}a_nx_1^n$ 收敛,由定理 11.4.1 的第一部分可知,级数 $\sum\limits_{n=0}^{\infty}a_nx^n$ 在 x_0 处收敛,这与题设矛盾,故对于一切满足 $|x|>|x_0|$ 的 x,级数 $\sum\limits_{n=0}^{\infty}a_nx^n$ 发散.

定理 11.4.1 告诉我们,如果幂级数 $\sum\limits_{n=0}^{\infty}a_nx^n$ 除 $x=0$ 外还有其他收敛点,则它的收敛域一定是一个以原点为中心的区间.

幂级数(11.4.4)在 $(-\infty,+\infty)$ 上的敛散性有以下三种情形:

(1)其收敛域是以原点为中心,R 为半径的有限区间.即幂级数在 $(-R,R)$ 内收敛,在 $[-R,R]$ 外一定发散,在端点 $x=\pm R$ 处可能收敛也可能发散.此时称 R 为幂级数(11.4.4)的**收敛半径**,称开区间 $(-R,R)$ 为幂级数(11.4.4)的**收敛区间**.再由幂级数在端点 $x=\pm R$ 处的敛散性决定其收敛域是 $(-R,R)$、$[-R,R]$、$(-R,R]$ 或 $[-R,R)$ 这四个区间之一.

(2)其收敛域是无穷区间 $(-\infty,+\infty)$，此时称幂级数(11.4.4)的收敛半径为无穷大，即 $R=+\infty$.

(3)其收敛域为 $\{0\}$，即幂级数(11.4.4)仅在 $x=0$ 处收敛，此时称收敛半径 $R=0$.

由上述讨论可知，求幂级数收敛域的关键在于求出其收敛半径，下面的定理给出了求收敛半径的具体方法.

定理 11.4.2　对于幂级数 $\sum_{n=0}^{\infty} a_n x^n$，如果

$$\lim_{n\to\infty}\left|\frac{a_{n+1}}{a_n}\right|=\rho \quad (\text{或} \lim_{n\to\infty}\sqrt[n]{|a_n|}=\rho),$$

则幂级数 $\sum_{n=0}^{\infty} a_n x^n$ 的收敛半径

$$R=\begin{cases}\dfrac{1}{\rho} & \text{当 } 0<\rho<+\infty \\ +\infty & \text{当 } \rho=0 \\ 0 & \text{当 } \rho=+\infty\end{cases}.$$

证　考察幂级数(11.4.4)的各项取绝对值所成的正项级数

$$|a_0|+|a_1x|+|a_2x^2|+\cdots+|a_{n-1}x^{n-1}|+|a_nx^n|+\cdots,$$

由于

$$\lim_{n\to\infty}\frac{|a_{n+1}x^{n+1}|}{|a_nx^n|}=\lim_{n\to\infty}\left|\frac{a_{n+1}}{a_n}\right||x|=\rho|x|,$$

由正项级数的比值审敛法可知：

(1)如果 $0<\rho<+\infty$，则当 $\rho|x|<1$，即 $|x|<\dfrac{1}{\rho}$ 时，幂级数 $\sum_{n=0}^{\infty}|a_nx^n|$ 收敛，从而幂级数(11.4.4)绝对收敛；当 $\rho|x|>1$，即 $|x|>\dfrac{1}{\rho}$ 时，幂级数 $\sum_{n=0}^{\infty}|a_nx^n|$ 发散，则 $\lim_{n\to\infty}|a_nx^n|\neq 0$，故 $\lim_{n\to\infty}a_nx^n\neq 0$，由此可知幂级数(11.4.4)发散，于是收敛半径 $R=\dfrac{1}{\rho}$；

(2)如果 $\rho=0$，则对一切 $x\in(-\infty,+\infty)$，有 $\lim_{n\to\infty}\dfrac{|a_{n+1}x^{n+1}|}{|a_nx^n|}=\rho|x|=0<1$，从而幂级数(11.4.4)在 $(-\infty,+\infty)$ 上绝对收敛，于是 $R=+\infty$；

(3)如果 $\rho=+\infty$，则对一切 $x\neq 0$，有 $\lim_{n\to\infty}\dfrac{|a_{n+1}x^{n+1}|}{|a_nx^n|}=+\infty$，从而幂级数(11.4.4)必发散，于是 $R=0$.

$\lim_{n\to\infty}\sqrt[n]{|a_n|}=\rho$ 的情形类似可证.

例 11.4.2 求幂级数 $\sum_{n=1}^{\infty}\frac{x^n}{n}$ 的收敛半径、收敛区间和收敛域.

解 由于

$$\rho=\lim_{n\to\infty}\left|\frac{a_{n+1}}{a_n}\right|=\lim_{n\to\infty}\frac{\frac{1}{n+1}}{\frac{1}{n}}=1,$$

所以收敛半径 $R=1$,收敛区间为 $(-1,1)$.

当 $x=1$ 时,幂级数成为数项级数 $\sum_{n=1}^{\infty}\frac{1}{n}$,该级数发散;

当 $x=-1$ 时,幂级数成为数项级数 $\sum_{n=1}^{\infty}\frac{(-1)^n}{n}$,由莱布尼茨定理可知,该级数收敛.

所以收敛域为 $[-1,1)$.

例 11.4.3 求幂级数

$$1+x+\frac{1}{2!}x^2+\frac{1}{3!}x^3+\cdots+\frac{1}{n!}x^n+\cdots$$

的收敛域.

解 因为 $\rho=\lim_{n\to\infty}\left|\frac{a_{n+1}}{a_n}\right|=\lim_{n\to\infty}\frac{\frac{1}{(n+1)!}}{\frac{1}{n!}}=\lim_{n\to\infty}\frac{1}{n+1}=0$,

所以收敛半径 $R=+\infty$,收敛域为 $(-\infty,+\infty)$.

例 11.4.4 求幂级数 $\sum_{n=0}^{\infty}\frac{(n+1)!}{2^n}x^n$ 的收敛域.

解 因为

$$\rho=\lim_{n\to\infty}\left|\frac{a_{n+1}}{a_n}\right|=\lim_{n\to\infty}\frac{(n+2)!}{2^{n+1}}\cdot\frac{2^n}{(n+1)!}=\lim_{n\to\infty}\frac{n+2}{2}=+\infty,$$

所以收敛半径 $R=0$,幂级数仅在 $x=0$ 处收敛,收敛域为 $\{0\}$.

如果幂级数的形式为 $\sum_{n=0}^{\infty}a_n(x-x_0)^n$,可作变量代换 $x-x_0=t$,使之成为幂级数 $\sum_{n=0}^{\infty}a_nt^n$ 的形式,再进行讨论.

例 11.4.5 求幂级数 $\sum_{n=1}^{\infty}\frac{(x-1)^n}{2^n\cdot n}$ 的收敛域.

解 令 $x-1=t$,则原来的幂级数成为 $\sum_{n=1}^{\infty}\frac{t^n}{2^n\cdot n}$,由于

$$\rho=\lim_{n\to\infty}\left|\frac{a_{n+1}}{a_n}\right|=\lim_{n\to\infty}\frac{\frac{1}{2^{n+1}(n+1)}}{\frac{1}{2^n\cdot n}}=\lim_{n\to\infty}\frac{n}{2(n+1)}=\frac{1}{2},$$

故幂级数 $\sum_{n=1}^{\infty}\frac{t^n}{2^n\cdot n}$ 的收敛半径 $R=2$，收敛区间为 $-2<t<2$，即 $-1<x<3$.

当 $x=-1$ 时，幂级数成为 $\sum_{n=1}^{\infty}\frac{(-1)^n}{n}$，该级数收敛；

当 $x=3$ 时，幂级数成为 $\sum_{n=1}^{\infty}\frac{1}{n}$，该级数发散.

所以幂级数 $\sum_{n=1}^{\infty}\frac{(x-1)^n}{2^n\cdot n}$ 的收敛域为 $[-1,3)$.

在定理 11.4.2 中，要求幂级数所有项的系数 $a_n\neq 0$. 如果其中有无穷多项的系数 $a_n=0$，就称为**缺项级数**，此时不能使用定理 11.4.2，而要根据正项级数的比值审敛法(或根值审敛法)确定幂级数的收敛半径 R.

例 11.4.6　求幂级数 $\sum_{n=0}^{\infty}\frac{x^{2n}}{4^n}$ 的收敛域.

解　因为级数中缺少 x 的奇次幂项，所以不能用定理 11.4.2 确定 R，可用根值审敛法求得幂级数的收敛半径 R.

由于

$$\lim_{n\to\infty}\sqrt[n]{|u_n|}=\lim_{n\to\infty}\sqrt[n]{\frac{|x^{2n}|}{4^n}}=\frac{x^2}{4}.$$

当 $\frac{x^2}{4}<1$，即 $|x|<2$ 时，幂级数绝对收敛，当 $\frac{x^2}{4}>1$，即 $|x|>2$ 时，幂级数发散，故 $R=2$.

当 $x=\pm 2$ 时，级数成为 $\sum_{n=0}^{\infty}1$，它是发散的，所以幂级数 $\sum_{n=0}^{\infty}\frac{x^{2n}}{4^n}$ 的收敛域为 $(-2,2)$.

例 11.4.7　求幂级数 $\sum_{n=1}^{\infty}\frac{x^{2n-1}}{n\cdot 3^n}$ 的收敛域.

解　因为级数中缺少 x 的偶次幂项，所以不能用定理 11.4.2 确定 R，可用比值审敛法求得幂级数的收敛半径 R.

由于

$$\lim_{n\to\infty}\left|\frac{u_{n+1}(x)}{u_n(x)}\right|=\lim_{n\to\infty}\left|\frac{\frac{x^{2(n+1)-1}}{(n+1)3^{n+1}}}{\frac{x^{2n-1}}{n\cdot 3^n}}\right|=\frac{x^2}{3}\lim_{n\to\infty}\frac{n}{n+1}=\frac{x^2}{3}.$$

当 $\frac{x^2}{3}<1$,即 $|x|<\sqrt{3}$ 时,幂级数绝对收敛;当 $\frac{x^2}{3}>1$,即 $|x|>\sqrt{3}$ 时,幂级数发散,故 $R=\sqrt{3}$. 当 $x=\pm\sqrt{3}$ 时,级数成为 $\pm\frac{1}{\sqrt{3}}\sum_{n=1}^{\infty}\frac{1}{n}$,发散,所以原幂级数的收敛域为 $(-\sqrt{3},\sqrt{3})$.

11.4.3 幂级数的运算

定理 11.4.3 设幂级数 $\sum_{n=0}^{\infty}a_nx^n$ 和 $\sum_{n=0}^{\infty}b_nx^n$ 的收敛半径分别为 R_1 与 R_2 ,记 $R=\min\{R_1,R_2\}$,则在收敛区间 $(-R,R)$ 上,有

(1) $\sum_{n=0}^{\infty}a_nx^n\pm\sum_{n=0}^{\infty}b_nx^n=\sum_{n=0}^{\infty}(a_n\pm b_n)x^n$;

(2) $\left(\sum_{n=0}^{\infty}a_nx^n\right)\left(\sum_{n=0}^{\infty}b_nx^n\right)=\sum_{n=0}^{\infty}c_nx^n$,其中 $c_n=a_0b_n+a_1b_{n-1}+\cdots+a_{n-1}b_1+a_nb_0$;

(3) $\dfrac{\sum_{n=0}^{\infty}a_nx^n}{\sum_{n=0}^{\infty}b_nx^n}=\sum_{n=0}^{\infty}c_nx^n$,这里 $b_0\neq 0$,系数 $c_i(i=0,1,2,\cdots)$ 由等式 $\sum_{n=0}^{\infty}a_nx^n=\left(\sum_{n=0}^{\infty}b_nx^n\right)\left(\sum_{n=0}^{\infty}c_nx^n\right)$ 两边比较同次幂的系数确定.

两个收敛幂级数相加减或相乘所得到的幂级数,其收敛半径 $R\geqslant\min\{R_1,R_2\}$,相除所得的幂级数的收敛区间可能比原来两个级数的收敛区间小得多.

11.4.4 幂级数和函数的性质

定理 11.4.4 设幂级数 $\sum_{n=0}^{\infty}a_nx^n$ 的和函数为 $s(x)$,收敛半径为 R ,则

(1) $s(x)$ 在区间 $(-R,R)$ 内连续. 如果幂级数 $\sum_{n=0}^{\infty}a_nx^n$ 在区间 $(-R,R)$ 的端点 $x=R$ (或 $x=-R$)处也收敛,则 $s(x)$ 在 $x=R$ 处左连续(或在 $x=-R$ 处右连续).

(2) $s(x)$ 在区间 $(-R,R)$ 内可导,且有逐项求导公式

$$s'(x)=\left(\sum_{n=0}^{\infty}a_nx^n\right)'=\sum_{n=0}^{\infty}(a_nx^n)'=\sum_{n=1}^{\infty}na_nx^{n-1}. \tag{11.4.5}$$

逐项求导后所得到的幂级数与原级数有相同的收敛半径.

(3) $s(x)$ 在区间 $(-R,R)$ 内可积,且有逐项积分公式

$$\int_0^x s(x)\mathrm{d}x=\int_0^x\left(\sum_{n=0}^{\infty}a_nx^n\right)\mathrm{d}x=\sum_{n=0}^{\infty}\int_0^x(a_nx^n)\mathrm{d}x=\sum_{n=0}^{\infty}\frac{a_n}{n+1}x^{n+1}. \tag{11.4.6}$$

逐项积分后所得到的幂级数与原级数有相同的收敛半径.

推论　幂级数 $\sum\limits_{n=0}^{\infty} a_n x^n$ 的和函数 $s(x)$ 在收敛区间 $(-R,R)$ 内具有任意阶导数，且 $s^{(n)}(x)=\sum\limits_{k=0}^{\infty}(a_k x^k)^{(n)}$.

注　可以证明,如果逐项求导、逐项积分后所得的幂级数在 $x=R$ 或 $x=-R$ 处收敛,则在 $x=R$ 或 $x=-R$ 处等式(11.4.5)和等式(11.4.6)仍成立.

例 11.4.8　求幂级数 $\sum\limits_{n=1}^{\infty} nx^{n-1}$ 的和函数.

解　由

$$\lim_{n\to\infty}\left|\frac{a_{n+1}}{a_n}\right|=\lim_{n\to\infty}\frac{n+1}{n}=1,$$

得收敛半径 $R=1$,收敛区间为 $(-1,1)$. 当 $x=1$ 和 $x=-1$ 时级数发散,所以幂级数 $\sum\limits_{n=1}^{\infty} nx^{n-1}$ 的收敛域为 $(-1,1)$.

设和函数为 $s(x)$,有

$$s(x)=\sum_{n=1}^{\infty} nx^{n-1}=\sum_{n=1}^{\infty}(x^n)'=\left(\sum_{n=1}^{\infty}x^n\right)'$$
$$=\left(\frac{x}{1-x}\right)'=\frac{1}{(1-x)^2},\quad x\in(-1,1).$$

例 11.4.9　求幂级数 $\sum\limits_{n=0}^{\infty}\frac{x^n}{n+1}$ 的和函数.

解　由

$$\lim_{n\to\infty}\left|\frac{a_{n+1}}{a_n}\right|=\lim_{n\to\infty}\frac{n+1}{n+2}=1,$$

得收敛半径 $R=1$,收敛区间为 $(-1,1)$.

当 $x=-1$ 时,级数成为 $\sum\limits_{n=0}^{\infty}\frac{(-1)^n}{n+1}$,收敛;当 $x=1$ 时,级数成为 $\sum\limits_{n=0}^{\infty}\frac{1}{n+1}$,发散,故幂级数 $\sum\limits_{n=0}^{\infty}\frac{x^n}{n+1}$ 的收敛域为 $[-1,1)$.

设和函数为 $s(x)$,即

$$s(x)=\sum_{n=0}^{\infty}\frac{x^n}{n+1},\quad x\in[-1,1),$$

于是

$$xs(x)=\sum_{n=0}^{\infty}\frac{x^{n+1}}{n+1},$$

逐项求导,得

$$[xs(x)]' = \left(\sum_{n=0}^{\infty} \frac{x^{n+1}}{n+1}\right)' = \sum_{n=0}^{\infty} \left(\frac{x^{n+1}}{n+1}\right)' = \sum_{n=0}^{\infty} x^n = \frac{1}{1-x}, \quad x \in (-1,1),$$

上式两端从 0 到 x 积分,得

$$xs(x) = \int_0^x [xs(x)]' \mathrm{d}x = \int_0^x \frac{1}{1-x} \mathrm{d}x = -\ln(1-x), \quad x \in [-1,1).$$

当 $x \neq 0$ 时,

$$s(x) = -\frac{1}{x}\ln(1-x),$$

显然,$s(0) = a_0 = 1$,所以

$$s(x) = \begin{cases} -\dfrac{1}{x}\ln(1-x) & \text{当 } x \in [-1,1), x \neq 0 \\ 1 & \text{当 } x = 0 \end{cases}.$$

11.5 函数展开成幂级数

11.4 节讨论了幂级数的收敛域及其和函数的性质.我们知道幂级数在收敛域内可以表示一个函数,但在实际应用中经常会遇到相反的问题,即函数 $f(x)$ 在给定的区间上是否可以展开成一个幂级数,本节就讨论这个问题.

假设函数 $f(x)$ 可以展开成幂级数,即它可以表示成

$$f(x) = \sum_{n=0}^{\infty} a_n (x-x_0)^n = a_0 + a_1(x-x_0) + a_2(x-x_0)^2 + \cdots + a_n(x-x_0)^n + \cdots, \tag{11.5.1}$$

则由和函数的性质可知,$f(x)$ 必有任意阶导数,且

$$f'(x) = a_1 + 2a_2(x-x_0) + \cdots + na_n(x-x_0)^{n-1} + \cdots,$$

$$f''(x) = 2a_2 + 6a_3(x-x_0) + \cdots + n(n-1)a_n(x-x_0)^{n-2} + \cdots,$$

……

$$f^{(n)}(x) = n!a_n + (n+1)!a_{n+1}(x-x_0) + \frac{(n+2)!}{2!}a_{n+2}(x-x_0)^2 + \cdots,$$

……

在以上各式中令 $x = x_0$,得

$$f(x_0) = a_0, \quad f'(x_0) = a_1, \quad f''(x_0) = 2a_2, \quad \cdots, \quad f^{(n)}(x_0) = n!a_n, \quad \cdots,$$

即

$$a_0 = f(x_0), \quad a_1 = f'(x_0), \quad a_2 = \frac{f''(x_0)}{2!}, \quad \cdots, \quad a_n = \frac{f^{(n)}(x_0)}{n!}, \quad \cdots. \tag{11.5.2}$$

将求得的系数代入式(11.5.1),得

$$f(x)=f(x_0)+f'(x_0)(x-x_0)+\frac{f''(x_0)}{2!}(x-x_0)^2+\cdots+\frac{f^{(n)}(x_0)}{n!}(x-x_0)^n+\cdots.$$

由此可知,如果函数 $f(x)$ 能展开为 $x-x_0$ 的幂级数,那么这个幂级数是唯一的,且它的系数 a_n 由式(11.5.2)确定,即

$$a_n=\frac{f^{(n)}(x_0)}{n!},\quad n=0,1,2,\cdots.$$

11.5.1　泰勒(Taylor)级数

定义 11.5.1　幂级数

$$f(x_0)+f'(x_0)(x-x_0)+\frac{f''(x_0)}{2!}(x-x_0)^2+\cdots+\frac{f^{(n)}(x_0)}{n!}(x-x_0)^n+\cdots$$
$$=\sum_{n=0}^{\infty}\frac{1}{n!}f^{(n)}(x_0)(x-x_0)^n \tag{11.5.3}$$

称为函数 $f(x)$ 在点 x_0 处的**泰勒级数**.

显然,只要 $f(x)$ 在点 x_0 处具有任意阶导数,就可以在形式上构造出它的泰勒级数(11.5.3).但是,这个泰勒级数未必收敛,在收敛的情况下也不一定收敛于 $f(x)$.

下面讨论在什么条件下,泰勒级数(11.5.3)收敛且收敛于函数 $f(x)$.

泰勒中值定理告诉我们,如果函数 $f(x)$ 在点 x_0 的某一邻域 $U(x_0)$ 内具有任意阶导数,则对 $n\in N$,有如下的**泰勒公式**:

$$f(x)=f(x_0)+f'(x_0)(x-x_0)+\frac{f''(x_0)}{2!}(x-x_0)^2+\cdots+$$
$$\frac{f^{(n)}(x_0)}{n!}(x-x_0)^n+R_n(x),$$

其中

$$R_n(x)=\frac{f^{(n+1)}(\xi)}{(n+1)!}(x-x_0)^{n+1}\quad(\xi\text{ 介于 }x\text{ 与 }x_0\text{ 之间}).$$

将泰勒公式与泰勒级数加以比较可以看出,泰勒公式中关于 $x-x_0$ 的 n 次多项式就是 $f(x)$ 在点 x_0 处泰勒级数的前 $n+1$ 项部分和 $s_{n+1}(x)$.因此,$f(x)$ 在 $U(x_0)$ 内能展开成它在点 x_0 处泰勒级数的充要条件是

$$\lim_{n\to\infty}s_{n+1}(x)=f(x),\quad x\in U(x_0),$$

即

$$\lim_{n\to\infty}R_n(x)=0,\quad x\in U(x_0).$$

综上所述,有如下定理:

定理 设函数 $f(x)$ 在 x_0 的某邻域 $U(x_0)$ 内具有各阶导数,则在该邻域内 $f(x)$ 可展开成泰勒级数的充分必要条件是 $f(x)$ 的泰勒公式中余项 $R_n(x)$ 当 $n\to\infty$ 时极限为零,即

$$\lim_{n\to\infty}R_n(x)=0,\quad x\in U(x_0).$$

这时,有等式

$$f(x)=f(x_0)+f'(x_0)(x-x_0)+\frac{f''(x_0)}{2!}(x-x_0)^2+\cdots+\frac{f^{(n)}(x_0)}{n!}(x-x_0)^n+\cdots,\quad x\in U(x_0).\tag{11.5.4}$$

定义 11.5.2 展开式(11.5.4)称为函数 $f(x)$ 在点 x_0 处的**泰勒展开式**.

特别地,取 $x_0=0$,得函数 $f(x)$ 在点 $x_0=0$ 处的泰勒展开式

$$f(x)=f(0)+f'(0)x+\frac{f''(0)}{2!}x^2+\cdots+\frac{f^{(n)}(0)}{n!}x^n+\cdots.\tag{11.5.5}$$

式(11.5.5)称为函数 $f(x)$ 的**麦克劳林**(Maclaurin)**展开式**,右端的级数称为函数 $f(x)$ 的**麦克劳林级数**.

函数 $f(x)$ 的泰勒级数是 $x-x_0$ 的幂级数;函数 $f(x)$ 的麦克劳林级数是 x 的幂级数.

11.5.2 函数展开成幂级数

1. 直接展开法

根据函数展开成幂级数的充要条件,可按下列步骤将函数 $f(x)$ 展开成 x 的幂级数,这种方法称为**直接展开法**.

(1)求出 $f(x)$ 的各阶导数 $f'(x),f''(x),\cdots,f^{(n)}(x),\cdots$;

(2)求出 $f(x)$ 及其各阶导数在 $x=0$ 处的函数值 $f(0),f'(0),f''(0),\cdots,f^{(n)}(0),\cdots$;

(3)写出函数的麦克劳林级数

$$f(0)+f'(0)x+\frac{f''(0)}{2!}x^2+\cdots+\frac{f^{(n)}(0)}{n!}x^n+\cdots,$$

并求出其收敛半径 R;

(4)考察当 $x\in(-R,R)$ 时,余项 $R_n(x)$ 的极限

$$\lim_{n\to\infty}R_n(x)=\lim_{n\to\infty}\frac{f^{(n+1)}(\xi)}{(n+1)!}x^{n+1}\quad(\xi\text{ 介于 }0\text{ 与 }x\text{ 之间})$$

是否为零.如果 $\lim\limits_{n\to\infty}R_n(x)=0$,则函数 $f(x)$ 在 $(-R,R)$ 内的幂级数展开式为

$$f(x)=f(0)+f'(0)x+\frac{f''(0)}{2!}x^2+\cdots+\frac{f^{(n)}(0)}{n!}x^n+\cdots,\quad x\in(-R,R).$$

例 11.5.1　将函数 $f(x)=e^x$ 展开成 x 的幂级数.

解　(1) $f^{(n)}(x)=e^x, n=0,1,2,\cdots$;

(2) $f^{(n)}(0)=1, n=0,1,2,\cdots$;

(3) $f(x)=e^x$ 的麦克劳林级数为

$$1+x+\frac{1}{2!}x^2+\frac{1}{3!}x^3+\cdots+\frac{1}{n!}x^n+\cdots,$$

其收敛半径 $R=+\infty$;

(4) $R_n(x)=\dfrac{e^{\xi}}{(n+1)!}x^{n+1}$ (ξ 介于 0 与 x 之间),对于任意有限的数 x,有

$$|R_n(x)|=\left|\frac{e^{\xi}}{(n+1)!}x^{n+1}\right|<e^{|x|}\cdot\frac{|x|^{n+1}}{(n+1)!},$$

因 $e^{|x|}$ 为有限值,而 $\dfrac{|x|^{n+1}}{(n+1)!}$ 是收敛级数 $\sum\limits_{n=0}^{\infty}\dfrac{|x|^{n+1}}{(n+1)!}$ 的一般项,故 $\lim\limits_{n\to\infty}\dfrac{|x|^{n+1}}{(n+1)!}=0$,从而 $\lim\limits_{n\to\infty}|R_n(x)|=0$,即 $\lim\limits_{n\to\infty}R_n(x)=0$,于是得展开式

$$e^x=1+x+\frac{1}{2!}x^2+\frac{1}{3!}x^3+\cdots+\frac{1}{n!}x^n+\cdots,\quad x\in(-\infty,+\infty).$$

例 11.5.2　将函数 $f(x)=\sin x$ 展开成 x 的幂级数.

解　(1) $f^{(n)}(x)=\sin\left(x+n\cdot\dfrac{\pi}{2}\right)(n=0,1,2,\cdots)$;

(2) $f(0)=0, f'(0)=1, f''(0)=0, f'''(0)=-1, f^{(4)}(0)=0,\cdots$;

(3) $f(x)=\sin x$ 的麦克劳林级数为

$$x-\frac{1}{3!}x^3+\frac{1}{5!}x^5-\cdots+(-1)^{n-1}\frac{x^{2n-1}}{(2n-1)!}+\cdots,$$

可求得收敛半径 $R=+\infty$;

(4) $R_n(x)=\dfrac{\sin\left[\xi+\dfrac{n(n+1)}{2}\pi\right]}{(n+1)!}x^{n+1}$ (ξ 介于 0 与 x 之间),对于任意有限的数 x,有

$$|R_n(x)|=\left|\frac{\sin\left[\xi+\dfrac{n(n+1)}{2}\pi\right]}{(n+1)!}x^{n+1}\right|<\frac{|x|^{n+1}}{(n+1)!}\to 0\quad(n\to\infty),$$

于是得展开式

$$\sin x=x-\frac{1}{3!}x^3+\frac{1}{5!}x^5-\cdots+(-1)^n\frac{x^{2n+1}}{(2n+1)!}+\cdots\quad(-\infty<x<+\infty).$$

2. 间接展开法

直接展开法计算量较大,还要考察余项 $R_n(x)$ 的极限是否为零,如果 $f(x)$ 是比较复杂的函数,用直接展开法往往很不方便.根据函数展开为幂级数的唯一性,可以从一些已知函数的幂级数展开式出发,通过变量代换、四则运算、逐项求导以及逐项积分

等运算,求得所给函数的幂级数展开式,这种方法称为**间接展开法**.间接展开法不但计算简单,而且避免了研究余项,是求函数的幂级数展开式的常用方法.

前面已经求得的幂级数展开式有

$$e^x=\sum_{n=0}^{\infty}\frac{1}{n!}x^n\quad(-\infty<x<+\infty);$$

$$\sin x=\sum_{n=0}^{\infty}\frac{(-1)^n}{(2n+1)!}x^{2n+1}\quad(-\infty<x<+\infty);$$

$$\frac{1}{1+x}=\sum_{n=0}^{\infty}(-1)^n x^n\quad(-1<x<1)$$

利用这些展开式,可以求得许多函数的幂级数展开式.

例 11.5.3 将函数 $f(x)=\cos x$ 展开成 x 的幂级数.

解 由于

$$\sin x=x-\frac{1}{3!}x^3+\frac{1}{5!}x^5-\cdots+(-1)^n\frac{x^{2n+1}}{(2n+1)!}+\cdots\quad(-\infty<x<+\infty),$$

逐项求导,得

$$\cos x=1-\frac{1}{2!}x^2+\frac{1}{4!}x^4-\cdots+(-1)^n\frac{x^{2n}}{(2n)!}+\cdots\quad(-\infty<x<+\infty).$$

例 11.5.4 将函数 $f(x)=\ln(1+x)$ 展开成 x 的幂级数.

解 因为 $f'(x)=\dfrac{1}{1+x}$,而 $\dfrac{1}{1+x}=\sum\limits_{n=0}^{\infty}(-1)^n x^n=1-x+x^2-x^3+x^4-x^5+\cdots+(-1)^n x^n+\cdots\quad(-1<x<1)$,将上式两边从 0 到 x 积分,得

$$\ln(1+x)=x-\frac{x^2}{2}+\frac{x^3}{3}-\frac{x^4}{4}+\cdots+(-1)^n\frac{x^{n+1}}{n+1}+\cdots\quad(-1<x<1).$$

由于 $f(x)=\ln(1+x)$ 在 $x=1$ 处连续,而当 $x=1$ 时,级数 $\sum\limits_{n=0}^{\infty}(-1)^n\dfrac{x^{n+1}}{n+1}$ 是收敛的交错级数,所以上述展开式在 $x=1$ 处也成立,于是有

$$\ln(1+x)=x-\frac{x^2}{2}+\frac{x^3}{3}-\frac{x^4}{4}+\cdots+(-1)^n\frac{x^{n+1}}{n+1}+\cdots,\quad x\in(-1,1].$$

例 11.5.5 将函数 $f(x)=\arctan x$ 展开成麦克劳林级数.

解 因为

$$\arctan x=\int_0^x\frac{1}{1+t^2}\mathrm{d}t,$$

将函数 $\dfrac{1}{1+x}$ 的幂级数展开式中的 x 换成 x^2,得

$$\frac{1}{1+x^2}=1-x^2+x^4-x^6+\cdots+(-1)^n x^{2n}+\cdots\quad(-1<x<1).$$

将上式两边从 0 到 x 积分,得

$$\arctan x = x - \frac{x^3}{3} + \frac{x^5}{5} - \frac{x^7}{7} + \cdots + (-1)^n \frac{x^{2n+1}}{2n+1} + \cdots \quad (-1 < x < 1).$$

由于 $f(x) = \arctan x$ 在 $x = \pm 1$ 处连续，而当 $x = \pm 1$ 时，级数 $\sum\limits_{n=0}^{\infty} (-1)^n \frac{x^{2n+1}}{2n+1}$ 是收敛的交错级数，所以上述展开式在 $x = \pm 1$ 处也成立，于是有

$$\arctan x = x - \frac{x^3}{3} + \frac{x^5}{5} - \frac{x^7}{7} + \cdots + (-1)^n \frac{x^{2n+1}}{2n+1} + \cdots \quad (-1 \leqslant x \leqslant 1).$$

特别地，取 $x = 1$，可得

$$\frac{\pi}{4} = 1 - \frac{1}{3} + \frac{1}{5} - \frac{1}{7} + \cdots.$$

例 11.5.6 将函数 $f(x) = (1+x)^m$ 展开成 x 的幂级数，其中 m 为任意实数.

解 因为

$$\begin{aligned} &f'(x) = m(1+x)^{m-1}, \\ &f''(x) = m(m-1)(1+x)^{m-2}, \\ &\cdots\cdots \\ &f^{(n)}(x) = m(m-1)\cdots(m-n+1)(1+x)^{m-n}, \\ &\cdots\cdots \end{aligned}$$

得

$$\begin{aligned} &f(0) = 1, \quad f'(0) = m, \quad f''(0) = m(m-1), \quad \cdots, \\ &f^{(n)}(0) = m(m-1)\cdots(m-n+1). \end{aligned}$$

于是得幂级数

$$1 + mx + \frac{m(m-1)}{2!}x^2 + \cdots + \frac{m(m-1)\cdots(m-n+1)}{n!}x^n + \cdots.$$

由于 $\lim\limits_{n\to\infty}\left|\frac{a_{n+1}}{a_n}\right| = \lim\limits_{n\to\infty}\left|\frac{m-n}{n+1}\right| = 1$，收敛半径 $R = 1$，所以对于任何实数 m，级数在开区间 $(-1,1)$ 内收敛.

可以证明在 $(-1,1)$ 内余项 $R_n(x) \to 0 (n \to \infty)$（证明从略），于是得 $(1+x)^m$ 的幂级数展开式为

$$(1+x)^m = 1 + mx + \frac{m(m-1)}{2!}x^2 + \cdots + \frac{m(m-1)\cdots(m-n+1)}{n!}x^n + \cdots \quad (-1 < x < 1). \tag{11.5.6}$$

在区间的端点 $x = \pm 1$ 处，展开式是否成立由 m 的取值而定：

当 $m \leqslant -1$ 时，收敛域为 $(-1,1)$；当 $-1 < m < 0$ 时，收敛域为 $(-1,1]$；当 $m > 0$ 时，收敛域为 $[-1,1]$.

式(11.5.6)称为**二项展开式**.当 m 为正整数时,级数成为 x 的 m 次多项式,这就是代数学中的二项式定理.

在二项展开式中 m 取不同的值,就可以得到不同函数的麦克劳林展开式.例如:

当 $m=-1$ 时,得到等比级数

$$\frac{1}{1+x}=1-x+x^2-x^3+x^4-x^5+\cdots+(-1)^n x^n+\cdots \quad (-1<x<1);$$

当 $m=-\frac{1}{2}$ 时,得到

$$\frac{1}{\sqrt{1+x}}=1-\frac{1}{2}x+\frac{1\cdot 3}{2\cdot 4}x^2-\frac{1\cdot 3\cdot 5}{2\cdot 4\cdot 6}x^3+\cdots \quad (-1<x\leqslant 1);$$

在上式中,以 $-x^2$ 代换 x,得到

$$\frac{1}{\sqrt{1-x^2}}=1+\frac{1}{2}x^2+\frac{1\cdot 3}{2\cdot 4}x^4+\frac{1\cdot 3\cdot 5}{2\cdot 4\cdot 6}x^6+\cdots \quad (-1<x<1).$$

例 11.5.7 将函数 $f(x)=\frac{1}{x^2+3x+2}$ 展开成 $(x+3)$ 的幂级数.

解 因为

$$f(x)=\frac{1}{(x+1)(x+2)}=\frac{1}{x+1}-\frac{1}{x+2}$$

$$=\frac{1}{(x+3)-2}-\frac{1}{(x+3)-1}=\frac{1}{1-(x+3)}-\frac{1}{2}\cdot\frac{1}{1-\frac{x+3}{2}},$$

而

$$\frac{1}{1-(x+3)}=\sum_{n=0}^{\infty}(x+3)^n, \quad -4<x<-2;$$

$$\frac{1}{1-\frac{x+3}{2}}=\sum_{n=0}^{\infty}\left(\frac{x+3}{2}\right)^n=\sum_{n=0}^{\infty}\frac{1}{2^n}(x+3)^n, \quad -5<x<-1,$$

所以

$$f(x)=\frac{1}{x^2+3x+2}=\sum_{n=0}^{\infty}(x+3)^n-\frac{1}{2}\sum_{n=0}^{\infty}\frac{1}{2^n}(x+3)^n$$

$$=\sum_{n=0}^{\infty}\left(1-\frac{1}{2^{n+1}}\right)(x+3)^n, \quad -4<x<-2.$$

例 11.5.8 将函数 $f(x)=\sin x$ 展开成 $\left(x-\frac{\pi}{4}\right)$ 的幂级数.

解 因为

$$\sin x=\sin\left[\frac{\pi}{4}+\left(x-\frac{\pi}{4}\right)\right]=\sin\frac{\pi}{4}\cos\left(x-\frac{\pi}{4}\right)+\cos\frac{\pi}{4}\sin\left(x-\frac{\pi}{4}\right)$$

$$=\frac{\sqrt{2}}{2}\left[\cos\left(x-\frac{\pi}{4}\right)+\sin\left(x-\frac{\pi}{4}\right)\right],$$

又由于

$$\cos\left(x-\frac{\pi}{4}\right)=1-\frac{\left(x-\frac{\pi}{4}\right)^2}{2!}+\frac{\left(x-\frac{\pi}{4}\right)^4}{4!}-\frac{\left(x-\frac{\pi}{4}\right)^6}{6!}+\cdots,$$

$$\sin\left(x-\frac{\pi}{4}\right)=\left(x-\frac{\pi}{4}\right)-\frac{\left(x-\frac{\pi}{4}\right)^3}{3!}+\frac{\left(x-\frac{\pi}{4}\right)^5}{5!}-\frac{\left(x-\frac{\pi}{4}\right)^7}{7!}+\cdots,$$

所以

$$\sin x=\frac{\sqrt{2}}{2}\left[1+\left(x-\frac{\pi}{4}\right)-\frac{\left(x-\frac{\pi}{4}\right)^2}{2!}-\frac{\left(x-\frac{\pi}{4}\right)^3}{3!}+\frac{\left(x-\frac{\pi}{4}\right)^4}{4!}+\frac{\left(x-\frac{\pi}{4}\right)^5}{5!}-\cdots\right]$$

$$(-\infty<x<+\infty).$$

我们将常用函数的麦克劳林展开式列在下面,以便于利用:

(1) $e^x=1+x+\frac{1}{2!}x^2+\frac{1}{3!}x^3+\cdots+\frac{1}{n!}x^n+\cdots,\quad -\infty<x<+\infty$;

(2) $\sin x=x-\frac{1}{3!}x^3+\frac{1}{5!}x^5-\cdots+(-1)^n\frac{x^{2n+1}}{(2n+1)!}+\cdots,\quad -\infty<x<+\infty$;

(3) $\cos x=1-\frac{1}{2!}x^2+\frac{1}{4!}x^4-\cdots+(-1)^n\frac{x^{2n}}{(2n)!}+\cdots,\quad -\infty<x<+\infty$;

(4) $\ln(1+x)=x-\frac{x^2}{2}+\frac{x^3}{3}-\frac{x^4}{4}+\cdots+(-1)^n\frac{x^{n+1}}{n+1}+\cdots,\quad -1<x\leqslant 1$;

(5) $(1+x)^m=1+mx+\frac{m(m-1)}{2!}x^2+\cdots+$

$$\frac{m(m-1)\cdots(m-n+1)}{n!}x^n+\cdots,\quad -1<x<1;$$

特别地,有

$$\frac{1}{1-x}=1+x+x^2+\cdots+x^n+\cdots,\quad -1<x<1;$$

$$\frac{1}{1+x}=1-x+x^2-x^3+\cdots+(-1)^nx^n+\cdots,\quad -1<x<1;$$

(6) $\arctan x=x-\frac{x^3}{3}+\frac{x^5}{5}-\cdots+(-1)^n\frac{x^{2n+1}}{2n+1}+\cdots,\quad -1\leqslant x\leqslant 1$.

11.6 傅里叶级数

函数项级数中,在理论上最重要、应用上最常见的除幂级数外还有三角级数.

在前面讨论函数的幂级数展开时知道,一个函数能够展开成幂级数的要求是很高的,如任意阶可导,余项随 n 增大趋于零等. 如果函数没有这么好的性质,我们还是希望能够用一些熟知的函数组成的级数来表示该函数,这就是本节要讨论的傅里叶级数,即将一个周期函数展开成三角函数级数.

11.6.1 三角级数与三角函数系的正交性

在物理学中常常要研究一些非正弦函数的周期函数,它们反映了较复杂的周期运动. 下面讨论周期函数在什么情况下能展开成三角函数组成的级数(简称三角级数).

定义 11.6.1 形如

$$\frac{a_0}{2}+\sum_{n=1}^{\infty}(a_n\cos nx+b_n\sin nx) \tag{11.6.1}$$

的级数称为**三角级数**.

显然,如果三角级数(11.6.1)收敛,则其和函数也是周期函数. 反过来,一个周期函数 $f(x)$ 是否能展开成三角级数,若能够展开成三角级数,如何由 $f(x)$ 来确定系数 a_n,b_n,以及这些系数确定后,三角级数是否一定收敛于 $f(x)$ 呢? 下面一一解决这些问题.

首先介绍三角函数系的正交性.

定义 11.6.2 由三角函数

$$1,\cos x,\sin x,\cos 2x,\sin 2x,\cdots,\cos nx,\sin nx,\cdots \tag{11.6.2}$$

所组成的函数系称为**三角函数系**.

三角函数系有两个重要的性质:

(1)其中任意两个不同函数的乘积在区间$[-\pi,\pi]$上的积分为零,即

$$\int_{-\pi}^{\pi}\cos nx\,dx=0\quad(n=1,2,3,\cdots),$$

$$\int_{-\pi}^{\pi}\sin nx\,dx=0\quad(n=1,2,3,\cdots),$$

$$\int_{-\pi}^{\pi}\sin kx\cos nx\,dx=0\quad(k,n=1,2,3,\cdots),$$

$$\int_{-\pi}^{\pi}\cos kx\cos nx\,dx=0\quad(n=1,2,3,\cdots,k\neq n),$$

$$\int_{-\pi}^{\pi}\sin kx\sin nx\,dx=0\quad(n=1,2,3,\cdots,k\neq n).$$

以上等式都可以通过计算定积分来验证.

(2)每一个函数的平方在区间$[-\pi,\pi]$上的积分为正,即

$$\int_{-\pi}^{\pi}1^2\,dx=2\pi,$$

$$\int_{-\pi}^{\pi}\cos^2 nx\,dx=\pi\quad(n=1,2,3,\cdots),$$

$$\int_{-\pi}^{\pi} \sin^2 nx\,dx = \pi \quad (n = 1,2,3,\cdots).$$

定义 11.6.3 三角函数系的上述两种性质,称为三角函数系在 $[-\pi,\pi]$ 上的正交性.

11.6.2 周期为 2π 的函数的傅里叶级数

设 $f(x)$ 是周期为 2π 的周期函数,且在 $[-\pi,\pi]$ 上能展开成三角级数,即

$$f(x) = \frac{a_0}{2} + \sum_{n=1}^{\infty}(a_n\cos nx + b_n\sin nx). \tag{11.6.3}$$

现在要问:系数 $a_0,a_n,b_n(n=1,2,\cdots)$ 与函数 $f(x)$ 之间存在什么样的关系?即能不能利用 $f(x)$ 把这些系数表达出来?为此,假定式(11.6.3)右端可以逐项积分,并且用 $\sin nx$ 和 $\cos nx$ 去乘式(11.6.3)的右端后所得到的函数项级数还可以逐项积分.

首先求出 a_0. 对式(11.6.3)从 $-\pi$ 到 π 积分,于是有

$$\int_{-\pi}^{\pi} f(x)\,dx = \int_{-\pi}^{\pi}\frac{a_0}{2}dx + \sum_{n=1}^{\infty}\int_{-\pi}^{\pi}(a_n\cos nx + b_n\sin nx)\,dx.$$

根据三角函数系的正交性,等式右端除第一项外,其余各项均为零,所以

$$\int_{-\pi}^{\pi} f(x)\,dx = \frac{a_0}{2}\cdot 2\pi,$$

于是得

$$a_0 = \frac{1}{\pi}\int_{-\pi}^{\pi} f(x)\,dx. \tag{11.6.4}$$

其次,求 a_n. 用 $\cos nx$ 乘式(11.6.3)的两端,再从 $-\pi$ 到 π 积分,得

$$\int_{-\pi}^{\pi} f(x)\cos nx\,dx = \int_{-\pi}^{\pi}\frac{a_0}{2}\cos nx\,dx + \sum_{k=1}^{\infty}\int_{-\pi}^{\pi}(a_k\cos kx + b_k\sin kx)\cos nx\,dx.$$

根据三角函数系的正交性,等式右端除 $k=n$ 的一项外,其余各项均为零,所以

$$\int_{-\pi}^{\pi} f(x)\cos nx dx = a_n\int_{-\pi}^{\pi}\cos^2 nx dx = a_n\pi,$$

于是得

$$a_n = \frac{1}{\pi}\int_{-\pi}^{\pi} f(x)\cos nx\,dx \quad (n=1,2,3,\cdots). \tag{11.6.5}$$

类似地,用 $\sin nx$ 乘式(11.6.3)的两端,再从 $-\pi$ 到 π 积分,得

$$b_n = \frac{1}{\pi}\int_{-\pi}^{\pi} f(x)\sin nx\,dx \quad (n=1,2,3,\cdots). \tag{11.6.6}$$

公式(11.6.4)可以看作公式(11.6.5)当 $n=0$ 时的特殊情形.

定义 11.6.4 由公式(11.6.4)~(11.6.6)所确定的系数 $a_0,a_n,b_n(n=1,2,\cdots)$ 称为函数 $f(x)$ 的**傅里叶系数**,将这些系数代入式(11.6.3)右端所得的三角级数

$$\frac{a_0}{2}+\sum_{n=1}^{\infty}(a_n\cos nx+b_n\sin nx)$$

称为函数 $f(x)$ 的**傅里叶级数**,记作

$$f(x)\sim\frac{a_0}{2}+\sum_{n=1}^{\infty}(a_n\cos nx+b_n\sin nx).$$

这里,并没有写成等式,因为右边的这个傅里叶级数可能是不收敛的,即使收敛也未必收敛于 $f(x)$.

到目前为止,一个函数的傅里叶级数完全是形式上构造出来的.那么,对于一个定义在 $(-\infty,+\infty)$ 上周期为 2π 的函数 $f(x)$,在什么条件下,它的傅里叶级数收敛而且收敛于 $f(x)$ 呢?

下面的定理给出了关于上述问题的一个重要结论:

定理 11.6.1(收敛定理　狄利克雷(Dirichlet)充分条件)　设以 2π 为周期的函数 $f(x)$ 在区间 $[-\pi,\pi]$ 上满足下列条件:

(1)连续或只有有限个第一类间断点;

(2)至多只有有限个极值点,

则 $f(x)$ 的傅里叶级数收敛,并且:

当 x 是 $f(x)$ 的连续点时,级数收敛于 $f(x)$;

当 x 是 $f(x)$ 的间断点时,级数收敛于 $\frac{1}{2}[f(x-0)+f(x+0)]$.

在 $x=\pm\pi$ 处,级数收敛于 $\frac{1}{2}[f(-\pi+0)+f(\pi-0)]$.

收敛定理告诉我们,只要函数在 $[-\pi,\pi]$ 上至多有有限个第一类间断点,并且不做无限次振动,那么函数的傅里叶级数在连续点处收敛于该点的函数值,在间断点处收敛于该点左极限与右极限的算术平均值.可见,函数展开成傅里叶级数的条件比展开成幂级数的条件低得多.

例 11.6.1　设 $f(x)$ 是以 2π 为周期的函数,它在 $[-\pi,\pi)$ 上的表达式为

$$f(x)=\begin{cases}-\dfrac{\pi}{2} & \text{当}-\pi\leqslant x<0\\ \dfrac{\pi}{2} & \text{当}\,0\leqslant x<\pi\end{cases},$$

将 $f(x)$ 展开成傅里叶级数.

解　所给函数在点 $x=k\pi(k=0,\pm1,\pm2,\cdots)$ 处有第一类间断点,在其他点处连续且没有极值存在,满足收敛定理的条件,故 $f(x)$ 的傅里叶级数收敛,并且在间断点 $x=k\pi$ 处级数收敛于

$$\frac{-\frac{\pi}{2}+\frac{\pi}{2}}{2}=\frac{\frac{\pi}{2}+\left(-\frac{\pi}{2}\right)}{2}=0.$$

在连续点 $x\ (x \neq k\pi)$ 处级数收敛于 $f(x)$，和函数的图形如图 11-1 所示.

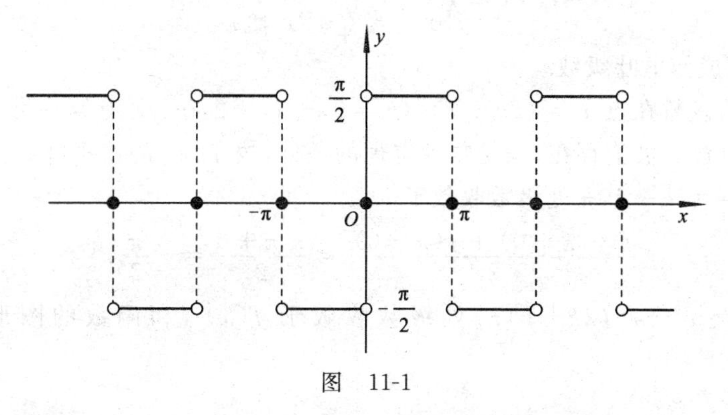

图　11-1

$f(x)$ 的傅里叶系数是

$$\begin{aligned}
a_n &= \frac{1}{\pi}\int_{-\pi}^{\pi} f(x)\cos nx\,\mathrm{d}x \\
&= \frac{1}{\pi}\int_{-\pi}^{0}\left(-\frac{\pi}{2}\right)\cos nx\,\mathrm{d}x + \frac{1}{\pi}\int_{0}^{\pi}\frac{\pi}{2}\cos nx\,\mathrm{d}x \\
&= 0 \quad (n = 0,1,2,\cdots)\ , \\
b_n &= \frac{1}{\pi}\int_{-\pi}^{\pi} f(x)\sin nx\,\mathrm{d}x \\
&= \frac{1}{\pi}\int_{-\pi}^{0}\left(-\frac{\pi}{2}\right)\sin nx\,\mathrm{d}x + \frac{1}{\pi}\int_{0}^{\pi}\frac{\pi}{2}\sin nx\,\mathrm{d}x \\
&= \frac{1}{2}\left[\frac{\cos nx}{n}\right]_{-\pi}^{0} + \frac{1}{2}\left[-\frac{\cos nx}{n}\right]_{0}^{\pi} \\
&= \frac{1}{n}(1-\cos n\pi) \\
&= \begin{cases} \dfrac{2}{n} & \text{当 } n = 1,3,5,\cdots \\ 0 & \text{当 } n = 2,4,6,\cdots \end{cases}.
\end{aligned}$$

将求得的系数代入式(11.6.3)，就得到 $f(x)$ 的傅里叶级数展开式为

$$f(x) = 2\left[\sin x + \frac{1}{3}\sin 3x + \frac{1}{5}\sin 5x + \cdots + \frac{1}{2k-1}\sin (2k-1)x + \cdots\right]$$

$$(-\infty < x < +\infty;\ x \neq 0, \pm\pi, \pm 2\pi, \cdots).$$

若将此函数理解为矩形波的波形函数，那么所得到的展开式表明：矩形波是由一系列不同频率的正弦波叠加而成的，这些正弦波的频率依次为基波频率的奇数倍.

例 11.6.2　设 $f(x)$ 是以 2π 为周期的函数，它在 $[-\pi,\pi)$ 上的表达式为

$$f(x)=\begin{cases}x & \text{当}-\pi\leqslant x<0\\0 & \text{当}0\leqslant x<\pi\end{cases},$$

将 $f(x)$ 展开成傅里叶级数.

解 所给函数在点 $x=(2k+1)\pi(k=0,\pm1,\pm2,\cdots)$ 处有第一类间断点,在其他点处连续且没有极值存在,满足收敛定理的条件,故 $f(x)$ 的傅里叶级数收敛,并且在间断点 $x=(2k+1)\pi$ 处级数收敛于

$$\frac{f(-\pi+0)+f(\pi-0)}{2}=\frac{-\pi+0}{2}=-\frac{\pi}{2}.$$

在连续点 $x(x\neq(2k+1)\pi)$ 处级数收敛于 $f(x)$,和函数的图形如图 11-2 所示.

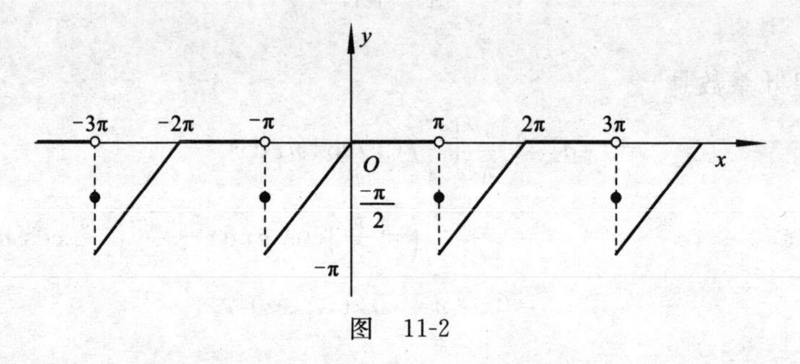

图 11-2

$f(x)$ 的傅里叶系数是

$$a_0=\frac{1}{\pi}\int_{-\pi}^{\pi}f(x)\mathrm{d}x=\frac{1}{\pi}\int_{-\pi}^{0}x\mathrm{d}x=-\frac{\pi}{2},$$

$$\begin{aligned}a_n&=\frac{1}{\pi}\int_{-\pi}^{\pi}f(x)\cos nx\,\mathrm{d}x=\frac{1}{\pi}\int_{-\pi}^{0}x\cos nx\,\mathrm{d}x\\&=\frac{1}{\pi}\left[\frac{x\sin nx}{n}+\frac{\cos nx}{n^2}\right]_{-\pi}^{0}\\&=\begin{cases}\frac{2}{n^2\pi} & \text{当}n=1,3,5,\cdots\\0 & \text{当}n=2,4,6,\cdots\end{cases},\end{aligned}$$

$$\begin{aligned}b_n&=\frac{1}{\pi}\int_{-\pi}^{\pi}f(x)\sin nx\,\mathrm{d}x=\frac{1}{\pi}\int_{-\pi}^{0}x\sin nx\,\mathrm{d}x\\&=\frac{1}{\pi}\left[-\frac{x\cos nx}{n}+\frac{\sin nx}{n^2}\right]_{-\pi}^{0}=-\frac{\cos n\pi}{n}=\frac{(-1)^{n+1}}{n}\\&=\begin{cases}\frac{1}{n} & \text{当}n=1,3,5,\cdots\\-\frac{1}{n} & \text{当}n=2,4,6,\cdots\end{cases}.\end{aligned}$$

将求得的系数代入式(11.6.3)，就得到 $f(x)$ 的傅里叶级数展开式为

$$f(x)=-\frac{\pi}{4}+\frac{2}{\pi}\left(\frac{\cos x}{1^2}+\frac{\cos 3x}{3^2}+\frac{\cos 5x}{5^2}+\cdots\right)+\left(\sin x-\frac{\sin 2x}{2}+\frac{\sin 3x}{3}-\cdots\right)$$

$$(-\infty<x<+\infty;x\neq\pm\pi,\pm 3\pi,\cdots).$$

一般说来，一个函数的傅里叶级数既含有正弦项又含有余弦项，但有些函数的傅里叶级数只含有正弦项(如例 11.6.1)，有些则只含有常数项和余弦项，这是由所给函数的奇偶性决定的.

定理 11.6.2　当周期为 2π 的奇函数 $f(x)$ 展开成傅里叶级数时，它的傅里叶系数为

$$a_n=0\quad(n=0,1,2,\cdots),$$

$$b_n=\frac{2}{\pi}\int_0^{\pi}f(x)\sin nx\,\mathrm{d}x\quad(n=1,2,\cdots).$$

当周期为 2π 的偶函数 $f(x)$ 展开成傅里叶级数时，它的傅里叶系数为

$$a_n=\frac{2}{\pi}\int_0^{\pi}f(x)\cos nx\,\mathrm{d}x\quad(n=0,1,2,\cdots),$$

$$b_n=0\quad(n=1,2,\cdots).$$

证　由于奇函数在对称区间上的积分为零，偶函数在对称区间上的积分等于半区间上积分的两倍，因此当 $f(x)$ 为奇函数时，$f(x)\cos nx$ 是奇函数，$f(x)\sin nx$ 是偶函数，故

$$a_n=\frac{1}{\pi}\int_{-\pi}^{\pi}f(x)\cos nx\,\mathrm{d}x=0\quad(n=0,1,2,\cdots),$$

$$b_n=\frac{1}{\pi}\int_{-\pi}^{\pi}f(x)\sin nx\,\mathrm{d}x=\frac{2}{\pi}\int_0^{\pi}f(x)\sin nx\,\mathrm{d}x\quad(n=1,2,\cdots).$$

当 $f(x)$ 为偶函数时，$f(x)\cos nx$ 是偶函数，$f(x)\sin nx$ 是奇函数，故

$$a_n=\frac{1}{\pi}\int_{-\pi}^{\pi}f(x)\cos nx\,\mathrm{d}x=\frac{2}{\pi}\int_0^{\pi}f(x)\cos nx\,\mathrm{d}x\quad(n=0,1,2,\cdots),$$

$$b_n=\frac{1}{\pi}\int_{-\pi}^{\pi}f(x)\sin nx\,\mathrm{d}x=0\quad(n=1,2,\cdots).$$

定义 11.6.5　只含有正弦项的傅里叶级数 $\sum\limits_{n=1}^{\infty}b_n\sin nx$ 称为**正弦级数**；只含有常数项和余弦项的傅里叶级数 $\frac{a_0}{2}+\sum\limits_{n=1}^{\infty}a_n\cos nx$ 称为**余弦级数**.

如果函数 $f(x)$ 只在 $[-\pi,\pi]$ 上有定义，并且满足收敛定理的条件，则 $f(x)$ 也可以展开成傅里叶级数.

事实上,可对 $f(x)$ 作周期延拓,即在 $[-\pi,\pi)$ (或 $(-\pi,\pi]$)之外补充函数 $f(x)$ 的定义,将它拓展成周期为 2π 的周期函数 $F(x)$,令

$$F(x)=\begin{cases} f(x) & \text{当 } x\in[-\pi,\pi) \\ f(x-2k\pi) & \text{当 } x\in[(2k-1)\pi,(2k+1)\pi) \end{cases} \quad (k=0,\pm 1,\pm 2,\cdots).$$

将 $F(x)$ 展开成傅里叶级数,则在 $(-\pi,\pi)$ 内,由于 $F(x)=f(x)$,得到 $f(x)$ 的傅里叶级数.根据收敛定理,该级数在区间端点 $x=\pm\pi$ 处收敛于 $\dfrac{f(-\pi+0)+f(\pi-0)}{2}$.

例 11.6.3 将函数 $f(x)=x(-\pi\leqslant x\leqslant\pi)$ 展开成傅里叶级数.

解 函数 $f(x)=x$ 在区间 $[-\pi,\pi]$ 上满足收敛定理的条件.对 $f(x)$ 作周期延拓,得到的周期函数 $F(x)$ 仅在点 $x=(2k+1)\pi(k=0,\pm 1,\pm 2,\cdots)$ 处有第一类间断点,因此其傅里叶级数在 $x=\pm\pi$ 处收敛于

$$\frac{1}{2}[f(-\pi+0)+f(\pi-0)]=\frac{1}{2}(-\pi+\pi)=0.$$

$F(x)$ 在 $(-\pi,\pi)$ 上收敛于 $f(x)$,其傅里叶系数如下:

$$a_n=\frac{1}{\pi}\int_{-\pi}^{\pi}f(x)\cos nx\,\mathrm{d}x=\frac{1}{\pi}\int_{-\pi}^{\pi}x\cos nx\,\mathrm{d}x=0 \quad (n=0,1,2,\cdots),$$

$$\begin{aligned} b_n&=\frac{1}{\pi}\int_{-\pi}^{\pi}f(x)\sin nx\,\mathrm{d}x=\frac{2}{\pi}\int_{0}^{\pi}x\sin nx\,\mathrm{d}x \\ &=-\frac{2}{n}\cos n\pi \\ &=(-1)^{n+1}\,\frac{2}{n}, \end{aligned}$$

于是得到 $f(x)$ 的傅里叶级数展开式为

$$x=2\left(\sin x-\frac{1}{2}\sin 2x+\frac{1}{3}\sin 3x-\cdots\right),\quad -\pi<x<\pi.$$

11.6.3 周期为 $2l$ 的函数的傅里叶级数

实际问题中的周期函数其周期不一定是 2π.对于周期为 $2l$ 的函数,可以通过变量代换将它转变为周期是 2π 的函数,从而得到其傅里叶级数展开式.

定理 11.6.3 设 $f(x)$ 是周期为 $2l$ 的函数,且满足收敛定理的条件,则它的傅里叶级数展开式为

$$f(x)=\frac{a_0}{2}+\sum_{n=1}^{\infty}\left(a_n\cos\frac{n\pi x}{l}+b_n\sin\frac{n\pi x}{l}\right). \tag{11.6.7}$$

其中

$$a_n=\frac{1}{l}\int_{-l}^{l}f(x)\cos\frac{n\pi x}{l}\mathrm{d}x,\quad n=0,1,2,\cdots,$$

$$b_n = \frac{1}{l}\int_{-l}^{l} f(x)\sin\frac{n\pi x}{l}dx, \quad n=1,2,3,\cdots. \tag{11.6.8}$$

证　令 $z=\frac{\pi x}{l}$，设函数 $f(x)=f\left(\frac{lz}{\pi}\right)=F(z)$，则 $F(z)$ 就是以 2π 为周期的函数，并且满足收敛定理的条件. 将 $F(z)$ 展开成傅里叶级数

$$F(z)=\frac{a_0}{2}+\sum_{n=1}^{\infty}(a_n\cos nz+b_n\sin nz),$$

其中

$$a_n=\frac{1}{\pi}\int_{-\pi}^{\pi}F(z)\cos nz\,dz, \quad n=0,1,2,\cdots,$$

$$b_n=\frac{1}{\pi}\int_{-\pi}^{\pi}F(z)\sin nz\,dz, \quad n=1,2,\cdots.$$

将 $z=\frac{\pi x}{l}$ 回代，并注意到 $F(z)=f(x)$，于是有

$$f(x)=\frac{a_0}{2}+\sum_{n=1}^{\infty}\left(a_n\cos\frac{n\pi x}{l}+b_n\sin\frac{n\pi x}{l}\right),$$

其中

$$a_n=\frac{1}{l}\int_{-l}^{l}f(x)\cos\frac{n\pi x}{l}dx, \quad n=0,1,2,\cdots,$$

$$b_n=\frac{1}{\pi}\int_{-\pi}^{\pi}F(z)\sin nz\,dz, \quad n=1,2,\cdots.$$

由定理 11.6.2 可知，当 $f(x)$ 为奇函数时，有

$$a_n=0, \quad n=0,1,2,\cdots,$$

$$b_n=\frac{2}{l}\int_{0}^{l}f(x)\sin\frac{n\pi x}{l}dx, \quad n=1,2,3,\cdots,$$

其傅里叶级数为

$$f(x)=\sum_{n=1}^{\infty}b_n\sin\frac{n\pi x}{l}.$$

当 $f(x)$ 为偶函数时，有

$$b_n=0, \quad n=1,2,\cdots,$$

$$a_n=\frac{2}{l}\int_{0}^{l}f(x)\cos\frac{n\pi x}{l}dx, \quad n=0,1,2,\cdots,$$

其傅里叶级数为

$$f(x)=\frac{a_0}{2}+\sum_{n=1}^{\infty}a_n\cos\frac{n\pi x}{l}.$$

例 11.6.4　设 $f(x)$ 是周期为 4 的周期函数，它在 $[-2,2)$ 上的表达式为

$$f(x)=\begin{cases}0 & 当 -2\leqslant x<0\\ h & 当 0\leqslant x<2\end{cases}\quad (h>0),$$

将 $f(x)$ 展开成傅里叶级数.

解 这时 $l=2$，由式(11.6.8)可得

$$a_0=\frac{1}{2}\int_{-2}^{0}0\mathrm{d}x+\frac{1}{2}\int_{0}^{2}h\mathrm{d}x=h,$$

$$a_n=\frac{1}{2}\int_{0}^{2}h\cos\frac{n\pi x}{2}\mathrm{d}x=\left[\frac{h}{n\pi}\sin\frac{n\pi x}{2}\right]_0^2=0,\quad n=1,2,\cdots,$$

$$b_n=\frac{1}{2}\int_{0}^{2}h\sin\frac{n\pi x}{2}\mathrm{d}x=\left[-\frac{h}{n\pi}\cos\frac{n\pi x}{2}\right]_0^2=\frac{h}{n\pi}(1-\cos n\pi)$$

$$=\begin{cases}\dfrac{2h}{n\pi} & 当 n=1,3,5,\cdots\\ 0 & 当 n=2,4,6,\cdots\end{cases}.$$

将求得的系数 a_n，b_n 代入式(11.6.7)，得

$$f(x)=\frac{h}{2}+\frac{2h}{\pi}\left(\sin\frac{\pi x}{2}+\frac{1}{3}\sin\frac{3\pi x}{2}+\frac{1}{5}\sin\frac{5\pi x}{2}+\cdots\right)$$

$$(-\infty<x<+\infty;x\neq 0,\pm 2,\pm 4,\cdots).$$

本章小结

一、本章主要知识点

(1)常数项级数的敛散性定义与基本性质；

(2)正项级数的审敛法；

(3)任意项级数绝对收敛与条件收敛；

(4)幂级数的收敛域及和函数；

(5)函数展开成幂级数；

(6)周期函数展开成傅里叶级数.

二、本章教学重点

(1)级数敛散性的判定；

(2)幂级数的收敛半径、收敛区间和收敛域；

(3)函数展开成幂级数.

三、本章教学难点

正项级数的审敛法及幂级数的和函数.

四、本章知识体系图

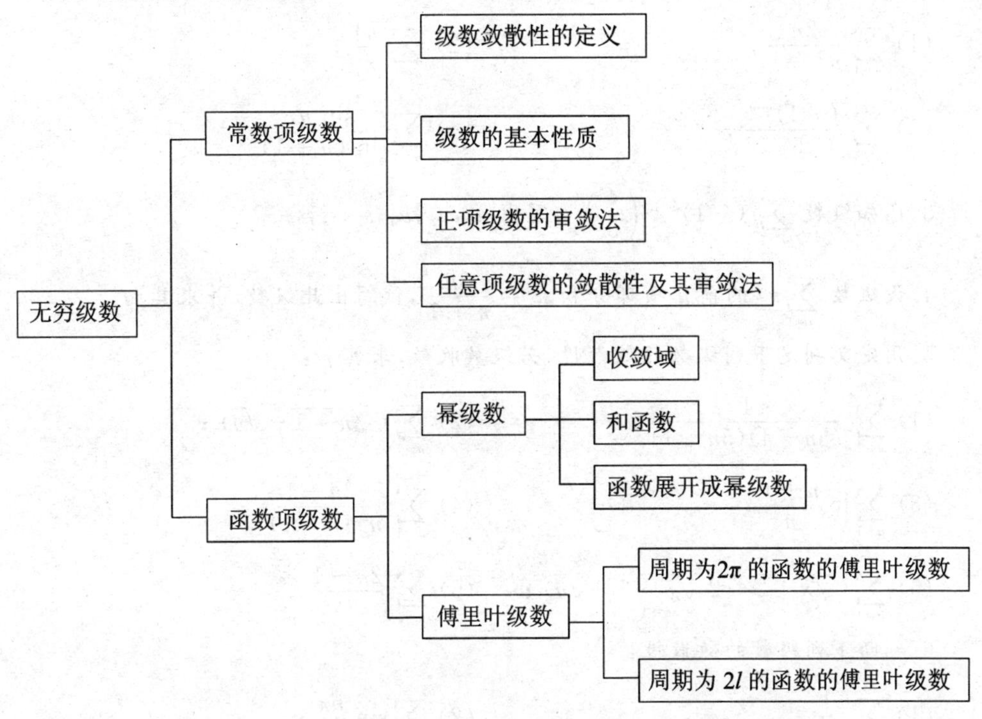

习 题 11

1. 写出下列级数的一般项 u_n：

(1) $1+\frac{1}{3}+\frac{1}{5}+\frac{1}{7}+\cdots$；

(2) $1-\frac{1}{2}+\frac{1}{3}-\frac{1}{4}+\cdots$；

(3) $\frac{1}{2}+\frac{2}{5}+\frac{3}{10}+\frac{4}{17}+\cdots$；

(4) $\frac{1}{1\cdot 4}+\frac{x}{4\cdot 7}+\frac{x^2}{7\cdot 10}+\frac{x^3}{10\cdot 13}+\cdots$；

(5) $\frac{2}{1}+\frac{1}{2}+\frac{4}{3}+\frac{3}{4}+\cdots$；

(6) $\frac{\sqrt{x}}{2}+\frac{x}{2\cdot 4}+\frac{x\sqrt{x}}{2\cdot 4\cdot 6}+\frac{x^2}{2\cdot 4\cdot 6\cdot 8}+\cdots$.

2. 写出下列级数的前四项：

(1) $\sum_{n=1}^{\infty}\frac{2n}{n^2+1}$；　(2) $\sum_{n=1}^{\infty}\frac{n!}{n^2}$；

(3) $\sum_{n=1}^{\infty}\frac{(-1)^{n-1}}{5^n}$；　(4) $\sum_{n=1}^{\infty}\frac{\sin nx}{\ln(n+1)}$.

3. 已知级数 $\sum_{n=1}^{\infty}(-1)^{n-1}\left(\frac{4}{5}\right)^n$，写出 $u_1,u_2,u_n;s_1,s_2,s_n$.

4. 设级数 $\sum_{n=1}^{\infty}u_n$ 的前 n 项部分和 $s_n=\frac{3n}{n+1}$，试写出此级数，并求其和.

5. 用定义判定下列级数的敛散性，若级数收敛，求其和：

(1) $\sum_{n=1}^{\infty}\frac{1}{(5n-4)(5n+1)}$；　(2) $\sum_{n=1}^{\infty}(\sqrt{n+1}-\sqrt{n})$；

(3) $\sum_{n=1}^{\infty}\ln\frac{n+1}{n}$；　(4) $\sum_{n=1}^{\infty}\frac{2n+1}{n^2(n+1)^2}$；

(5) $\sum_{n=1}^{\infty}(\sqrt{n+2}-2\sqrt{n+1}+\sqrt{n})$；　(6) $\sum_{n=1}^{\infty}\frac{2n-1}{3^n}$.

6. 判断下列级数的敛散性：

(1) $\sum_{n=1}^{\infty}\frac{1}{\sqrt[n]{5}}$；　(2) $\sum_{n=1}^{\infty}\sin\frac{n\pi}{6}$；

(3) $\sum_{n=1}^{\infty}\left(\frac{1}{n^2}-\frac{1}{2^n}\right)$；　(4) $\sum_{n=1}^{\infty}\frac{1}{\sqrt[3]{n}}$；

(5) $\sum_{n=1}^{\infty}\frac{\sqrt[n]{n}}{\left(1+\frac{1}{n}\right)^n}$；　(6) $\sum_{n=1}^{\infty}\frac{n+1}{2n}$.

7. 判定下列级数的敛散性，若级数收敛，求其和：

(1) $0.001+\sqrt{0.001}+\sqrt[3]{0.001}+\cdots+\sqrt[n]{0.001}+\cdots$；

(2) $\frac{4}{5}-\frac{4^2}{5^2}+\frac{4^3}{5^3}-\frac{4^4}{5^4}+\cdots+(-1)^{n-1}\frac{4^n}{5^n}+\cdots$；

(3) $\frac{1}{6}+\frac{1}{8}+\frac{1}{10}+\cdots+\frac{1}{2(n+2)}+\cdots$；

(4) $1-\frac{1}{3}+\frac{1}{9}-\frac{1}{27}+\cdots+(-1)^{n-1}\frac{1}{3^{n-1}}+\cdots$；

(5) $\left(\frac{1}{2}-\frac{2}{3}\right)+\left(\frac{3}{4}-\frac{2^2}{3^2}\right)+\left(\frac{5}{6}-\frac{2^3}{3^3}\right)+\cdots$；

(6) $100+100^2+100^3+\cdots+100^{100}+\frac{8}{9}+\frac{8^2}{9^2}+\frac{8^3}{9^3}+\cdots$.

8. 用比较审敛法或其极限形式判定下列级数的敛散性：

(1) $\sum_{n=1}^{\infty}\frac{1}{2n+1}$；　(2) $\sum_{n=1}^{\infty}\frac{n+1}{n^3+1}$；

(3) $\sum_{n=1}^{\infty}\frac{n^2+3}{n^3+2n-1}$；　(4) $\sum_{n=1}^{\infty}\frac{1}{\sqrt{n^2+n}}$；

(5) $\sum_{n=1}^{\infty}\sin\frac{1}{2n}$；　(6) $\sum_{n=3}^{\infty}\frac{1}{n}\tan\frac{\pi}{n}$；

(7) $\sum_{n=1}^{\infty}\frac{1}{\ln(n+1)}$；　(8) $\sum_{n=1}^{\infty}\frac{1}{n\sqrt{n+1}}$；

(9) $\sum_{n=1}^{\infty}\frac{2}{3^n+1}$；　(10) $\sum_{n=1}^{\infty}\frac{5+(-1)^n}{3^n}$；

(11) $\sum_{n=1}^{\infty}\frac{n^{n-1}}{(n+1)^{n+1}}$；　(12) $\sum_{n=1}^{\infty}\frac{1}{1+a^n}\quad(a>0)$；

9. 用比值审敛法判定下列级数的敛散性：

(1) $\sum_{n=1}^{\infty}\frac{2n-1}{2^n}$；　(2) $\sum_{n=1}^{\infty}\frac{1}{n!}$；

(3) $\sum_{n=1}^{\infty}\frac{n!}{3^n}$；　(4) $\sum_{n=1}^{\infty}\frac{(n+1)^3}{n!}$；

(5) $\sum_{n=1}^{\infty}\frac{2^n n!}{n^n}$；　(6) $\sum_{n=1}^{\infty}n^3\sin\frac{\pi}{2^n}$；

(7) $\sum_{n=1}^{\infty}\frac{5^n}{n\cdot 2^n}$；　(8) $\sum_{n=1}^{\infty}n\tan\frac{\pi}{3^{n+1}}$.

10. 用根值审敛法判定下列级数的敛散性：

(1) $\sum_{n=1}^{\infty}\left(\frac{n}{2n+1}\right)^n$；　(2) $\sum_{n=1}^{\infty}\left(\frac{3n+2}{2n+1}\right)^n$；

(3) $\sum_{n=1}^{\infty}\frac{1}{[\ln(n+1)]^n}$；　(4) $\sum_{n=1}^{\infty}\left(\frac{n}{3n-1}\right)^{2n-1}$；

(5) $\sum_{n=1}^{\infty}\frac{n^2}{\left(1+\frac{1}{n}\right)^{n^2}}$；　(6) $\sum_{n=1}^{\infty}\frac{3}{2^n(\arctan n)^n}$.

11. 判断下列级数的敛散性：

(1) $\sqrt{2}+\sqrt{\frac{3}{2}}+\cdots+\sqrt{\frac{n+1}{n}}+\cdots$；　(2) $\sum_{n=1}^{\infty}\frac{n+1}{n(n+2)}$；

(3) $\frac{3}{4}+2\cdot\left(\frac{3}{4}\right)^2+3\cdot\left(\frac{3}{4}\right)^3+\cdots+n\left(\frac{3}{4}\right)^n+\cdots$；

(4) $\sum\limits_{n=1}^{\infty}\frac{1}{n\cdot\sqrt[n]{n}}$；

(5) $\frac{1^4}{1!}+\frac{2^4}{2!}+\frac{3^4}{3!}+\cdots+\frac{n^4}{n!}+\cdots$；

(6) $\sum\limits_{n=1}^{\infty}\frac{n\cos^2\frac{n}{3}\pi}{2^n}$；

(7) $\frac{2}{1\cdot 2}+\frac{2^2}{2\cdot 3}+\frac{2^3}{3\cdot 4}+\frac{2^4}{4\cdot 5}+\cdots$；

(8) $\sum\limits_{n=1}^{\infty}\frac{n^2}{\left(1+\frac{1}{n}\right)^n}$.

12.判定下列级数的敛散性,若收敛,指出是绝对收敛还是条件收敛:

(1) $1-\frac{1}{\sqrt{2}}+\frac{1}{\sqrt{3}}-\frac{1}{\sqrt{4}}+\cdots$；

(2) $1-\frac{1}{2!}+\frac{1}{3!}-\frac{1}{4!}+\cdots$；

(3) $\sum\limits_{n=1}^{\infty}(-1)^{n-1}\frac{n+2}{3n+1}$；

(4) $\sum\limits_{n=1}^{\infty}\frac{1}{n}\sin\frac{n\pi}{2}$；

(5) $\frac{1}{2}-\frac{1}{2\cdot 2^2}+\frac{1}{3\cdot 2^3}-\frac{1}{4\cdot 2^4}+\cdots$；

(6) $\sum\limits_{n=1}^{\infty}\frac{\sin n\alpha}{(n+1)^2}$；

(7) $\frac{1}{2}-\frac{3}{10}+\frac{1}{2^2}-\frac{3}{10^2}+\frac{1}{2^3}-\frac{3}{10^3}+\cdots$；

(8) $\sum\limits_{n=1}^{\infty}(-1)^{n-1}\left(1-\cos\frac{1}{2n}\right)$.

13.求下列幂级数的收敛半径与收敛域:

(1) $\sum\limits_{n=1}^{\infty}nx^n$；

(2) $\sum\limits_{n=1}^{\infty}(-1)^n\frac{x^n}{n^2}$；

(3) $\sum\limits_{n=1}^{\infty}2^nx^n$；

(4) $\sum\limits_{n=1}^{\infty}n!x^n$；

(5) $\sum\limits_{n=1}^{\infty}\frac{x^n}{2^n\cdot n}$；

(6) $\sum\limits_{n=1}^{\infty}(-1)^n\frac{5^nx^n}{\sqrt{n}}$；

(7) $\sum\limits_{n=1}^{\infty}\frac{x^{2n+1}}{3^n}$；

(8) $\sum\limits_{n=1}^{\infty}\frac{(x-2)^n}{n}$；

(9) $\sum\limits_{n=1}^{\infty}(-1)^{n-1}\frac{(2x-3)^n}{2n-1}$；

(10) $\sum\limits_{n=1}^{\infty}2^n(x+3)^{2n}$.

14.利用逐项求导或逐项积分,求下列函数的和函数:

(1) $x-\frac{x^3}{3}+\frac{x^5}{5}-\frac{x^7}{7}+\cdots$；

(2) $2x+4x^3+6x^5+8x^7+\cdots$；

(3) $\sum\limits_{n=1}^{\infty}(-1)^{n-1}\frac{x^n}{n}$；

(4) $\sum\limits_{n=0}^{\infty}(-1)^{n-1}\frac{x^n}{n+1}$；

(5) $\sum\limits_{n=1}^{\infty}n(n+1)x^n$；

(6) $\sum\limits_{n=1}^{\infty}\frac{1}{n\cdot 2^n}x^{n-1}$.

15. 利用已知展开式将下列函数展开成 x 的幂级数：

(1) $f(x)=\mathrm{e}^{-x^2}$；　　(2) $f(x)=\cos^2 x$；

(3) $f(x)=\dfrac{1}{\sqrt{1-x^2}}$；　　(4) $f(x)=x^3\mathrm{e}^{-x}$；

(5) $f(x)=\dfrac{1}{3-x}$；　　(6) $f(x)=\ln(a+x)(a>0)$.

16. 将函数 $f(x)=\dfrac{1}{x+2}$ 展开成 $(x-2)$ 的幂级数.

17. 将函数 $f(x)=\dfrac{1}{x^2+3x+2}$ 展开成 $(x+4)$ 的幂级数.

18. 将函数 $f(x)=\cos x$ 展开成 $\left(x+\dfrac{\pi}{3}\right)$ 的幂级数.

19. (1)设 $f(x)=\begin{cases}-1 & \text{当} -\pi\leqslant x\leqslant\pi \\ 1+x^2 & \text{当} 0<x\leqslant\pi\end{cases}$，则其以 2π 为周期的傅里叶级数在点 $x=\pi$ 处收敛于________；

(2)设 $x^2=\sum\limits_{n=0}^{\infty}a_n\cos nx(-\pi\leqslant x\leqslant\pi)$，则 $a_2=$________.

20. 下列周期函数 $f(x)$ 的周期为 2π，试将 $f(x)$ 展开成傅里叶级数：

(1) $f(x)=3x^2+1(-\pi\leqslant x<\pi)$；　　(2) $f(x)=\mathrm{e}^{2x}(-\pi\leqslant x<\pi)$.

(3) $f(x)=\begin{cases}-\dfrac{\pi}{2} & \text{当} -\pi\leqslant x<-\dfrac{\pi}{2} \\ x & \text{当} -\dfrac{\pi}{2}\leqslant x<\dfrac{\pi}{2} \\ \dfrac{\pi}{2} & \text{当} \dfrac{\pi}{2}\leqslant x<\pi\end{cases}$.

21. 将下列函数 $f(x)$ 展开成傅里叶级数：

(1) $f(x)=\cos\dfrac{x}{2}(-\pi\leqslant x\leqslant\pi)$；　　(2) $f(x)=\begin{cases}\mathrm{e}^x & \text{当} -\pi\leqslant x<0 \\ 1 & \text{当} 0\leqslant x\leqslant\pi\end{cases}$.

22. 将下列各周期函数展开成傅里叶级数：

(1) $f(x)=1-x^2\left(-\dfrac{1}{2}\leqslant x<\dfrac{1}{2}\right)$；

(2) $f(x)=\begin{cases}x & \text{当} -1\leqslant x<0 \\ 1 & \text{当} 0\leqslant x<\dfrac{1}{2} \\ -1 & \text{当} \dfrac{1}{2}\leqslant x<1\end{cases}$；

(3) $f(x)=\begin{cases}2x+1 & \text{当} -3\leqslant x<0 \\ 1 & \text{当} 0\leqslant x\leqslant 3\end{cases}$.

自测题11

(满分100分,测试时间100分钟)

一、填空题(本题共10个小题,每小题3分,共计30分)

1. $\lim\limits_{n\to\infty} s_n$ 存在是 $\sum\limits_{n=1}^{\infty} u_n$ 收敛的________(充分、必要或充分必要)条件.

2. 已知级数 $\sum\limits_{n=1}^{\infty}(-1)^{n-1}u_n = 2$, $\sum\limits_{n=1}^{\infty}u_{2n-1} = 5$,则级数 $\sum\limits_{n=1}^{\infty}u_n =$________.

3. 级数 $\sum\limits_{n=1}^{\infty}\dfrac{1}{(n+1)^2}$ 是________(收敛或发散)级数.

4. 级数 $\sum\limits_{n=1}^{\infty}\dfrac{1}{2\sqrt{n(n+1)}}$ 是________(收敛或发散)级数.

5. 级数 $\sum\limits_{n=1}^{\infty}\dfrac{2^n}{5^n-3^n}$ 是________(收敛或发散)级数.

6. 级数 $\sum\limits_{n=1}^{\infty}\dfrac{(-1)^{n-1}}{\ln(n+1)}$ 是________(绝对收敛、条件收敛或发散)级数.

7. 幂级数 $\sum\limits_{n=1}^{\infty}\dfrac{x^n}{(2n)!}$ 的收敛半径是________.

8. 幂级数 $\sum\limits_{n=1}^{\infty}\dfrac{2n-1}{2^n}x^{2n}$ 的收敛区间是________.

9. 幂级数 $\sum\limits_{n=1}^{\infty}(-1)^n\dfrac{(x+1)^n}{n}$ 的收敛域是________.

10. 函数 $f(x)=\dfrac{1}{x^2-2x-3}$ 展开为 x 的幂级数是________.

二、选择题(本题共5个小题,每小题2分,共计10分)

1. 若级数 $\sum\limits_{n=1}^{\infty}u_n$ 收敛,则下列级数中发散的是(　　).

A. $\sum\limits_{n=1}^{\infty}100u_n$　　B. $\sum\limits_{n=1}^{\infty}(u_n+100)$　　C. $100+\sum\limits_{n=1}^{\infty}u_n$　　D. $\sum\limits_{n=1}^{\infty}u_{n+100}$

2. 关于级数 $\sum\limits_{n=1}^{\infty}\dfrac{(-1)^{n-1}}{n^p}$ 敛散性的下述结论中,正确的是(　　).

A. $0<p\leqslant 1$ 时条件收敛　　B. $0<p\leqslant 1$ 时绝对收敛

C. $p>1$ 时条件收敛　　D. $0<p\leqslant 1$ 时发散

3. 下列级数中收敛的是(　　).

A. $\sum_{n=1}^{\infty} \frac{n}{2n-1}$　　B. $\sum_{n=1}^{\infty} (-1)^{\frac{n(n+1)}{2}} \frac{n!}{3^n}$

C. $\sum_{n=1}^{\infty} \frac{\sqrt{n}}{n+1}$　　D. $\sum_{n=1}^{\infty} \frac{n^3}{2^n}$

4. 若幂级数在 $x=3$ 处收敛,则该级数在 $x=1$ 处必定(　　).

A. 发散　　B. 条件收敛

C. 绝对收敛　　D. 敛散性无法确定

5. 正项级数 $\sum_{n=1}^{\infty} u_n$ 收敛是级数 $\sum_{n=1}^{\infty} u_n^2$ 收敛的(　　).

A. 充分但非必要条件　　B. 必要但非充分条件

C. 充分必要条件　　D. 既非充分又非必要条件

三、解答题(本题共 6 个小题,每小题 10 分,共计 60 分)

1. 判断级数 $\sum_{n=1}^{\infty} \frac{1}{\sqrt[n]{\ln n+1}}$ 的敛散性.

2. 判断级数 $\sum_{n=1}^{\infty} \frac{n^2}{3^n}$ 的敛散性.

3. 判断级数 $\sum_{n=1}^{\infty} (-1)^n \frac{(n+1)!}{n^{n+1}}$ 的敛散性,若收敛,指出是绝对收敛还是条件收敛.

4. 求幂级数 $\sum_{n=1}^{\infty} \frac{2n+1}{3^n}(x-2)^{2n}$ 的收敛域.

5. 将函数 $f(x)=\frac{1}{(2-x)^2}$ 展开成 x 的幂级数.

6. 设 $f(x)$ 是周期为 2π 的函数,它在 $[-\pi,\pi)$ 上的表达式为

$$f(x)=\begin{cases}0 & \text{当} -\pi \leqslant x < 0 \\ e^x & \text{当} 0 \leqslant x \leqslant \pi\end{cases},$$

将 $f(x)$ 展开成傅里叶级数.

习题及自测题参考答案

习题 7

1. (1)Ⅴ； (2)x轴的正半轴上； (3)y轴的负半轴上； (4)Ⅵ； (5)Ⅳ； (6)zOx平面上.

2. $|OA|=5\sqrt{2}$；A到x,y,z轴的距离分别为$\sqrt{34}$，$\sqrt{41}$和5.

3. $\left(0,\frac{3}{2},0\right)$.

4. 提示：$|\overrightarrow{AB}|=|\overrightarrow{AC}|=7$，$|\overrightarrow{BC}|=7\sqrt{2}$.

5. 提示：$\overrightarrow{AB}=(1,-3,4)$，$\overrightarrow{BC}=(3,-2,-9)$，$\overrightarrow{CA}=(-4,5,5)$.

6. (1)$(1,-9,15)$； (2)$(3m+2n-4,-m-2,2m+3n+1)$.

7. $(4,1,3)$.

8. $\frac{1}{2},\frac{\sqrt{2}}{2},-\frac{1}{2}$；$\alpha=60°,\beta=45°,\gamma=120°$.

9. 略.

10. (1)-1； (2)-15； (3)$(3,-7,-5)$；(4)$(-42,98,70)$； (5)$(-3,7,5)$.

11. (1)1； (2)4； (3)28.

12. $90°$.

13. $-\frac{4}{3}$.

14. $\pm\frac{\sqrt{5}}{5}(2\boldsymbol{j}+\boldsymbol{k})$.

15. $\sqrt{2}$.

16. (1)$-\frac{10}{3}$； (2)6.

17. (1)$-\boldsymbol{i}+3\boldsymbol{j}+5\boldsymbol{k}$； (2)$2\boldsymbol{i}-6\boldsymbol{j}-10\boldsymbol{k}$.

18. $\pm 6,O$.

19. 5880(J).

20. $3\sqrt{10}$.

21. (1)平面过x轴； (2)平面过点$\left(0,\frac{9}{2},0\right)$； (3)平面在$x,y,z$轴上截距分别为$\frac{5}{3},-\frac{5}{2},\frac{5}{2}$； (4)平面平行$z$轴； (5)平面过$y$轴； (6)平面过原点.

22. (1)$a=-6,b=4,c=12,n=(2,-3,-1)$；(2)$a=b=c=3,\boldsymbol{n}=(1,1,1)$.

23. (1)$2x-4y+3z-3=0$； (2)$3x+3y+z-8=0$； (3)$y+5=0$； (4)$x+3y=0$；(5)$9y-z-2=0$； (6)$2x-y-3z=0$.

24. 2.

25. $\frac{\pi}{3}$.

26. $x-y=0$.

27. $\frac{x-4}{2}=\frac{y+1}{1}=\frac{z-3}{5}$.

28. $x-1=y=-z-1$.

29. $\frac{x-5}{2}=\frac{y}{-1}=\frac{z+2}{3}$；$\begin{cases}x=5+2t\\y=-t\\z=-2+3t\end{cases}$（取点不同，方程形式不同，方向向量相同）.

30. $\frac{x-2}{3}=\frac{y+3}{-1}=\frac{z-4}{2}$.

31. $\frac{x}{-2}=\frac{y-2}{3}=\frac{z-4}{1}$.

32. 略.

33. (1)直线L在平面Π上； (2)平行；(3)垂直； (4)垂直.

34. $\cos\varphi=0$.

35. (1)垂直； (2)平行； (3)垂直.

36. $n=4$.

37. A点，C点.

38. $(x-3)^2+(y+2)^2+(z-5)^2=16$.

39. 是球面方程，球心为$(1,2,-2)$，半径$r=5$.

40. (1) $x^2=\frac{1}{9}(y^2+z^2)$; $z^2=9(x^2+y^2)$;
(2) $x^2+z^2=4y$; (3) $x^2+y^2+z^2=16$;
(4) $9x^2+4(y^2+z^2)=36$.

41. (1)椭球面; (2)旋转双曲面; (3)圆柱面; (4)抛物柱面; (5)球面; (6)上半圆锥面; (7)上半球面; (8)旋转椭球面; (9)双叶双曲面; (10)双曲抛物面.

42. (1)圆; (2)椭圆; (3)抛物线; (4)双曲线.

43. $5x^2-3y^2=1$.

44. $\left(x-\frac{3-\sqrt{3}}{6}\right)^2+\left(y-\frac{3-\sqrt{3}}{6}\right)^2+\left(z-\frac{3-\sqrt{3}}{6}\right)^2=\left(\frac{3-\sqrt{3}}{6}\right)^2$.

45. $x^2+y^2-z^2=1$.

自测题 7

一、填空题

1. $(2,-1,-3)$, $(-2,-1,-3)$.

2. $(-3,-8,-9)$.

3. $\sqrt{26}$.

4. $\begin{cases}x^2=z\\y=0\end{cases}$, y, 抛物.

5. $r=2$, 双曲.

6. $6x-12y+4z-81=0$.

7. $\begin{cases}9y^2+4z^2=36\\x=0\end{cases}$.

8. $\frac{5}{2}$.

9. $12x+8y+19z+24=0$.

10. 64.

二、选择题

1. B. 2. D. 3. A. 4. A. 5. C.
6. D. 7. C. 8. B. 9. A. 10. D.

三、计算题

1. $a^2+b^2+c^2>d$, $C(-a,-b,-c)$, $r=\sqrt{a^2+b^2+c^2-d}$.

2. $(-3,3,3)$.

3. $\frac{x}{1}=\frac{y}{-2}=\frac{z-4}{-1}$.

4. $3x+2y-z-13=0$.

5. $3x+y-z-6=0$.

6. $y^2+z^2=5x$.

习题 8

1. (1) $D=\{(x,y)\mid x\geqslant 0,-\infty<y<+\infty\}$;
(2) $D=\{(x,y)\mid x+y>0\}$;
(3) $D=\{(x,y)\mid 2x-y^2\neq 0\}$;
(4) $D=\{(x,y)\mid xy\geqslant 1\}$;
(5) $D=\{(x,y)\mid x^2+y^2\neq 16\}$;
(6) $D=\{(x,y,z)\mid r^2\leqslant x^2+y^2+z^2\leqslant R^2\}$.

2. (1) $\frac{1}{2}$; (2) $\ln 2$; (3) 1; (4) 2. (5) 3. (6) 0.

3. (1) $\frac{\partial z}{\partial x}=3x^2-3y^2$, $\frac{\partial z}{\partial y}=3y^2-6xy$;
(2) $\frac{\partial z}{\partial x}=2xye^y$, $\frac{\partial z}{\partial y}=x^2e^y(1+y)$;
(3) $\frac{\partial z}{\partial x}=\frac{2x}{x^2+y}$, $\frac{\partial z}{\partial y}=\frac{1}{x^2+y}$;
(4) $\frac{\partial w}{\partial x}=yze^{xyz}$, $\frac{\partial w}{\partial y}=xze^{xyz}$, $\frac{\partial w}{\partial z}=xye^{xyz}$;
(5) $\frac{\partial z}{\partial x}=y^2x^{y-1}$, $\frac{\partial z}{\partial y}=x^y(1+y\ln x)$;
(6) $\frac{\partial z}{\partial x}=\frac{y}{\sqrt{1-x^2y^2}}$, $\frac{\partial z}{\partial y}=\frac{x}{\sqrt{1-x^2y^2}}$.

4. (1) $-4,2$; (2) $-\frac{1}{2},-\frac{1}{2}$;
(3) $z_x'(1,e)=\frac{1}{2}$, $z_y'(1,e)=\frac{1}{2e}$;
(4) $z_x'(1,0)=0$, $z_y'(1,\pi)=e^{\pi}-1$.

5. (1) $dz=\frac{2x}{x^2+y^2}dx+\frac{2y}{x^2+y^2}dy$;
(2) $du=\frac{x}{\sqrt{x^2+y^2+z^2}}dx+\frac{y}{\sqrt{x^2+y^2+z^2}}dy+\frac{z}{\sqrt{x^2+y^2+z^2}}dz$;
(3) $du=e^{xy+z}(ydx+xdy+dz)$;
(4) $dz=\frac{y}{1+x^2y^2}dx+\frac{x}{1+x^2y^2}dy$.

6. (1) $\frac{\partial z}{\partial x}=\arctan(xy)+\frac{y(x+y)}{1+x^2y^2}$, $\frac{\partial z}{\partial y}=\arctan(xy)+\frac{x(x+y)}{1+x^2y^2}$;

(2) $\frac{\partial z}{\partial x}=-\frac{3y}{(x-2y)^2}$, $\frac{\partial z}{\partial y}=\frac{3x}{(x-2y)^2}$;

(3) $\frac{\partial z}{\partial x}=\frac{2x}{y^2}\ln(3x-2y)+\frac{3x^2}{y^2(3x-2y)}$,

$\frac{\partial z}{\partial y}=-\frac{2x^2}{y^3}\ln(3x-2y)-\frac{2x^2}{y^2(3x-2y)}$;

(4) $\frac{\partial z}{\partial x}=e^{\frac{x^2+y^2}{xy}}\left[2x+\frac{2(x^2+y^2)}{y}-\frac{(x^2+y^2)^2}{x^2y}\right]$,

$\frac{\partial z}{\partial y}=e^{\frac{x^2+y^2}{xy}}\left[2y+\frac{2(x^2+y^2)}{x}-\frac{(x^2+y^2)^2}{xy^2}\right]$;

(5) $\frac{\partial z}{\partial x}=2x+\frac{2(x-y)}{2x+y}+\ln(2x+y)$,

$\frac{\partial z}{\partial y}=\frac{x-y}{2x+y}-\ln(2x+y)$;

(6) $\frac{dz}{dt}=2\sin t(2t)^{\sin t-1}+(2t)^{\sin t}\cos t\ln 2t+2t\cos t^2$.

7. 略.

8. (1) $\frac{\partial z}{\partial x}=yf'(xy)$, $\frac{\partial z}{\partial y}=xf'(xy)$;

(2) $\frac{\partial z}{\partial x}=f_1'+f_2'\cdot y\cdot e^{xy}$, $\frac{\partial z}{\partial y}=f_2'\cdot x\cdot e^{xy}$;

(3) $\frac{\partial z}{\partial x}=2xf_1'+f_2'$, $\frac{\partial z}{\partial y}=-2yf_1'+f_3'$.

9. $\frac{\partial^2 z}{\partial x\partial y}=e^y\cdot f'_1+f''_{11}\cdot xe^{2y}+e^y\cdot f''_{13}+f''_{21}\cdot xe^y+f''_{23}$.

10. (1) $\frac{dy}{dx}=\frac{x+y}{x-y}$;

(2) $\frac{\partial z}{\partial x}=-\frac{3x^2+yz}{3z^2+xy}$, $\frac{\partial z}{\partial y}=-\frac{3y^2+xz}{3z^2+xy}$;

(3) $\frac{\partial z}{\partial x}=\frac{2x+2}{2y+e^z}$, $\frac{\partial z}{\partial y}=\frac{2y-2z}{2y+e^z}$;

(4) $\frac{\partial z}{\partial x}=\frac{z}{x+z}$, $\frac{\partial z}{\partial y}=\frac{z^2}{y(x+z)}$.

11. (1) $dz=\frac{z}{y(1+x^2z^2)-x}dx-\frac{z(1+x^2z^2)}{y(1+x^2z^2)-x}dy$;

(2) $dz=\frac{yz}{e^z-xy}dx+\frac{xz}{e^z-xy}dy$;

(3) $dz=-\frac{\sin 2x}{\sin 2z}dx-\frac{\sin 2y}{\sin 2z}dy$;

(4) $dz=-dx-dy$.

12. $\frac{\partial^2 z}{\partial x\partial y}=-\frac{x^2y^2z}{(e^z-xy)^3}$.

13. $z'_x=y+y\varphi'(xy)$, $z''_{xx}=y^2\varphi''(xy)$, $z''_{xy}=1+\varphi'(xy)+xy\varphi''(xy)$.

14. 略.

15. (1) 切线方程: $\frac{x-1}{2}=\frac{y-0}{0}=\frac{z-1}{0}$, 法平面方程: $x=1$;

(2) 切线方程: $\frac{x-\left(\frac{\pi}{2}-1\right)}{1}=\frac{y-1}{1}=\frac{z-2\sqrt{2}}{\sqrt{2}}$

法平面方程: $x+y+\sqrt{2}z=\frac{\pi}{2}+4$;

(3) 切线方程: $\frac{x-x_0}{1}=\frac{y-y_0}{\frac{m}{y_0}}=\frac{z-z_0}{-\frac{1}{2z_0}}$,

法平面方程: $x-x_0+\frac{m}{y_0}(y-y_0)-\frac{1}{2z_0}(z-z_0)=0$;

(4) 切线方程 $\frac{x}{0}=\frac{y}{-2a^2}=\frac{z-a}{0}$, 法平面方程 $y=0$.

16. $(-1,1,-1)$, $\left(-\frac{1}{3},\frac{1}{9},-\frac{1}{27}\right)$.

17. (1) 切平面方程 $x+2y=4$, 法线方程 $\frac{x-2}{1}=\frac{y-1}{2}=\frac{z}{0}$;

(2) 切平面方程 $x-y+2z-\frac{\pi}{2}=0$, 法线方程 $\frac{x-1}{1}=\frac{y-1}{-1}=\frac{z-\frac{\pi}{4}}{2}$;

(3) 切平面 $x-2y+z-1=0$, 法线方程: $\frac{x-1}{1}=\frac{y-1}{-2}=\frac{z-2}{1}$;

(4) 切平面 $3x+2y-z=6$ 法线 $\frac{x-2}{3}=\frac{y-3}{2}=\frac{z-6}{-1}$.

18. $2x+2y-z-3=0$.

19. $-\frac{1}{\sqrt{2}}$.

20. $\frac{1+\sqrt{3}}{6}$.

21. (1)$\frac{\sqrt{5}}{5}\left(\frac{\pi}{2}-\frac{1}{2}\right)$；　(2)$\frac{2}{3}$.

22. (1)$\text{grad } f=(1,-1)$；　(2)$\text{grad } f=(6,3,0)$.

23. $\sqrt{2}$.

24. (1)极大值 $f(3,-2)=30$；

(2)$a>0$,极大值 $f(\frac{a}{3},\frac{a}{3})=\frac{a^3}{27}$,$a<0$,极小值 $f\left(\frac{a}{3},\frac{a}{3}\right)=\frac{a^3}{27}$；

(3)极大值 $f(3,2)=36$；

(4)极小值 $f(\frac{1}{2},-1)=-\frac{e}{2}$。

25. $27a^3$.

26. 棱长为$\sqrt{\frac{a}{3}}$的立方体体积最大.

27. $x=120,y=80$.

28. $\frac{11}{\sqrt{13}}$.

29. $f_{\max}(0,0)=0,f_{\min}(-\sqrt{2},-\sqrt{2})=-4\sqrt{2}-6$.

30. $f(x,y)=5+2(x-1)^2-(x-1)(y+2)-(y+2)^2$.

31. $f(x,y)=y+\frac{1}{2!}(2xy-y^2)+\frac{1}{3!}(3x^2y-3xy^2+2y^3)+R_3$.

$$R_3=\frac{e^{\theta x}}{24}\left[x^4\ln(1+\theta y)+\frac{4x^3y}{1+\theta y}-\frac{6x^2y^2}{(1+\theta y)^2}+\frac{8xy^3}{(1+\theta y)^3}-\frac{6y^4}{(1+\theta y)^4}\right]\quad(0<\theta<1).$$

自测题 8

一、填空题

1. $|1-y|\leqslant 1$ 且 $x-y>0$；

2. $2\cot(2x-y)$；　3. $\frac{1}{2}(dx+dy)$；

4. $e^{\sin t-2t^3}(\cos t-6t^2)$；　5. $\frac{z}{y+z}$；

6. 0；　7. (0,0)；　8. $\frac{x}{-1}=\frac{y-1}{-2}=\frac{z-1}{3}$；

9. 0；　10. $\frac{81}{\sqrt{5}}$.

二、选择题

1. C；　2. A；　3. D；　4. D；　5. C.

三、计算题

1. $\left.\frac{\partial z}{\partial x}\right|_{(1,2)}=-2$；　$\left.\frac{\partial z}{\partial y}\right|_{(1,2)}=34$；

2. $\left.\frac{\partial^2 z}{\partial x\partial y}\right|_{(2,\frac{1}{\pi})}=\frac{\pi^2}{e^2}$；

3. $dz=e^{\sqrt{x^2+y^2}}\cdot(x^2+y^2)^{-\frac{1}{2}}\cdot(xdx+ydy)$；

$dz|_{(1,2)}=\frac{1}{\sqrt{5}}e^{\sqrt{5}}(dx+2dy)$；

4. $\frac{\partial z}{\partial x}=f'_1-\frac{y}{x^2}f_2'$；　$\frac{\partial z}{\partial y}=\frac{1}{x}f_2'$.

5. $\frac{\partial^2 z}{\partial x\partial y}=\frac{z(z^4-2xyz^2-x^2y^2)}{(z^2-xy)^3}$；

6. $\frac{\partial z}{\partial x}=\frac{3x^2}{2}\sin 2y(\sin y-\cos y)$；

$\frac{\partial z}{\partial y}=x^3(\sin y+\cos y)\left(\frac{3}{2}\sin 2y-1\right)$；

7. $x+y+3z=14$，$\frac{x-2}{1}=\frac{y-3}{1}=\frac{z-3}{3}$.

四、应用题

1. $K=32,L=8$ 成本最低，最低成本是 $C=128$.

2. 4.

五、证明题(略).

习题 9

1. 电量 $Q=\iint_D \mu(x,y)d\sigma$.

2. (1) $\iint_D \ln(x+y)d\sigma<\iint_D[\ln(x+y)]^2d\sigma$；

(2) $\iint_D \ln^3(x+y)d\sigma<\iint_D(x+y)^3d\sigma$；

(3) $\iint_D (x+y)^3d\sigma>\iint_D[\sin(x+y)]^3d\sigma$.

3. (1)1；　(2) $\frac{20}{3}$；　(3)$e-2$；　(4)$\frac{76}{3}$；

(5)$\frac{36}{5}$； (6)$\frac{1}{6}$.

4.(1) $\int_0^1 dy\int_0^{1-y} f(x,y)dx$；

(2) $\int_0^1 dx\int_x^{2-x} f(x,y)dy$.

5.(1)$\pi\ln 5$； (2)$\frac{2}{3}a^3\pi$；

(3)$\pi(1-e^{-R^2})$； (4)$\frac{32}{9}$.

6.(1)$-6\pi^2$； (2)$\frac{9}{4}$； (3)$14a^4$；

(4)$\frac{R^3}{3}\left(\pi-\frac{4}{3}\right)$； (5)$\frac{3\pi}{2}$.

7. $\frac{7}{6}$.

8. 3.

9.(1) $I=\int_0^1 dx\int_0^{1-x} dy\int_0^{xy} f(x,y,z)dz$；

(2) $I=\int_{-1}^1 dx\int_{-\sqrt{1-x^2}}^{\sqrt{1-x^2}} dy\int_{x^2+2y^2}^{2-x^2} f(x,y,z)dz$.

10.(1)0； (2)$\frac{28}{45}$.

11.(1)$\frac{7}{12}\pi$； (2)$\frac{16}{3}\pi$.

12.(1)$\frac{\pi}{10}$； (2)$\frac{7}{6}\pi a^4$.

13.(1)0； (2)$\frac{1}{5}\pi R^5\left(\frac{2}{3}-\frac{5\sqrt{2}}{12}\right)$；

(3)$\frac{250}{3}\pi$.

14. $\frac{\pi}{6}$.

15. $\frac{7}{6}\pi$.

16. 重心坐标为$\left(0,\frac{3a}{2\pi}\right)$.

17. $\left(\frac{2a}{5},\frac{2a}{5},\frac{7a^2}{5}\right)$.

18. $\frac{\pi R^4 h}{2}$.

自测题 9

一、填空题

1. 2； 2. $\pi(e^4-1)$； 3. $\pi,5\pi$；

4. $\frac{52}{15}\pi$； 5. $I=\int_0^1 dz\int_{-z}^{z} dy\int_{-\sqrt{z^2-y^2}}^{\sqrt{z^2-y^2}} f dx$.

二、选择题

1. D； 2. A ；3. C； 4. C； 5. A.

三、计算题

1. $\frac{\pi}{8}(1-e^{-R^2})$； 2. $\frac{5}{2}\pi$； 3. $\frac{3}{2}\pi$；

4. $\frac{4}{15}\pi R^5$； 5. $\frac{3}{16}\pi R^4$； 6. $\frac{13}{4}\pi$.

四、应用题

1. $2a^2(\pi-2)$； 2. $\frac{7}{6}\pi$.

习题 10

1.(1)$\frac{1}{2}a^3$； (2)$\frac{1}{12}(5\sqrt{5}-1)$； (3)$\frac{256}{15}a^3$.

2.(1)$\frac{4}{5}$； (2)-2π； (3)-6π； (4)13.

3.(1)2； (2)2； (3)2.

4. 12π.

5.(1)$\frac{1}{2}\pi a^4$； (2)$\frac{1}{6}$； (3)$2ab\pi$；

(4)$-\frac{7}{6}+\frac{1}{4}\sin 2$.

6. $\frac{5}{2}$.

7.(1)$\frac{13}{3}\pi$； (2)$\frac{\sqrt{3}}{120}$； (3)$\frac{13}{9}\pi$.

8.(1)$\frac{\pi}{2}R^3$； (2)6π； (3)$-\frac{\pi}{2}R^4$；

(4)π.

9.(1)81π； (2)$-\frac{12}{5}\pi a^5$； (3)$\frac{\pi}{4}$.

10. $\frac{3}{2}$.

自测题 10

一、填空题

1. $\sqrt{2}$； 2. -18π； 3. $\pm\iint_{D_{xy}} R(x,y,0)dxdy$；

4. $4\pi a^4$； 5. 0.

二、选择题

1. B； 2. A； 3. B； 4. C； 5. C.

三、计算题

1. $\frac{1}{15}(5\sqrt{5}+6\sqrt{2}-1)$. 2. (1)1; (2)1; (3)1.

3. $-\frac{\pi a^2}{2}$. 4. $\frac{\pi^2}{4}$. 5. $2\sqrt{2}\pi$. 6. $3a^3$.

习题 11

1. (1)$u_n=\frac{1}{2n-1}$; (2)$u_n=(-1)^{n-1}\frac{1}{n}$;

(3)$u_n=\frac{n}{n^2+1}$; (4)$u_n=\frac{x^{n-1}}{(3n-2)(3n+1)}$;

(5)$u_n=1-\frac{(-1)^n}{n}$; (6)$u_n=\frac{x^{\frac{n}{2}}}{2^n\cdot n!}$.

2. (1)$1,\frac{4}{5},\frac{3}{5},\frac{8}{17}$; (2)$1,\frac{1}{2},\frac{2}{3},\frac{3}{2}$;

(3)$\frac{1}{5},-\frac{1}{25},\frac{1}{125},-\frac{1}{625}$;

(4)$\frac{\sin x}{\ln 2},\frac{\sin 2x}{\ln 3},\frac{\sin 3x}{\ln 4},\frac{\sin 4x}{\ln 5}$.

3. $\frac{4}{5}$, $-\left(\frac{4}{5}\right)^2$, $(-1)^{n-1}\left(\frac{4}{5}\right)^n$; $\frac{4}{5}$, $\frac{4}{5}-\left(\frac{4}{5}\right)^2$, $\frac{4}{9}\left[1-\left(\frac{4}{5}\right)^n\right]$.

4. $\sum_{n=1}^{\infty}\frac{3}{n(n+1)}$, 3.

5. (1)收敛, $\frac{1}{5}$; (2)发散; (3)发散; (4)收敛, 1; (5)收敛, $1-\sqrt{2}$; (6)收敛, 1; 提示: $u_n=\frac{n}{3^{n-1}}-\frac{n+1}{3^n}$.

6. (1)发散; (2)发散; (3)收敛; (4)发散; (5)发散; (6)发散.

7. (1)发散; (2)收敛, $\frac{4}{9}$; (3)发散; (4)收敛, $\frac{3}{4}$; (5)发散; (6)收敛, $\frac{100(100^{100}-1)}{99}+8$.

8. (1)发散; (2)收敛; (3)发散; (4)发散; (5)发散; (6)收敛; (7)发散; (8)收敛; (9)收敛; (10)收敛; (11)收敛; (12)当 $a>1$ 时收敛;当 $a\leqslant 1$ 时发散.

9. (1)收敛; (2)收敛; (3)发散; (4)收敛; (5)收敛; (6)收敛; (7)发散; (8)收敛.

10. (1)收敛; (2)发散; (3)收敛; (4)收敛; (5)收敛; (6)收敛.

11. (1)发散; (2)发散; (3)收敛; (4)发散; (5)收敛; (6)收敛; (7)发散; (8)发散.

12. (1)条件收敛; (2)绝对收敛; (3)发散; (4)条件收敛; (5)绝对收敛; (6)绝对收敛; (7)绝对收敛; (8)绝对收敛.

13. (1)$R=1,(-1,1)$; (2)$R=1,[-1,1]$;

(3)$R=\frac{1}{2},\left(-\frac{1}{2},\frac{1}{2}\right)$; (4)$R=0,\{0\}$;

(5)$R=2,[-2,2)$; (6)$R=\frac{1}{5},\left(-\frac{1}{5},\frac{1}{5}\right]$;

(7)$R=\sqrt{3},(-\sqrt{3},\sqrt{3})$; (8)$R=1,[1,3)$;

(9)$R=1,(1,2]$;

(10)$R=\frac{\sqrt{2}}{2},\left(-3-\frac{\sqrt{2}}{2},-3+\frac{\sqrt{2}}{2}\right)$.

14. (1)$s(x)=\arctan x,\quad x\in[-1,1]$;

(2)$s(x)=\frac{2x}{(1-x^2)^2},\quad x\in(-1,1)$;

(3)$s(x)=\ln(x+1),\quad x\in(-1,1]$;

(4)$s(x)=\begin{cases}-\frac{1}{x}\ln(x+1) & 当\ x\neq 0\\ -1 & 当\ x=0\end{cases}$, $x\in(-1,1]$;

(5)$s(x)=\frac{2x}{(1-x)^3},\quad x\in(-1,1)$;

(6)$s(x)=\begin{cases}-\frac{1}{x}\ln\left(1-\frac{x}{2}\right) & 当\ x\neq 0\\ \frac{1}{2} & 当\ x=0\end{cases}$, $x\in[-2,2)$.

15. (1) $e^{-x^2}=\sum_{n=0}^{\infty}\frac{(-1)^n}{n!}x^{2n}\quad(-\infty<x<+\infty)$;

(2) $\cos^2 x=1+\frac{1}{2}\sum_{n=1}^{\infty}\frac{(-1)^n}{(2n)!}\cdot(2x)^{2n}\quad(-\infty<x<+\infty)$;

(3) $\frac{1}{\sqrt{1-x^2}}=1+\sum_{n=1}^{\infty}\frac{(2n-1)!!}{(2n)!!}x^{2n}\quad(-1<x<1)$;

(4) $x^3 e^{-x} = \sum_{n=0}^{\infty} \frac{(-1)^n}{n!} x^{n+3} \quad (-\infty < x < +\infty)$;

(5) $\frac{1}{3-x} = \sum_{n=0}^{\infty} \frac{1}{3^{n+1}} x^n \quad (-3 < x < 3)$;

(6) $\ln(a+x) = \ln a + \sum_{n=1}^{\infty} (-1)^{n-1} \cdot \frac{1}{n}\left(\frac{x}{a}\right)^n \quad (-a < x \leqslant a)$.

16. $\frac{1}{x+2} = \frac{1}{4}\left[1 - \frac{x-2}{4} + \left(\frac{x-2}{4}\right)^2 - \left(\frac{x-2}{4}\right)^3 + \cdots + (-1)^n \left(\frac{x-2}{4}\right)^n + \cdots\right] \quad (-2 < x < 6)$.

17. $\frac{1}{x^2+3x+2} = \sum_{n=0}^{\infty}\left(\frac{1}{2^{n+1}} - \frac{1}{3^{n+1}}\right)(x+4)^n \quad (-6 < x < -2)$.

18. $\cos x = \frac{1}{2}\sum_{n=0}^{\infty}(-1)^n\left[\frac{\left(x+\frac{\pi}{3}\right)^{2n}}{(2n)!} + \sqrt{3}\,\frac{\left(x+\frac{\pi}{3}\right)^{2n+1}}{(2n+1)!}\right] \quad (-\infty < x < +\infty)$.

19. (1) $\frac{1}{2}\pi^2$; (2) 1.

20. (1) $f(x) = \pi^2 + 1 + 12\sum_{n=1}^{\infty}\frac{(-1)^n}{n^2}\cos nx \quad (-\infty < x < +\infty)$;

(2) $f(x) = \frac{e^{2\pi} - e^{-2\pi}}{\pi}\left[\frac{1}{4} + \sum_{n=1}^{\infty}\frac{(-1)^n}{n^2+4}(2\cos nx - n\sin nx)\right]$, $x \neq (2k+1)\pi, k = 0, \pm 1, \pm 2, \cdots$;

(3) $f(x) = \frac{2}{\pi}\sum_{n=1}^{\infty}\left[\frac{1}{n^2}\sin\frac{n\pi}{2} + (-1)^{n+1}\frac{\pi}{2n}\right]\sin nx$, $x \neq (2k+1)\pi, k = 0, \pm 1, \pm 2, \cdots$.

21. (1) $\cos\frac{x}{2} = \frac{2}{\pi} + \frac{4}{\pi}\sum_{n=1}^{\infty}\frac{(-1)^{n+1}}{4n^2-1}\cos nx$, $-\pi \leqslant x \leqslant \pi$;

(2) $f(x) = \frac{1+\pi-e^{-\pi}}{2\pi} + \frac{1}{\pi}\sum_{n=1}^{\infty}\left\{\frac{1-(-1)^n e^{-\pi}}{1+n^2}\cos nx + \left[\frac{-n+(-1)^n n e^{-\pi}}{1+n^2} + \frac{1}{n}(1-(-1)^n)\right]\sin nx\right\}$, $-\pi < x < \pi$.

22. (1) $f(x) = \frac{11}{12} + \frac{1}{\pi^2}\sum_{n=1}^{\infty}\frac{(-1)^{n+1}}{n^2}\cos 2n\pi x$, $(-\infty < x < +\infty)$;

(2) $f(x) = -\frac{1}{4} + \sum_{n=1}^{\infty}\left\{\left[\frac{1-(-1)^n}{n^2\pi^2} + \frac{2\sin\frac{n\pi}{2}}{n\pi}\right]\cos n\pi x + \frac{1-2\cos\frac{n\pi}{2}}{n\pi}\sin n\pi x\right\}$, $x \neq 2k, 2k+\frac{1}{2}, k = 0, \pm 1, \pm 2, \cdots$;

(3) $f(x) = -\frac{1}{2} + \sum_{n=1}^{\infty}\left\{\frac{6}{n^2\pi^2}[1-(-1)^n]\cos\frac{n\pi x}{3} + \frac{6}{n\pi}(-1)^{n+1}\sin\frac{n\pi x}{3}\right\}$, $x \neq 3(2k+1), k = 0, \pm 1, \pm 2, \cdots$.

自测题 11

一、填空题

1. 充分必要； 2. 8； 3. 收敛； 4. 发散； 5. 收敛； 6. 条件收敛； 7. $R = +\infty$； 8. $(-\sqrt{2}, \sqrt{2})$； 9. $(-2, 0]$；

10. $\frac{1}{4}\sum_{n=0}^{\infty}\left[(-1)^{n+1} - \frac{1}{3^{n+1}}\right]x^n$, $-1 < x < 1$.

二、选择题

1. B； 2. A； 3. D； 4. C； 5. A

三、解答题

1. 发散； 2. 收敛； 3. 绝对收敛； 4. $(2-\sqrt{3}, 2+\sqrt{3})$； 5. $\sum_{n=1}^{\infty}\frac{n}{2^{n+1}}x^{n-1}, -2 < x < 2$；

6. $f(x) = \frac{e^{\pi}-1}{2\pi} + \frac{1}{\pi}\sum_{n=1}^{\infty}\left[\frac{(-1)^n e^{\pi}-1}{n^2+1}\cos nx + \frac{n((-1)^{n+1}e^{\pi}+1)}{n^2+1}\sin nx\right]$, $-\infty < x < +\infty$ 且 $x \neq n\pi, n = 0, \pm 1, \pm 2, \cdots$.